U0043789

## 貓頭鷹書房

有些書套著嚴肅的學術外衣，但內容平易近人，非常好讀；有些書討論近乎冷僻的主題，其實意蘊深遠，充滿閱讀的樂趣；還有些書大家時時掛在嘴邊，但我們卻從未看過……

如果沒有人推薦、提醒、出版，這些散發著智慧光芒的傑作，就會在我們的生命中錯失——因此我們有了**貓頭鷹書房**，作為這些書安身立命的家，也作為我們智性活動的主題樂園。

**貓頭鷹書房——智者在此垂釣**

## 作者簡介

喬恩・巴特沃斯（Jon Butterworth），牛津大學物理學博士，大型強子對撞機超環面儀器（ATLAS）團隊首席物理學家，倫敦大學學院物理暨天文學系系主任。除了為《衛報》撰寫高人氣的「生活&物理」部落格，巴特沃斯也經常在《衛報》、《新科學人》周刊等各類出版物上刊登文章。榮獲二〇一三年查兌克獎章，表彰他在高能粒子物理學領域強子噴流現象的先驅貢獻。

## 譯者簡介

陳劭敔，清華大學理學院學士班數學物理組畢業，目前赴德國科隆大學攻讀物理碩士。自從被愛因斯坦的相對論敲到頭之後，便對時空物理展現出濃厚的興趣，深信有生之年能親眼目睹《星際效應》中的科技。中學時代熱愛實驗，獲頒科展大小獎項無數，大學籌備過三屆研究導向的科學營隊。平時關注能解決人類困境的科技——如氣候變化、生態浩劫、永續能源、星際移民，認為物理能提供關鍵的解決方案。

## 審訂者簡介

陳凱風，國立台灣大學物理學系教授，研究領域為高能實驗粒子物理，為大型強子對撞機緊湊緲子線圈（CMS）實驗的台灣團隊計畫主持人，曾獲國際純粹與應用物理聯合會（IUPAP）頒發之新秀科學家獎。

貓頭鷹書房 257

# 撞出希格斯粒子

## 深入史上最大實驗現場

# Smashing Physics

## Inside The World's Biggest Experiment

巴特沃斯◎著

陳凱風◎審訂

陳劭敔◎譯

貓頭鷹

**撞出上帝的粒子：深入史上最大實驗現場（希格斯粒子發現十周年紀念版）**

**（初版書名：撞出希格斯粒子，深入史上最大實驗現場）**

作　　者　巴特沃斯（Jon Butterworth）
譯　　者　陳劭敔
審　　定　陳凱風
責任編輯　秦紀維、王正緯（二版）
編輯協力　周宏瑋、栗筱嵐
專業校對　周宏瑋
版面構成　張靜怡
封面設計　児日
行銷統籌　張瑞芳
行銷專員　段人涵
出版協力　劉衿妤
總 編 輯　謝宜英
出 版 者　貓頭鷹出版

發 行 人　涂玉雲
發　　行　英屬蓋曼群島商家庭傳媒股份有限公司城邦分公司
　　　　　104 台北市中山區民生東路二段 141 號 11 樓
　　　　　劃撥帳號：19863813；戶名：書虫股份有限公司
城邦讀書花園：www.cite.com.tw　購書服務信箱：service@readingclub.com.tw
購書服務專線：02-2500-7718~9（週一至週五 09:30-12:30；13:30-18:00）
24 小時傳真專線：02-25001990~1
香港發行所　城邦（香港）出版集團／電話：852-2877-8606／傳真：852-2578-9337
馬新發行所　城邦（馬新）出版集團／電話：603-9056-3833／傳真：603-9057-6622
印 製 廠　中原造像股份有限公司
初　　版　2017 年 11 月／二版 2022 年 12 月
定　　價　新台幣 480 元／港幣 160 元（紙本書）
　　　　　新台幣 336 元（電子書）
I S B N　978-986-262-585-9（紙本平裝）／978-986-262-590-3（電子書 EPUB）



讀者服務信箱　owl@cph.com.tw
投稿信箱　owl.book@gmail.com
貓頭鷹臉書　facebook.com/owlpublishing/
【大量採購，請洽專線】(02) 2500-1919

城邦讀書花園
www.cite.com.tw

國家圖書館出版品預行編目資料

撞出上帝的粒子：深入史上最大實驗現場／巴特沃斯（Jon Butterworth）著；陳卲敔譯 . -- 二版 . -- 臺北市：貓頭鷹出版：英屬蓋曼群島商家庭傳媒股份有限公司城邦分公司發行, 2022.12
面；　公分 .
希格斯粒子發現十周年紀念版
譯自：Smashing Physics: inside the worlds biggest experiment
ISBN 978-986-262-585-9（平裝）

1. CST：粒子

339.41　　111016952

**本書採用品質穩定的紙張與無毒環保油墨印刷，以利讀者閱讀與典藏。**

# 好評推薦

巴特沃斯是第一位把科學探索過程用內行人觀點生動描寫出來的作者。

——希格斯（Peter Higgs）二〇一三年諾貝爾物理學獎得主

這是本獨一無二的書，記錄了粒子物理學界二十年來的跌宕起伏，並以發現希格斯玻色子磅礴作結。在我職業生涯中所熟知的喬恩·巴特沃斯，是一位思想有見地、富創造力、人好相處，偶爾會直言不諱的物理學者。他性格中的各個面向，都體現在這本精彩的書裡。

——考克斯（Brian Cox）「物理界的搖滾巨星」，共同著有《為什麼 $E = mc^2$？》

本書遠遠不只是另一本訴說如何利用大型強子對撞機尋找希格斯粒子的故事——讀者得以藉由作者的經驗，深入探索、並沉浸在科學發現的過程，那些必經的政治角力、內心悸動、和一場純粹理性與智識的冒險！

——卡利里（Jim Al-Khalili），著有《悖論》、《解開生命之謎》

這本書用「巷子內」的精闢觀點，生動且深入地介紹了希格斯玻色子的發現過程，揭露高能物理學家生涯中的點點滴滴，更精湛地詮釋了高能物理近年最重要的發現。

——《新科學家》雜誌

想弄懂何謂希格斯粒子、大型強子對撞機在進行什麼樣實驗的讀者，本書一是場你專屬的閱讀饗宴。身為職業科學家，不可避免得與「現實」世界的政治角力、經濟景氣等因素無縫接軌，作者在此挺身而出、面向公眾，強力捍衛資助基礎科學研究之必要。

——湯普森（Steve Thompson）「史蒂夫物理」部落格

巴特沃斯教授講出了身為科學家對科學普及的熱誠與擔憂，亦生動描述了與記者、大眾的互動，令同樣身為科學家及科普作家的我獲益匪淺。無論讀者是學生、老師，或純粹對粒子物理學有興趣，我都保證你會讀得過癮。

——余海峯／博士，瑞典皇家理工學院粒子及天體粒子物理組

現行高中物理課程新增了宇宙學、基本粒子等單元。在我教學時，學生對相關報導及影片極有興趣。甚至近年大考試題也陸續出現「希格斯玻色子」、「標準模型」等內容。我認為本書恰能提供想認識高能物理的人一份絕佳的閱讀材料，它免除了教科書般艱澀的理論，卻簡潔易懂地交代了許多重

要物理概念。讓讀者身歷其境，了解科學發展整體的過程。

——盧政良／博士，高雄中學物理教師、高師大兼任助理教授

自古希臘哲學家泰利斯（Thales of Miletus）最早提出「什麼是萬物本原？」，人類對於這個問題的探索至今未曾停止。高中教科書給出了答案：夸克、輕子、規範玻色子與希格斯玻色子。卻去除了知識的脈絡，科學發現的過程卻極為複雜。本書對於高中生有些艱澀，但若要理解粒子物理學、標準模型，與科學發展過程的來龍去脈，本書大大填補了教科書的不足。

——邱博文／物理教師，從事高中物理教學工作二十餘年

■導讀

# 物理學的喜悅悸動

陳凱風教授／國立台灣大學物理學系

本書可以說是近十年以來，實驗粒子物理領域裡發生的大小事，以及參與其中人員心中「悸動」的完整紀錄。

我比作者晚個幾年加入大強子對撞機，也屬於不同的實驗團隊，卻同樣經歷過對撞機啟動的風潮。所以在讀這本書時，我不僅「心有戚戚焉」，更一起與作者同步回憶著：加速器運作初期發生意外時的失落、發現希格斯玻色子當下的感動，以及至今仍沒有觀測到超越標準模型的現象的些許不滿。

如果讓我來描述同一段經歷，恐怕內容，包括討論的物理問題、甚至自身參與的大小國際會議，都會和本書作者十分相似，只有細節與實際接觸的人事物不同罷了。也就是說，這本書不僅是作者個人的紀錄，更是所有參與大強子對撞機的工作夥伴與競爭對手、數千人共同的心路歷程。

當然，背景不同的讀者，不一定能有完全相同的共鳴。然而本書絕對可以給您一次十分精彩的、關於近年粒子物理進展的回顧。能夠讓讀者身歷其境，體驗一下何謂世界一流、最後也成功催生諾貝爾獎的科學研究，背後的初衷與過程的酸甜苦辣。想一想，這種等級的研究一生能夠碰到幾次呢？本書是讀者不能錯過、值得一讀的精彩好故事。

本書共分成九個章節，第一章敘述了從對撞機實驗起動之前的準備工作，一直到LHC重新啟動的進展。中間也一併介紹為何希格斯玻色子是這麼重要，在標準模型裡牽一髮而動全身，而為何尋找它會是個「不會失敗」的任務等等。

第二章就是正式開始擷取數據，除了討論一些對撞的技術問題，還加上作者如何用逗趣的方式回應「對撞機是否可能摧毀世界？」這種不怎麼科學的問題。

第三章一路到第八章，就是逐漸「發現」新玻色子的過程：羅馬不是一天造成、新粒子也不是一天就能發現的。而是得花很長的時間，科學家們仔細分析逐漸收集而來的對撞資料、與已知的理論比對，才能沒有疑慮地宣布新發現。當然科學家們不僅運作LHC實驗，也會用不同的角度切入粒子物理的研究。本書也同時穿插其他相關科學研究的進展，有些成果令人振奮、也有些成果令人沮喪。本書的最後、也就是第九章，討論了發現新粒子之後可能的下一步，有些已經是「現在進行式」呢！

書中提到的物理，很多是近幾年的全新知識。就連領域不同的物理學家，也不一定會接觸到。所以，沒有辦法簡單吸收是十分正常的。雖然有人會說，科普書寫作必須要能解釋到連「家裡的祖母都能夠理解」，然而我連向祖母解釋「在瑞士只吃麵包、不吃白米飯，是吃得飽的」都有困難了，要簡單又精確闡述粒子對撞，幾乎是不可能的任務！

無論如何，本書用非常簡單的比喻來解釋這些重要的議題，以專業角度來看，描述得其實相當精確，有別於一些隔靴搔不到癢處的科普書。本書適合想要入門、想要簡單抓住核心概念的讀者。當然，這不是教科書，不可能由此完整習得實驗粒子物理的最新知識。然而，如果讀者能夠仔細耐心地閱讀本書比較專業、或是說比較消耗腦力的部分，應該會非常有收穫。

如果讀者您被我說服了，願意花上一小段美好的時光遨遊在粒子物理的世界裡，相信您一定可以理解粒子物理學家為什麼接受挑戰也無所畏懼、遭遇困難也依然甘之若飴。

就像本書作者自述的一小段話一樣：「每當我回想起史上規模最大的實驗儀器，大型強子對撞機，跑出第一批高能實驗數據時，心中就會洋溢著喜悅與激昂。」

陳凱風，寫於前往瑞士日內瓦的飛行中

■譯序

# 一場豐盛的學習之旅

陳劭敔

二十世紀最偉大的物理學家愛因斯坦曾說：「如果你沒辦法把一件事情解釋給你的祖母聽，那你就沒資格說自己真的清楚了其中的道理。」身為一位物理系的學生，我無時無刻不把這句話放在心裡，期許有朝一日能用最淺顯易懂的字句讓大眾領悟最深奧的萬物之理。

接下這本科普書的翻譯工作，是我實現這志向的一個嘗試。而本書真的大開我眼界，作者舉了許多日常的例子，深入淺出地說明物理這門學問中奧妙無窮的尖端知識：比原子核還要小的世界究竟是什麼樣子？基本作用力具有什麼不可思議的性質，才能打造出我們今日所見的宇宙？大霹靂過後，為什麼物質會比反物質還要多上許多？

這些都是十分引人入勝的熱門議題，而其中最家喻戶曉的，自然是發現「希格斯粒子」這件大新聞了！作者以自己的親身經歷、用日記體記錄了這段偉大的歷史。一頁一頁讀下去，猶如自己就和作者一起走在日內瓦的高能物理研究中心、觀賞大型強子對撞機那令人歎為觀止的層層結構；你也會感同身受實驗團隊找到新發現時的欣喜、與遭遇挫折時的哀愁；而最可貴的，是從零開始、一步一步領會新知識，以全新的視野體悟物理的根本法則。

本書提及的知識既深且廣，為了確保自己理解正確，我不時得查閱專業書籍和網站，雖然費時費力，但也學到了不少新知。偶爾讀到較為艱深的概念，物理背景的我不禁會想東添西補，附上譯注多解釋個幾句話，希望能幫助讀者釐清背後的微言大義。不過我畢竟不是高能物理領域的專才，有時遇到不熟悉的理論也會碰壁，很感謝陳凱風老師給的審稿建議，我才能融會貫通。除此之外，文中一些道地的英文用語往往讓我摸不著頭緒、不知其意，也要謝謝翻譯界前輩的指教和協助。

科學教育要從小做起。這似乎是老生常談，但我現在還能如數家珍，說出小時候影響我最深的幾本科普書。好的科普書籍不但能啟發學生的學習動機，更能和社會大眾分享當代最有趣的重要發現。人類生而擁有無窮盡的好奇心，期許本書能成為讀者探索宇宙奧妙的旅途上重要的旅伴！

最後，由衷感謝貓頭鷹出版社的總編和科編在我翻譯本書時一路上的幫助！

民國一〇六年八月九日星期三

陳劭敔，於德國科隆

獻給蘇珊娜、里昂、費利克斯、伊迪

# 撞出希格斯粒子：深入史上最大實驗現場　目次

## 第五章 謠言與極限

# 前言

所謂科學就是一種專業，使這一代的庸才也能以上一代天才的成就為基礎，探索得更遠。

——格拉克曼（Max Gluckman）

日內瓦邊界的梅蘭市（Meyrin）有間土耳其烤肉餐廳，裡頭有六張撞球檯。二〇一二年七月初，我和第四新聞台（Channel 4 news）的科學記者克拉克（Tom Clarke）一邊在這家餐廳打撞球，一邊向他（和電視台的觀眾）解釋我們最近在大型強子對撞機（Large Hadron Collider，ＬＨＣ）的重大發現。

現在想起當時的情景，我還是覺得有點不可思議。新發現確實震撼人心，而大眾對這件新聞的熱烈反應也讓我十分驚訝；在一天之內，克拉克和許多記者傾巢而出，採訪了數十位物理學家。他的報導還登上了七月四日新聞快報的頭條。

我們當天所發表的新發現是物理學的一大躍進。科學是人類文明的一部分，影響世人的生活的程度愈來愈深；而這次大眾對大型強子對撞機實驗結果的熱烈回響，可視為一個重要的里程碑。這裡我說的不僅是科學技術，更包含了研究的過程本身——科學家在研究時不斷發掘問題並修正錯誤，獲得的成果則帶給我們有限但可靠的科學預測能力，以及包羅萬象的科學知識。

因為梅蘭市離「歐洲核子研究組織」（European laboratory for particle physics，CERN）這個粒子物理研究機構只有五分鐘車程，它在日內瓦是個很重要的城市。這座城鎮景致宜人，古色古香；不過，我和克拉克所待的市中心卻林立著一排排的公寓。換作是世上其他地區的水泥叢林，大概會散布著尿騷味、又滿是塗鴉。然而這裡可是瑞士（只有短短一百公尺內算是，再過去就會進到法國），梅蘭市中心的建築群可是乾淨又整齊。同時，為數眾多的歐洲核子研究組織的科學家都在這裡落腳。

我任職於倫敦大學學院（University College London，UCL），但大部分時間都在歐洲核子研究組織，和來自世界各地的許多粒子物理學家一同工作。倫敦大學學院到此地工作的人員住在梅蘭市內的公寓，我的同事和我在這兒度過了大半的時光。二〇一〇年十月到二〇一二年十月，我主要的工作是帶領歐洲核子研究組織超環面儀器（A Toroidal LHC Apparatus，ATLAS）團隊的一個工作小組；這兩年中，我們得到了第一批高能實驗數據，數量十分可觀。當時，我幾乎每個禮拜都在那裡工作。

這本書並不是物理教科書，不是在講希格斯玻色子大發現的歷史，也不是本日誌，更不是在宣揚說科學家和大眾之間的關係比以往更為緊密了。不過，本書的確涵括了以上的這些內容。讀完本書後，你會學到很多與粒子物理相關的知識，並一窺粒子物理學家的研究生活。你也會了解科學理論是如何成功預測物理現象（有時則沒那麼成功）。以及研究計畫有時是如何在艱鉅的環境中求生存、如何力爭上游的；另外，你還能一睹執行這計畫的研究人員的丰采，聽些我的個人的見解。除此之外，我由衷希望這本書能解釋為何在二〇一二年七月，克拉克和一大群國際媒體會蜂擁而入梅蘭市。

為了完成這些使命，我會介紹一些彼此相關的知識，但你可能會覺得有點陌生。有些內容乍看之下沒什麼關係，就和一片片散亂的拼圖一樣；但只要你邊閱讀本書邊按圖索驥，如果順利的話這些知識片段最後會相輔相成，交織出真理的全貌。若我達成目的，那麼你在收集線索的過程中，應該會感到其樂無窮，興奮之情油然而生。我之所以會這麼有把握，是因為每當我回想起史上規模最大的實驗儀器——大型強子對撞機，跑出第一批高能實驗數據時，心中就會洋溢著喜悅與激昂。

# 第一章　在開始談數據之前

## 1.1 為何儀器要這麼大

大型強子對撞機坐落在地底深處約一百公尺，長二十七公里的隧道中。如果你對倫敦有些認識，這麼想或許會有幫助：倫敦地鐵的環線大概就是二十七公里長，而隧道的尺寸則和地鐵的北線相仿。若還是不明白，請這樣試看看：

想像你從梅蘭市接近日內瓦機場的瑞法交界出發，開車朝著法國的鄉村駛去。侏羅山（Jura Mountains）會在你的前面，機場則在後方。越過邊界，你也經過了歐洲核子研究組織的實驗中心，它在你的左手邊；向右看，你會見到一顆巨大的木質球體，很像某種以環境友善材質蓋的核子反應爐（它實際上並不是反應爐，而只是個展示中心，不過它的確是棟綠建築）。你也有機會見到超環面儀器的控制室，這棟建築很容易辨認，因為牆上有幅龐大的超環面儀器壁畫。

雖然這幅畫的尺寸已經很驚人了，它的大小還是只有實物的三分之一。超環面儀器巨大無比，深埋在地底下，就位在大型強子對撞機的其中一個對撞點上。對撞點是兩束極高能量粒子相撞的地方，對撞能量無人能及。我們這有兩具多用途的大型粒子偵測器，用於量測粒子對撞實驗的結果，超環面儀器就是其中一座。

讓我們繼續開車。如果有幫助，你可以想像自己坐在一輛門上印有歐洲核子研究組織標誌，散發著書呆子氣息的小麵包車上。

一路向西穿過聖熱尼，我們的目標是位在侏羅山北方丘陵的熱克斯地區。現在，大型強子對撞機就環繞在你的四周。想像這是冬天，你就有可能在前方見到小小的侏羅山滑雪場的纜車，從克羅澤市緩緩上升、離你遠去。（白朗峰就在你後方遙遠的地平線上，但別回頭、專心看路。）繼續開下去，轉向北朝熱克斯的方向駛去，你也許會經過普伊、法赫、布雷帝尼三個城鎮。大約二十五分鐘後（有農夫的拖拉機擋路的話會慢一些），你就會穿過法國的鄉村，抵達熱克斯附近的塞西了。這裡有座電梯井涌往地底的緊湊緲子線圈（Compact Muon Solenoid，CMS），緊湊緲子線圈是另一具位在大型強子對撞機環狀隧道上的多用途大型粒子偵測器。超環面儀器和緊湊緲子線圈是由兩個獨立的實驗團隊各自以不同的設計原理打造的，是相互競爭的對手，但有著同樣的目標：盡其可能觀測大型強子對撞機的質子撞擊時產生的所有粒子數據。科學家建造兩座儀器來交叉比對觀測數據；同時，兩個團隊也相互較量，看誰能先得到最準確的結果。

從超環面儀器行駛到緊湊緲子線圈的整趟旅程，整整半個鐘頭，你都在世界規模最大的物理實驗儀器的半徑範圍內。在經過超環面儀器時，你進入了大型強子對撞機的邊界，而現在終於跨越了對撞機的整段直徑。

物理學家設計大型強子對撞機來研究次原子粒子的對撞過程，以粒子加速器史上最高的撞擊能量進行實驗。藉由這樣的實驗，科學家可以認識物理可及最小尺度下的宇宙基本結構；最小的距離也代表最高的能量，稍後我會解釋原因。不過，既然大型強子對撞機所觀察的對象如此渺小，大家應該會很訝異為何儀器要建得這麼大。畢竟，要蓋一座龐大的隧道所費不貲，為什麼不造一座比較小的就好了？

事實上，粒子束的撞擊能量會受隧道長度限制。如果你同意要有很高的能量才能研究微小的物體（至少在此刻請說服自己），那麼你對日常物理的認識就足以讓你理解為什麼大型強子對撞機需要很大的體積了。

在沒有外力作用的情況下，粒子會以等速度直線行進。這就是牛頓第一運動定律：動者恆動。在日常生活中，這條定律其實沒那麼顯而易見（多虧牛頓絕頂聰明才能找出這個定律），不過一旦你明白這個道理，下次就能馬上注意到粒子是如何運動的了。

在地球上，幾乎所有東西在運動時都會受到摩擦力和空氣阻力的影響，而且沒有物體能夠逃過重力。這正是為何在我們的日常經驗中，牛頓運動定律並非顯而易見的原因。同樣地，這也能解釋為什麼當你把一顆球滾出去，它最終必定會停下來。球所受的摩擦力及空氣阻力讓它變慢。而如果你把球丟向天空，重力會減慢它的速率，最後把球拉回地表。

然而，在某些情況下我們可以忽視摩擦力或重力，運動定律便一目了然。當你開著快車，或甚至只是歐洲核子研究組織的書呆子麵包車，都一定得踩煞車向車子施力，才能減速。再舉個和大型強子對撞機比較相關的例子，如果你想要讓高速行進的車子過彎，就必須讓輪胎對地表產生足夠的摩擦力；一旦力量不足，車子就會打滑。

在車子高速過彎的時候，駕駛和乘客都會感受到一種「假想力」。雖然麵包車的方向改變了，你的身體還是繼續以直線向前運動，因此你會覺得自己像是被一股力量推向車門。但實際上，是車門在對你施力，使你改變方向、和車子一起過彎；這種說法比較符合我們對物理的認識。

物體的「速度」包含了「速率」和「方向」。而把物體的速度和質量（麵包車、或是乘客的質量）合在一起就是它的「動量」。質量或速度的值愈大，動量就會愈大；若想要改變物體的動量，你必須對物體施力。

到底速度和質量是怎樣結合成動量的？我故意沒講清楚。如果物體的速率比光速小很多，把兩者相乘就能得到近似的結果——動量等於速度乘上質量，如果你在學校修物理課，這通常會是標準答案。不過更完整的解答形式有點不同，而且隨著物體的速率愈接近光速，兩種答案的分歧就會愈來愈大。這時你需要的不再是牛頓力學，而是愛因斯坦和他的相對論（後面章節會詳述）。但請不要試著把麵包車開到這麼快。

無論如何，只要你想改變愈多動量，就須要施愈大的力。因此，卡車的煞車要能比麵包車的煞車提供更多的力才行。原因是就算兩者的速度一樣，卡車擁有較大的質量，所以要改變比較多的動量才能停下來。

大型強子對撞機隧道中的質子遇到相同的情況。這些質子是有史以來，科學家用實驗室加速器製造出具有最高能量和動量的次原子粒子。雖然質子的質量很小，它的速率可是超乎想像的高，所以這些質子會死命地想以直線行進。因此，想要讓兩道質子束繞過大型強子對撞機的環形軌道相撞，我們須要施加很大的力量。科學家利用當今人類技術可及最強大的「射柱偏轉磁鐵」提供轉向所需的力。

外加轉向力的極限值確定之後，軌道的彎曲程度就限制了質子運行的最高動量（速度）。回來看看麵包車的例子：在通過固定彎度的轉角時，車子的速率得有個上限，否則就會打滑。對質子來說也是一樣。如果轉角非常彎，質子的速度就得慢下來；但如果轉角比較和緩，質子就可以高速通過。這就是大型強子對撞機要有龐大體積的原因。巨大的環的曲率很小，如此質子就可以加到高速仍不會「打滑」。質子「打滑」是科學家不樂見的情況，這些高能的質子若穿出隧道，可能會使昂貴的偵測器和磁鐵在一陣輕煙中汽化，造成一場大混亂。

因為磁鐵的偏轉能力有限，想要把質子加速到極高的能量，加速器勢必得造得很大。而對另一種常用來對撞的粒子——電子而言，還有另一個加速器不能太小的理由，值得了解。

在建設大型強子對撞機之前，另有一座儀器是瑞法交界二十七公里地底隧道的主人。就是大型電子正子對撞機（Large Electron Positron Collider，LEP）。（正子〔positron〕是電子的反粒子，攜帶正電荷，和帶有負電的電子相反。大型電子正子對撞機讓電子和正子相撞。順道一提，有些人認為粒子物理學家很愛幫儀器取華麗的名字好大肆宣傳，但我覺得這些都是很貼切、甚至有點無趣的名字。）大型電子正子對撞機在二〇〇〇年關機，因為它已經觀測了儀器能力可及的所有物理現象，卻無法再提高能量了。就和質子一樣，大型電子正子對撞機的粒子無法再加速到更高能量的原因，也是和隧道的大小有關。但兩者的原理卻有些不同。

這和電子的質量比質子小一千八百倍左右這件事有關。首先注意到，在極高的能量下，電子和質子轉彎所需的力量大小其實差不多。不論是何者，運動速度都接近光速，這時候你必須用狹義相對論去描述粒子完整的動量；基於這一點，在計算轉向所需的外力時，質子和電子在靜止狀態下的質量貢獻微乎其微，可見這不是主要考量。

問題出在同步輻射（synchrotron radiation）。同步輻射是帶電粒子在其速度改變時輻射的能量。這其實是個很常見的現象，粗略來說，就和快艇轉彎時會激起水波的道理相似。當帶電的粒子通過彎道時，光子會從粒子身上飛離，帶走能量。

而粒子的質量愈小，同步輻射現象就會愈顯著。粒子在速度改變時輻射能量的多寡，和它的質量密切相關：輻射量和質量成四次方反比。質子的質量大約是電子的一千八百三十六倍，所以電子在轉彎時損失的能量大概是質子的十一兆（一八三六的四次方）倍。

大型電子正子對撞機的電子和正子呼嘯而過彎道時，會因為同步輻射放出光子；隨著粒子一圈又一圈繞行隧道，我們必須注入更多能量以補償損失。為此，科學家在隧道上裝置了一些大型的金屬設備，彼此間隔距離相同，被約束在設備內部的射頻電磁波可以補償能量損失。這種裝置中的電場和磁場隨時間震盪，周期恰好對應到電子束通過的頻率，因此電子束每一次經過都會被電磁場推動。這種類型的機器運作的原理都相同。然而，當電子束的能量高到某個值的時候，同步輻射帶走的能量太多，設備中的電磁波便不再足以補償損失了。這就是最高的碰撞能量，而大型電子正子對撞機已經達到了這個上限。

顯然現在我們得再次考慮隧道大小這個因素了。長二十七公里的隧道曲率非常小。如果長度短一點，那隧道就會彎一點，而粒子轉彎時的加速度也會更大，同步輻射帶走更多的能量，降低最高的碰撞能量。

順帶一提，同步輻射在其他地方其實有很多應用。舉個例子，牛津郡哈威爾研究園區（Harwell, Oxfordshire）的鑽石光源（Diamond Light Source）就是專門建來製造同步輻射的。科學家用輻射的光子來研究原子、晶體、分子，以及物體的材料與表面性質。許多原本用於粒子物理實驗的儀器和實驗室，在實驗能量已無法滿足科學家的需求時，都改建為同步輻射光源。

事實上，出於很個人的原因，我很感謝這些改建的實驗室。我的博士研究是在漢堡的德國電子加速器實驗室（Deutsches Elektronen-Synchrotron，DESY）進行的。當時這個實驗室的粒子物理研究主力是「強子電子環狀加速器」（Hadron-Electron Ring Accelerator，HERA），這是一座電子質子對撞機，而我就在該加速器的宙斯偵測器團隊（ZEUS）工作。當時，我的女友蘇珊娜，是位結晶學家，便運用同步光源去分析蛋白質和其他物體的結構。粒子物理實驗的加速器和同步光源互利共生，有鑑於此，歐洲分子生物實驗室（European Molecular Biology Lab）在德國電子加速器實驗室設立了一支分部。蘇珊娜在觀賞聖保利足球俱樂部的比賽時，她在觀眾席上和博士指導教授懇談，終於說服教授派她到漢堡分部完成大部分的研究內容。至今，我和蘇珊娜結婚二十年了，一切浪漫又美好。即使如此，如果你想製造出高能電子束，同步輻射還是一個大麻煩。

於是，大型電子正子對撞機在二〇〇〇年關機並廢止，大型強子對撞機接著動工。後者可以進行更高能量的實驗，因為用來對撞的質子的同步輻射損失量比電子要小了十一兆倍。不過，如果要讓質子束的動量升到最高，還是不能沒有世上最強大的射柱偏轉磁鐵。

一九九七年七月一日，歐洲核子研究組織當年的主席史密斯（Chris Llewellyn Smith）正式批准了超環面儀器和緊湊緲子線圈的施工計畫。順帶一提，史密斯曾先後擔任牛津大學的物理系主任以及倫敦大學學院的院長。有一陣子他是我的上司，我們貌似常常出現在同個場合。

大型電子正子對撞機過去的成果非常好，但質子對撞實驗的願景更為宏遠。

---

【科學解釋1】

## 標準模型的粒子與作用力

如果你只是想要繼續讀故事，又不會在意看不懂一些艱澀的名詞，那你大可跳過本書的各節〈科學解釋〉。不過，若是不對標準模型多少有些認識，你應該會不明白書中的某些內容。

「如果把物質拆解到最基本的單位，它是由什麼組成的？」對於這個問題，粒子物理學的標準模型（Standard Model）是當今最佳的解答。

先隨便舉個例子，如果把石頭、空氣、這本書、或是你的頭，其中一樣東西扯碎（建議只要在腦中想像就好），你會見到一層層很迷人的結構，比方說在微米和奈米的尺度下，有纖維、細胞、粒線體（mitochondria）……等微小物件。

一路拆解下去，就會見到分子。如果有充足的能量，你還能繼續把分子拆成一顆顆原子。原子擁有緻密的原子核，周遭環繞著電子。

再加上一些能量，你便能分開電子和原子核；更進一步地，原子核又可以分解成質子和中子。要是再提升能量（到了大型對撞機上場的時候了！）你就能看到組成質子和中子的夸克（quark）了。

至今，科學家還沒成功拆解任何一顆夸克，研究過其內部的構造。

要是我們在「分解原子」的階段試著拆解電子，而不是原子核的話，還會更早就走進這個死胡同。大家今天還是沒有辦法了解電子的內在結構，或是擊碎任何電子。這項「目前無法再被拆解下去」的特徵，就是科學家實務上用來定義一個粒子是「基本粒子」的條件。

關鍵在於，不論我們在哪裡、對什麼東西做實驗，最終都只會剩下電子和夸克。在標準模型中，電子和夸克組成了一切的物質，而且它們本身並不由其他東西合成。

你會在本書中遇到非常多種粒子，但請銘記在心，只要你追根究柢，就會明白基本粒子其實只有幾種而已。

電子是輕子（lepton）家族的一員。這個家族中還有緲子（muon）和濤子（tau），這兩種粒子和電子很像，不過質量比較大。剩下的成員是三種微中子（neutrino）。微中子幾乎不和其他物質交互作用，但它的數量很驚人，幾乎是無所不在。每秒鐘都會有超過一兆個來自太陽的微中子穿過你的身體。

基本物質粒子的另一個家族由夸克組成。和輕子家族一樣，這個家族也有六個成員，分別是：上夸克（up）、下夸克（down）、奇夸克（strange）、魅夸克（charm）、底夸克（bottom）、頂夸克（top）。依照順序，夸克的質量愈來愈大（但質量居中的奇、魅夸克，性質最為詭異）。

質子和中子皆由上夸克和下夸克組成。夸克從未單獨被觀察到，總是聚在一起組成較大的粒子。由夸克組成的粒子統稱為強子（hadron），大型強子對撞機的名字便是由此而來。它主要是讓質子相撞，有時也會用原子核，原子核裡面含有質子與中子。

以上就是世人已知的所有物質基本粒子。這些粒子都有對應的反粒子相伴，而且全都會與彼此交互作用：相吸、相斥、散射……等。物質粒子間的作用力則是由另一種粒子——向量玻色子（vector boson）傳遞。

電磁力由光子，也就是光的量子（quantum）來傳遞，影響所有帶電的粒子，基本上就是除了微中子之外的所有粒子。

強核力（strong force）由膠子（gluon）傳遞，只有夸克會感受到。

弱核力（weak force）由W玻色子（W boson）和Z玻色子（Z boson）傳遞，作用在所有粒子身上。

要讓標準模型順利運作，或更具體地說，要賦予基本粒子質量的話，我們還需要另一種獨特、嶄新的粒子——希格斯玻色子。找尋希格斯粒子當然是本書的主題，我會在接續的章節中詳加介紹。

很可惜的是，科學家無法把重力納入標準模型中。愛因斯坦的廣義相對論（general relativity）能貼切地描述重力，但大家仍不知道要如何建立可行的量子重力理論。

以上所提的粒子都是宇宙舞台上的演員。雖然物理學尚有許多懸而未解的謎團，只要用這些基本元素：夸克、輕子、作用在物質上的四大基本力，以及希格斯粒子，就能極為精確地解釋大部分物理、化學及生物學的實驗數據；不論實驗種類，而且極大到極小尺度的現象都和理論預測吻合，令人嘆為觀止！

## 1.2 「絕不失敗」的理論

我直到二〇〇一年才真正投入大型強子對撞機的工作。九年之後，我們團隊就得到了第一批高能對撞實驗的結果。信不信由你，這讓我有點像這個實驗裡的「晚來的強尼」*。當初在設計大型電子正子對撞機的二十七公里隧道時，就已經有人提出一些打造大型強子對撞機的構想。這些想法出現在大型電子正子對撞機一九八四年的設計報告書中，當時我剛從中學畢業，進入六年制預科學院†。大家就科學、技術、資金、政治等面向，研討了多年後，再進一步完成研發、模擬、準備、更多政

* 譯注：Johnny-come-lately。諺語，意指一個人初到某地便一夜成名。

† 譯注：英國學制中，專門給結束十一年義務教育的中學生準備考大學用的六年制學校。

治……終於在一九九七年，大型強子對撞機獲准興建。

回想一九九七年我剛從漢堡搬到倫敦的時候，心思還是沉浸於強子電子環狀加速器的種種工作。這種情形常見於在大規模團隊工作的人，你的肩上擔了不少責任，許多相關的經驗及專業知識占據腦海，讓你很難脫離工作的情境。新的實驗有的是讓人眼花撩亂的軟體、硬體，以及陌生的物理領域，想爬上新的學習曲線因此很不容易。有的時候，你須要有人推一把，才能投入不同的工作。

我的例子比較特別，第一個孩子誕生是推動我的那隻手。迎接第一胎成了我的首要任務，我想辦法婉拒宙斯團隊中許多管理職與技術工作；照顧懷孕的蘇珊娜和成為人父是項嚴峻的考驗，我希望此時不用身兼其他的責任，以免分心。

事實證明我的選擇是對的，事情進行得很順利，一切都十分美好。我也因此賺到了很多時間，可以從新的角度研究物理問題。長久以來我盼望的一件事就是能有時間大量閱讀、思考，讓自己熟悉大型強子對撞機研究的物理。當時，對撞機正在歐洲核子研究組織建造、還沒有完工。有一回，強子電子環狀加速器的儀器因過熱而暫時無法運作，我趁這個機會約了幾位加速器的物理學家，我的好友福肖（Jeff Forshaw）和考克斯（Brian Cox），一同暢談大家之後可能會做的研究——什麼是最引人入勝的課題。那時我們都致力於觀測實際上發生的現象，對新穎的理論「超越標準模型」（Beyond the Standard Model）疑信參半，沒有興趣費心去尋找能支持這些猜想的證據；就我們看來，這些說法並不怎麼可信。我認為這是因為大家同樣來自強子電子環狀加速器，一個以精密量測為主要目標的實驗室。不過老實說，大型電子正子對撞機以前大部分的成果也是從精密量測實驗得到的，所以兩者可能沒什麼差別。

總之，有些人為了解決標準模型中的問題，提出了像是超對稱（supersymmetry）、額外多維空間、天彩理論（Technicolor）……等想法。我們不僅不相信這些猜測性的說法，甚至也不認為真的有希格斯玻色子；希格斯玻色子雖然是標準模型中不可或缺的一部分，但科學家尚未掌握到相關的觀測證據。於是我們問自己：「假使沒有新的粒子可發掘，什麼才是最有意思且最重要的研究課題？」這雖然像是悲觀主義者的觀點，切入的角度卻很有意思。

**向量玻色子散射實驗**是我們想出的答案——在讀了些書之後想出來的，不是指我們是最先想出這個點子的人。在超高能對撞物理實驗中，這是一種少見且怪異的散射過程，此外，大型強子對撞機所謂「不會失敗」的理論便是奠基於向量玻色子散射現象。這種散射現象和希格斯玻色子的重要地位息息相關。因此，把它當作大型強子對撞機的第一批研究目標應該會挺合適的。現在，我應該花點時間來說明了。

向量玻色子是負責傳遞作用力的粒子。光的量子——光子，便是向量玻色子，傳遞電磁力。不過，我們更感興趣的是W玻色子（某部分來說，還有Z玻色子）。這些玻色子傳遞弱核力，有一項非常奇特的性質——和光子不同，這種玻色子具有質量。

想像一下在大型強子對撞機的質子對撞實驗中，有兩個分別來自不同質子束的夸克高速衝向彼此。夸克在高速移動的過程中，有近乎為零的機率能放出W玻色子。而這些W玻色子又有更小的可能性會相撞。這就是向量玻色子散射現象中的雙W玻色子散射。Z玻色子和光子也有相同的散射現象。

玻色子能透過各式各樣的途徑相互碰撞、或是融合後再度分裂。量子力學描述的現象都是如此：我們必須考量無限多種、不同順序的反應過程的可能性，並加總在一起；有時不同作用過程的機會能彼此相加、有時則是彼此相減。加總全部的過程，你就會得到雙W玻色子散射發生的機率。

所謂「不會失敗」的理論就是從這個計算推導出來的。其中一些可能的散射途徑包含了希格斯粒子：當時，大家還沒有直接觀測到這種難以馴服的粒子。然而要是你在加總機率時，忽略了與希格斯粒子有關的項，那麼雙W玻色子散射的機率就會隨著能量提升而不斷變大。這樣下去你會得到不合理的答案：散射的機率會大於一，趨近於無限大。自然界不允許無限大的值存在，可見這種理論必然有問題。反之，散射機率中考慮到希格斯粒子的項會給出負值，可以阻止無限大的問題發生。因此，要不是希格斯玻色子終究會在大型強子對撞機中現身，就是科學家得想出一套新的物理，好讓計算結果合理。

由此可知，在沒有希格斯玻色子、又沒有黑洞存在的悲觀情境中，想了解自然界的運行機制究竟為何，觀測雙W玻色子散射也許是唯一、或是最好的方式。這是個「不會失敗」的理論，因為它若不是和希格斯玻色子有關、就是會提供新物理的徵兆。藉由研究這種散射過程，我們有自信能找到一些引人入勝的新發現。

觀測雙W玻色子散射可想而知並不容易，大家遇到了許多充滿樂趣的挑戰。曼徹斯特大學和蘋果電腦簽約，引進了一大批麥金塔電腦；這些電腦剛開始運行 Unix 作業系統（一種多用戶作業系統），對我們的幫助很大（不過還是比其他人擁有裝載 Linux 作業系統的電腦昂貴許多）。我很懷念自己當年坐在薩德爾沃思的公寓裡，坐在桌前丟一大堆模擬任務給這些電腦來測試大家的點子，接著跑過街口走進酒吧，邊喝啤酒、用餐，邊和同事討論新鮮的想法。我的兒子當時還沒出世，但我已經讓自己身兼數職，忙得團團轉了。我們在二○○二年一月提交論文，接下來的六年間幾乎無人聞問，但之後這篇論文開始受到學術界關注，讓我感到很驕傲。其中一個我們的點子現在已經有了廣泛的運用，在搜尋希格斯粒子的過程中更是占有一席之地。

## 1.3 大家都會對這件事感興趣的

在歐洲核子研究組織和世界各地的科學家為了建造大型強子對撞機及它的粒子偵測器而日夜趕工時，我們漸漸相信世人會開始對這項計畫感興趣，原因包羅萬象。本計畫在工程學和科學上的成就的確是一大亮點。另一方面，有些人純粹是對實驗驚人的規模與開銷有興趣。而數千名物理學家協力合作、一同組織跨國際科學團隊以及相應而生的社會學關係，對一些人，好比社會學家來說，是既有趣又帶點神祕感的。除此之外，當然也有兩三位想譁眾取寵的人，成天妄想、宣稱說我們這群科學家就要摧毀瑞士，甚至是全世界或整個宇宙了。

最後還有一群人——江湖騙子與陰謀論者，因為媒體要「平衡報導」之故，而成為鎂光燈的寵兒。容我引用海洋生物學家史夫曼（David S. Shiffman）的話：「世界上頂尖的專家指出，環境議題的報導有虛假平衡報導的問題。」*唯一的解藥就是帶給大眾正確的資訊。此外，歐洲的納稅人每年投資了十億多歐元給歐洲核子研究組織，因此我們確實有義務要向人民報告這些錢花到哪裡去，以及目的為何。

許多相關的人士都有同樣的看法，比如我自己、歐洲核子研究組織的通信主任吉里斯、以及許許多多優秀的科學記者。這應該就是為什麼在二〇〇八年對撞機啟用日當天，歐洲核子研究組織會向世界媒體敞開大門。

正是為了帶給大眾正確的資訊，我才會同意參與拍攝紀錄短片集《高速撞擊的粒子》（*Colliding Particles*）。這系列近似紀實短片的節目於二〇〇八年夏季正式開拍。派特森（Mike Paterson）身兼數職——攝影師、製作人、採訪員、導演，偶爾也擔任錄音員，只差不是動畫師。他爭取到英國科學技術基礎設施委員會（Science and Technology Facilities Council，STFC）的補助來拍攝短片集。這個委員會平常資助英國的粒子物理學研究。《高速撞擊的粒子》的內容針對學校課程設計，特別是當時新開設的一門課，專門教導學生科學研究的過程。顯然學生將會在課堂上觀賞派特森鏡頭下的物理學家如何做研究，以一窺科學的真面目。

這部短片集非常成功。其他方面就不多說了，派特森的剪接手法一流，把我冗長又有點零亂的回答巧妙地剪輯在一起，讓我在鏡頭上表現流暢，令人驚豔。在首集一個五分鐘的片段裡，螢幕上交錯出現大型強子對撞機和超環面儀器的照片，而我的話語穿插於影像中，上句未完，下句又起，讓觀眾感受到我有源源不絕的遠見與智慧。嗯，至少我的母親和我都是這麼覺得。《高速撞擊的粒子》也拍攝了當時我們門下的博士生，戴維森（Adam Davison），他後來成為博士後研究。此外還有巴黎的理論物理學家，薩拉姆（Gavin Salam）。影片內容大致上（至少開頭的部分）都和二〇〇七年，我們三人與薩拉姆的學生魯賓（Mathieu Rubin）共同著作的一篇論文有關。

我之所以要在這個時候提這些往事，是因為我們很重視「民眾參與」這件事，就算有些粒子物理學家對此還是持保留態度。拍攝《高速撞擊的粒子》就是我們初步的行動之一，當時這在粒子物理學界算是史無前例了。在我們一步步接近重大發現的旅途中，派特森、戴維森、薩拉姆這三個人名，還會不時出現。

總而言之，在經過多年的研發設計和長達八年的建設後，我們終於來到對撞機啟動的這一天。

那天是二〇〇八年九月十日，歐洲核子研究組織的對撞機控制室擠滿了記者，考克斯也在其中。BBC第四電台還幫這天取了個名字——「大霹靂日」。當時我已經從歐洲核子研究組織回到西敏市，我和時任「創新、大學與技能的國務大臣」（Secretary of State for Innovation, Universities and Skills）的鄧俊安（John Denham）先生，與一些達官顯要（有些人可能名不副實）、還有比擠在控制室為數更多的記者。對我們這群科學家來說，與媒體及政治人物交流是個令人興奮的嶄新經驗；不過更讓大家緊張的是，經過這麼多年的籌備，我們終於要啟動對撞機了。

啟動對撞機的過程就像一齣精心安排的舞蹈表演，大型強子對撞機的計畫主持人埃文斯（Lyn

＊譯注：指媒體為了讓報導看起來有參考多元意見，而採用一些「偽專家」未經實證的說法。這樣的報導雖然表面上觀點均衡，卻含有錯誤的資訊。

Evans）坐鎮在控制室中，儼然是動作指導。我們計畫一次送八分之一的粒子束到對撞機內；換句話說，一開始粒子束會跑到二十七公里隧道的八分之一處，撞上一具粒子束阻斷器＊。再接著跑過四分之一長、八分之三長……直到如我們期待的，完整繞行隧道一圈後回到出發點。數千名物理學家和一大群來自世界各地的媒體記者的目光，全聚焦於一架閃爍計數器上。當粒子束完成旅途，計數器應該會顯示兩個亮點（粒子束出發和回來時所留下的）。

有件很棒的事情是，粒子束在某具粒子偵測器前方撞上阻斷器的時候，許多粒子會飛濺而出，被偵測器記錄下來。這將是我們首次用偵測器內部那許多複雜、敏感的感測器，觀測到的粒子束活動。然而，埃文斯決定讓粒子束先以順時鐘繞行，所以我們的超環面儀器會是隧道上最後一具觀測到粒子束的儀器，我覺得有點可惜。不過至少緊接在後的，就是首次完整的繞行了。埃文斯倒數：三——二——一。螢幕上暫時空無一物，大家繃緊神經……出現了兩個點！真是我這輩子見過最讓人激動不已的兩個點。這是第一次，一束粒子成功完成大型強子對撞機的環狀旅程。

一天下來，幾束粒子沿著順、逆時針方向繞行，順利儲存起來。在西敏市從早忙到晚，大家全都疲憊不堪了，便到隔壁的酒吧稍作休息；但歐洲核子研究組織加速器團隊的科學家此刻還在奮戰不歇。我永遠都忘不了當時的情景：午餐時間，我邊喝著啤酒、邊看著ＢＢＣ新聞，螢幕底端的跑馬燈正在報導我的實驗團隊最新的進展。對於這一切，我想不驕傲也難。隔天的頭條說，這群科學家並沒有摧毀世界。這種說法其實挺好笑的，有點幼稚（畢竟我們又還沒真的讓粒子束相撞）。然而，大家確實得到對撞機運行的經驗，也順利地向身為計畫投資人的社會大眾分享喜悅之情。現在，高能實驗數據就在咫尺之遙，有了這份自信，我很期待在日後迎接倫敦大學學院的新進博士生加入。

沒想到九天後，情況竟然急轉直下。

## 1.4 禍從天降

如同我先前解釋過的，大型強子對撞機的質子能擁有的最高能量，受限於它所受的向心力大小——質子需要向心力才能通過彎道，穩定地在環狀隧道裡運行。我們用很多顆巨型磁鐵來提供向心力。想像你在一塊磚頭上綁條細繩，在頭上轉圈圈。如果你轉得太快，繩子就會斷掉。對撞機裡的質子好比磚頭，磁鐵則是細繩。我們很不樂見這些磁鐵像繩子一樣壞掉。

開機日之後，大家用幾天的時間對大型強子對撞機做了各式各樣的測試。尤其是在九月十日質子束首次繞行隧道的時候，我們還沒有把磁鐵開到最強。

對撞機用的磁鐵是電磁鐵，由環繞線圈的電流生成磁場。製造這些磁鐵應用了大量的工程學及工業技術（用來彎曲粒子束的偶極磁鐵總共有一千兩百三十二顆，每顆長十五公尺、重三十五噸），除此之外，也需要很多的物理知識。

十九世紀時，法拉第（Michael Faraday）發現電流會產生磁場、磁場也能讓電流改向，他仔細地

---

＊譯注：通常由銅、鋁、碳……等物質組成，在對撞機要停機時，用來吸收粒子束的能量。

觀察並記錄這兩種現象。接著，馬克士威爾（James Clerk Maxwell）整合兩者，建立電磁學理論。馬克士威爾方程式（Maxwell's equations）是物理系課程中的一大亮點，也可能是史上第一個用數學方法將兩種看似完全不同的物理（靜電學和磁學）統一的理論。從此以後，物理學一直依循相同的趨勢發展下去。

我們需要非常大的電流，才能產生足夠的磁力來讓大型強子對撞機的質子束彎曲。對撞機的磁鐵開到最強時，會有將近一萬兩千安培的電流通過。這幾乎是一般家用白熾燈泡電流消耗量的五十萬倍之多。

當電流通過普通材料的時候（比如電燈泡的燈絲），電流中的電子會和材料裡不停振動的原子相互撞擊，電子因此損失能量、而原子則振動得更劇烈，使材料的溫度上升，這就是電阻。而在一萬兩千安培的電流下，電阻會造成的問題可嚴重了：基本上，這麼大的電流會讓所有常見的材料汽化。

超導（superconductivity）的發現改變了這一切。超導材料對電流的電阻為零。這是個讓人嘖嘖稱奇的量子力學效應，巴丁（John Bardeen）、庫柏（Leon Cooper）、施里弗（John Robert Schrieffer）三人的理論——依三人的姓氏首字母，簡稱為BCS理論——解釋了這個現象*。在低溫環境下，電流中的電子會兩兩成對，出現像玻色子（boson）的行為（參見【科學解釋3】）。因此，電子對可能會落到一種稱為「凝聚體」的量子態上，相互交疊在一起。這時材料的原子若想改變電子對的行為，就得耗上很多的能量，因為推動一個電子對等同於改變整個凝聚體，凝聚體正處於量子同調態。一般而言，超導材料的原子無法提供足夠的能量推動電子對，至少在材料溫度很低的時候沒辦法，因為此時材料的原子幾乎沒有在振動。因此，電子對在超導材料中通行無阻，不會損失任何能量、速度完全不會減慢。

大型強子對撞機內的磁鐵就是超導磁鐵，以高壓的液態氦冷卻到凱氏一・九度（1.9 Kelvin，等於攝氏負兩百七十一・三度）。正如很多科普文章中指出的，這個溫度比外太空還要低。宇宙微波背景輻射平均是凱氏二・七度。不過這還不是宇宙中最冷的地方。聽說回力棒星雲（Boomerang Nebula）只有凱氏一度，但我不太清楚原因。†

九月十九日，那天大型強子對撞機團隊試著把磁鐵的電流調到最大，產生的磁力足以讓最高能量的粒子束轉彎、繞行整個隧道。對撞機分成八個區段運作，我們可以獨立對每個區段輸入能量、升溫或降溫。此時，團隊已經把其中七個區段的磁鐵電流升到了最高值，正在調整最後第八區的電流，就快要準備好進行首次的對撞實驗了。

就在這個時候，突然間，第八區所有監視螢幕和感測器的資訊全部消失無蹤。

我那時在遙遠的倫敦盯著對撞機的狀態頁面，只見到一段訊息說「首次對撞」實驗至少必須延遲個幾天。然而，實際的情況還要糟糕許多。對撞機發生毀滅性的爆炸事故，好幾個巨型磁鐵從水泥碇泊區，也就是儀器固定的位置炸飛開來。看來一年內我們是不可能拿到首批質子對撞實驗數據了。

---

*譯注：一九七二年，三位物理學家因提出該理論獲頒諾貝爾物理學獎。

†譯注：現在學術界認為，這是因為氣體「絕熱膨脹」使溫度大幅降低所致。

我得向幾位記者說明這場事故，甚至還在一個晨間節目上，用電話現場連線向觀眾解釋這意外的情況。坦白說，在那個時候大家只知道情況慘不忍睹，卻還沒有釐清問題出在哪裡。而當時讓我感受最差的經驗是要站在博士生面前，告訴他們要等上好一段時間才能拿到對撞實驗數據。

我稱這種情形為「進兩步，退一步」，只是感覺我們退的是很大的一步。

幾周後，事故的全貌逐漸浮出檯面。原來是兩顆磁鐵間的某個連接器出了問題，它的焊接處有個缺陷，讓連接器產生了小小的電阻。這個小電阻雖然棘手，但破壞力並不大。本來超導系統的部分元件偶爾就會突然出現阻抗，算是這種科技先天的毛病，稱作「急熱」（quench）。而超導磁鐵在設計時，已經有專門防護急熱的精密裝置，可以安全逸散掉龐大的能量，防止溫度過高而毀壞磁鐵。

不幸的是，急熱防護裝置並沒有辦法一起保護連接器，因此缺陷處的電流無法安全逸散，就把連接器給汽化了。

這也是個大問題，足以讓實驗延宕好幾個月，但還稱不上是災難性的損害。最糟的在後頭，磁鐵上的巨大電流現在無處可去，只好跳過連接器汽化後留下的缺口，放出火花，擊穿了液態氦的儲存瓶，好幾噸的高壓液態氦猛然噴出、全都變成氣體——這就是大爆炸，威力強到能把其中幾個三十五噸重的磁鐵炸離水泥碇泊區。好幾個磁鐵受損、有些毀壞程度特別嚴重，精密的控制儀器和脆弱的極低溫裝置都成了一團扭曲變形的廢鐵。可想而知，在對撞機跑出實驗結果之前，大家要先處理很多工作，得等上很長的一段時間了。

## 1.5 在我們等待的時候

這場災難的餘波帶給我們很多啟發。

就像任何的大型計畫，總會有些人不贊成龐大的支出；有人則因為群眾及媒體只關注主角，卻冷落了其他優秀的科學研究，而感到忿忿不平。此外，我也聽說一般人有時會認為粒子物理學家很傲慢，但我不明白理由為何。無論原因是什麼，在大家由衷同情沮喪的大型強子對撞機物理學家時，也是有人在**幸災樂禍**。

還有別忘了，粒子物理學術界有很大一部分的成員，認為在開機日當天招來所有媒體以及大眾的目光，是個大錯誤。我有不少同事也覺得，這種做法的結果再好也不過是短多長空，總有一天會讓我們頭痛；最差則會淪為與科學無關的新聞炒作。看來，對撞機在眾所矚目的啟動日後的第九天出了差錯，就像給了這群人一個好機會對我們說：「早跟你講過了。」我沒有想這麼多，只是因為實驗延宕而難過；但有些時候我也真的覺得，我們害自己在大眾面前看起來像個白癡，應該在實驗結果出爐前保持低調。

二〇〇八年十月，就在災難發生不久後，我們舉辦了一場大型強子對撞機的「就職典禮」。這場活動是在災難發生前就籌備好的公開慶祝大會，但時機很不巧。典禮還偏偏辦在宏偉的磁鐵測試大樓內，由於意外，這裡即將再次開工，再次測試修復好並翻新的磁鐵，我們要裝上這些磁鐵才能修好地底下受損的儀器。英國的科學大臣德雷森勳爵（Lord Drayson）雖然對歐洲核子研究組織與大型強子對撞機很感興趣，卻沒有出席。老實說，我並不怪他，畢竟這場典禮真的很讓人沮喪。

然而，低靡的士氣開始有了轉變。

原先對儀器問題感到汗顏的我們，現在反而有些自豪。磁鐵連接器的確不該有那樣的缺陷。但在聽了加速器物理學家及工程師診斷、討論相關的系統後，我們見識到大型強子對撞機驚人的複雜結構，而對撞機應用的新科技種類之多、規模之大，也讓我們嘆為觀止。大家不僅站在物理界的前沿，也挺立於工程界的尖端。更重要的，沒有任何人在這場事故中受傷。事實上，大型電子正子對撞機與大型強子對撞機的土木工程規模和英法海底隧道不相上下，完工後卻有令人驚豔的低事故率。

研究總是伴隨著風險。就像計畫主持人埃文斯在很多訪談中常說的，大型強子對撞機就是自己的原型，因為歷史上從未有人建造過相同的東西。九月十日當天，許多物理學家睜大雙眼盯著數架攝影機，看得出來大家都在擔心著實驗是否會成功，這比頭一次登上直播節目還讓我們緊張與興奮。

有個很類似的畫面：太空科學家在細心控制他們精心建造的衛星噴射火焰、進入軌道時，臉上也浮現清晰可辨的緊張表情。倫敦大學學院米拉爾太空實驗室（Mullard Space Science Laboratory）的展示櫃中，存放著一些扭曲的精密電子設備殘骸，這些殘骸是在一九九六年，首次星團任務（Cluster mission）的亞利安號火箭發射失敗墜地後，從法屬圭亞那的庫魯沼澤地打撈起來的。這次意外是個嚴厲的教訓。還好二代星團計畫成功起飛，完成原先的研究目標。

這就是在眾目睽睽下研究科學的感覺。實際上，科學進展並不總是一帆風順，也不會永遠都有正面結果。真的是「進兩步，退一步」。

從媒體的觀點看來，這次的轉折不過是讓一個好故事拖了點戲罷了。而儘管偶爾在一些綜藝節目上，媒體多少會嘲諷這個計畫，他們對待我們的方式（甚至包括嘲諷本身）說來還挺合情合理的。

至於人人心裡的哀傷嘛……嗯，這就比較難撫平了，但還有一些重要的工作要做。我們本來在實驗數據來臨前，將過時的 Linux 作業系統鎖死、不敢升級。現在我們總算可以好好升級，並將之前沒時間好好解決的漏洞一併處理好。大家完成的其中一項重要任務，就是擺脫了一個陳年的噴流探測演算法。我知道現在須要花點時間來解釋了。

**【科學解釋2】**

## 夸克、膠子、噴流

當夸克和膠子設法脫離質子的時候，就可能會產生噴流（jet）。

所有質子（其實是所有的強子）都是由夸克組成的，膠子把夸克牢牢抓住、聚成一團。就像我提過的，膠子負責傳遞強核力，與它同類的粒子還有傳遞電磁力的光子、以及傳遞弱核力的W和Z玻色子。強核力有個稱為「色荷」（color）的物理量，扮演的角色與電磁學的電荷相似。色荷和我們平常用肉眼感知的顏色（colour）毫無關聯，為了避免混淆，我在這裡用美式拼法表示色荷*，因為引進

*譯注：顏色一字，英式和美式拼法不同，作者為英國人，習慣於多一個u的拼法。

這個名詞的物理學家格林伯格（Oscar W. Greenberg）是美國人。然而，顏色和色荷之間的確有個類比關係。

先來看電荷的例子，想要得到中性電荷只有一個辦法，你手上的正電荷和相反電荷（負電荷）的數量必須完全相同。原子就呈電中性。原子核內的質子和電子雲中的電子數量相同，而每顆質子攜帶一單位的正電荷、每顆電子攜帶一單位的負電荷。於是將原子的所有正電荷和負電荷加總後，相反的電荷會互相抵消，得到的總電荷為零，因此原子是電中性。

色荷也有相同的情況。如果我們（任意地）把一個色荷取名為「紅色」，就會存在一個「反紅色」的色荷（你可能會想叫這個色荷做「青色」，因為青色是紅色的互補色。不過就我自己來看，這樣做就有點過度詮釋強核力的色荷與可見顏色間的類比關係）。在色中性（color-neutral）的粒子中，介子（meson）由兩個色荷相反的夸克組成。介子一詞源自希臘字*meso*，是「中等」的意思，因為它的質量比質子和中子輕，但比電子重。介子由夸克及反夸克組成，而因為兩者帶有相反的色荷（如紅色和反紅色），會相互抵消，所以介子呈色中性。或者你也可以這麼解釋：紅色加青色，會變白色。不過，電磁力（以量子電磁理論——量子電動力學〔quantum electrodynamics，QED〕理解更正確）和強核力（量子色動力學〔quantum chromodynamics，QCD〕）還是有不一樣的地方，有別的方式能得到色中性的粒子。

總共有三種可能的色荷，通常（還是任意地）稱作紅色、綠色、藍色。如果你擁有三個不同的色荷，也能合成色中性的粒子。這個特性類比於可見光的性質：把三原色混合就會得到白色。質子和中子就是這樣子來的，兩者都會有三種夸克、各帶不同的色荷，結合後也是變成色中性。由三種夸克組成的粒子統稱為重子（baryon）（希臘字，表示「很重」），質子和中子都是很常見的重子。介子及重子都是強子一族，這很清楚，畢竟所有由夸克組成的粒子都是強子。

夸克有個怪異的特徵，從來沒有單一夸克能和其他夸克分隔很遠，獨自被科學家觀測到。這是強核力另一項奇特的性質造成的，夸克永遠會被限制在色中性的強子裡面，不論是介子還是重子。

絕大部分的基本作用力都會隨著距離增加而減弱；比如說，當兩個正負電荷離得愈遠，相互的吸引力就會愈小，和電荷距離的平方成反比。不過強核力就不一樣了。把兩個夸克分得愈開，強核力造成的位能竟然會愈強*。感覺就像夸克被橡皮筋或繩子綁在一起。當夸克相互遠離，繩子會逐漸繃緊，而繩子的張力會儲存愈來愈多的能量。

在大型強子對撞機中，兩個質子的夸克相互撞擊、彈開後，會帶著極高的能量遠離對方，速率接近光速。起初，繫著夸克的「繩子」還很鬆，所以夸克感受到的力量非常小。科學家稱這種現象作「漸進自由」（asymptotic freedom）；葛羅斯（David J. Gross）、波立茲（H. David Politzer）、韋爾澤克（Frank Wilczek）三位物理學家因為發現強核力理論中的漸近自由現象，一同獲頒二〇〇四年的

---

*編／譯注：原文中作者誤將此段敘述成「距離愈遠，強核力反而愈強」。但這是不精確的敘述！原書問世後，作者便被量子色動力學教科書作者韋伯（Bryan Webber）親自糾正。更精確的物理描述是，在某個尺度內，強核力的位能和距離呈線性關係，因此強核力的大小幾乎維持定值，不隨距離增加而減弱。這是基礎物理中，力的大小等於位能對距離微分的應用。線性函數的微分為常數。

諾貝爾物理學獎。這說明了如果夸克位在質子內部，你就可以根據自己的需求，用合適的方法把夸克近似成沒有互相束縛的自由粒子。

然而，這種自由只是個假象，在你試圖把夸克拉出質子的時候便會很快地消失——在大型強子對撞機用反方向質子的夸克撞擊原本的夸克就會如此。雖然兩個夸克最先能飛離彼此（甚至可以在加速時，射出更多的膠子和夸克），連結兩者的繩子幾乎會立刻繃緊，讓夸克和膠子曉得自己其實並不自由。

但接下來發生的事情可說是奧妙無窮。把夸克拉回的力量並不會因為距離增加而減弱，兩個夸克間的繩張力儲存了大量的能量；如果能量充足，便有機會生成一對夸克和反夸克（實際上這種過程很常見）。產生夸克對要花掉的能量（$E$），等於夸克和反夸克的質量總和乘上光速的平方（就是 $E = mc^2$，雖然聰明的讀者你可能早就知道了）。雖然耗損的能量很大，還是有個好處：生成夸克對後你有了較短的繩子，繩張力儲存的位能因而少了許多。

請試著把夸克想像成繩子的兩個端點。夸克飛離彼此，直到某一刻繩子啪地斷掉，在斷裂處又生成兩個新的夸克，仍兩兩束縛。因此夸克從不單獨存在。

最後，我們會見到一團強子雲。你或許會認為如果要深入了解夸克、膠子等基本粒子，這樣的結果似乎沒有什麼幫助，但實際上這些粒子都在裡頭，沒半點短少。因為一開始兩個夸克相撞的力道相當大，兩團強子雲會形成兩道窄窄的噴流。所有分裂、新生的夸克及膠子會拖著一團能量一起跑，不過這團能量的大小還是比夸克最初對撞得到的能量小了許多。因此，噴流最終的指向會非常接近夸克的初始運動方向。

當然，「非常接近」並不是個符合科學語言的描述。我們須要盡可能精準地量化這個過程。噴流演算法便是個能協助大家完成任務的工具。這個演算法提供了一個程式來加總我們觀測到的所有強子，建構出物件（噴流），並算出噴流的能量及動量；這些結果可以和理論預測值相比較。你大可想出很多不同的做法，但有些方法確實比其他的更好。

科學家在設計或選擇好用的噴流運算法時，會遇到一個問題：大家並不曉得要怎麼預測低能量的現象。低能量對應到相對來說很長的距離，連結粒子的繩子會不停地斷裂、生成新的強子，並放出不計其數的低能量膠子到周圍。由於你不知道要如何預測可能會出現多少個低能量的膠子（這不在我們的能力範圍內，也不是大家想要量測的對象，而且這個數量還會不斷震盪），建造一具對低能量膠子不敏感的噴流探測器看來是個好點子。事實上，這樣的探測器是不可或缺的。這種低敏感度有個專業的術語，叫作「紅外安全」*。我們在大型強子對撞機維修時所做的事情中，有一項就是轉換跑道改用紅外安全噴流演算法。

*譯注：這裡的「紅外」是低能量區域的意思。取光譜中紅外線的頻率小、能量低之意。粒子物理學家常用的「微擾算法」並不適用於低能量粒子，因此儀器常被設計成只觀察高能量粒子、而忽略低能量粒子，這樣才能用微擾算法計算出理論預測值，來和實驗結果比較。

## 1.6 名字、慣性、媒體

二〇〇八年的時候，超環面儀器的分析碼中主要的噴流演算法並不是紅外安全的，緊湊緲子線圈也一樣。在對撞機停擺後，我們努力研究出更新、更好的紅外安全演算法來汰舊換新。這將會大幅提升日後物理研究的品質。

你或許會感到疑惑，既然更新運算法有這麼大的幫助，我們為何不早點替換呢？這是個有趣的問題，而答案能幫助你了解在超大型合作團隊中研究科學的一些事情（也能學到一點物理）。

這要說回到我在漢堡的強子電子環狀加速器工作時，當時大型電子正子對撞機還在歐洲核子研究組織運作，而芝加哥的兆電子伏特加速器（Tevatron）正在尋找頂夸克。那時大家成立了幾個原型物理團隊，來設計、提案可行的粒子偵測器，以安裝在未來的大型強子對撞機上。超環面儀器便是其中兩個團隊——精確光子輕子能量測量實驗（Experiment for Accurate Gamma, Lepton and Energy Measurements，EAGLE）和超導環場儀器（Apparatus with Super Conducting Toroids，ASCOT）整併的結果。這樣的整併其實很常見。你最好不要為了第一個計畫就把所有的好名字都用光了，因為你的計畫總有一天會和其他計畫整合，到時還要想新的名字。我只好假設名字無趣的緊湊緲子線圈（CMS）可能犯過這種錯，可能它的原型團隊一開始的名字很酷，像是泰坦（TITAN）或喬艾爾（JOR-EL），但在頻繁整併後把點子用完了，最後只好取名為緊湊緲子線圈——好吧，這只是我的假設，實際上從來沒有團隊叫這兩個名字*。

不管怎樣，超環面儀器（ATLAS）是個好名字，詹尼等人取得真好！

比取名字稍微重要一點的，是告訴大家我們的偵測器確實能夠達成物理研究的目標。偵測器是否有很好的解析度？頻寬夠不夠讀取數據？還有偵測器夠不夠多，有沒有在正確的位置上，好量測你想觀察的所有現象。最後，大家是不是能負擔儀器的開銷？要讓自己的答案有說服力，你必須寫份技術設計報告。而為了完成這份報告，讓大家相信你的想法值得付諸實行，你必須做很多次的測試實驗，把粒子束射入原型儀器並收集大量的數據，以證明你很清楚這些粒子的性質。除了這些，你還要使用各式各樣的軟體，有些負責模擬物理現象以及偵測器的結構，有些則可以根據電腦模擬的數據（或測試實驗的數據），建構實驗最後可能的結果。

這說明了，在首批實驗數據誕生很久之前，早有些人為了這個實驗奮鬥了十年，甚至更久，因此他們已經很習慣使用十年多之前就可用的工具了。就算現在早就有好用很多的工具，物理知識也因為這十年間其他研究的數據而有顯著發展，革新的想法仍然是會被巨大的工作慣性阻撓。如果大家的首要目標是做好準備，儘快迎接第一批數據，就可以理解為何有人會不情願改變習慣，或是再更動任何事物。這就是我們超環面儀器團隊在二〇〇七年的情形。

噴流演算法便是一項大家不想換的工具。九〇年代至二〇〇〇年代，因為許多理論學家及實驗數據的貢獻，我們對噴流以及強交互作用（量子色動力學）的認識與日俱增。這些數據主要來自強子電子環狀加速器和大型電子正子對撞機。當時大家已對紅外安全問題有所認識，一些科學家也著手提出

＊譯注：喬艾爾，DC漫畫裡超人的父親。這只是作者發揮想像力所開的玩笑。

新一代噴流探測器的構想。很不湊巧地，超環面儀器（還有兆電子伏特加速器的很多實驗）已經用起舊型的噴流演算法了。雪上加霜的是，新型的噴流演算法也遇到了一些問題：有些計算速度太慢，而且大部分的演算法都會呈現不規則狀的噴流，這讓科學家難以明白實驗儀器的解析度與性能。雖然強子電子環狀加速器、大型電子正子對撞機，兆電子伏特加速器確實有使用新的演算法來測量實驗結果（事實上，強子電子環狀加速器和大型電子正子對撞機最後全面改用新型的演算法），還是有人不確定新的演算法是否真的能應用到大型強子對撞機上；這些疑慮、科學家做事的慣性、再加上時間壓力，種種因素導致我們無法及時在二〇〇八年替換對撞機的演算法。

可想而知，一旦我們用舊型演算法取得一些數據，就更不可能改用新演算法了，這一點所有人都心裡有數。因此，當大家在數據來到前意外多了一年的時間，便立刻知道這是個千載難逢的機會，可以從今而後改用更新、更好的分析技術。此外，新演算法的運算速度和不規則噴流的兩個問題，現在看來也已經解決了*，這也是個重要的推手。在噴流實驗召集人的指揮下，數十位博士後研究和學生開始檢查新的演算法是否可行，包括理論層面的應用，以及它在超環面儀器未來用來挑選、分析數據的軟體中，是否運作流暢。其中有些成員也是來自倫敦大學學院，我編輯出了一疊厚厚的內部筆記，終於讓每位成員都點頭改用新的演算法。這些時間花得很值得，真的讓我振奮不已。

有個活動雖然和大型強子對撞機沒有直接關係，卻也助我打起了精神，那是五月十八日，在倫敦霍本一家叫作「潘德羅的橡樹」的餐廳舉辦的聚會——「酒吧裡的懷疑者」。這是我人生第一次參加酒吧裡的懷疑者，在幾乎是以順敘法講述的大型強子對撞機故事中，這場聚會就像個我隨便加進來的花邊，但相信我，它和原本的內容真的有關。

西蒙辛格（Simon Singh）是一位知名的科普作者，擁有粒子物理學博士學位；他當時在劍橋大學的大型電子正子對撞機團隊，與我現在的幾位超環面儀器同事一起工作。英國整脊協會（British Chiropractic Association）向法院提告，控訴辛格寫文章批評協會正在積極推廣的新療法；辛格認為這是假的療法，協會根本沒注意到他們缺乏能說明療法有效的證據。由於辛格認定療法騙人的態度很明確，而協會推廣療法的立場也很堅定，你也許會以為爭論點只會和協會當時有多麼沾沾自喜有關。可惜英國的誹謗法爛到不行，法院認為辛格若想為自己誠實的評論辯護，就必須先證明整脊協會是在惡意欺騙大眾；所以只要協會能澄清說他們並不相信療法會是假的，就能穩操勝券。最後，辛格說服上訴法庭說他自己其實不須要證明整脊協會是否確實知道療法無效，而只要他的手上有好理由能聲稱協會的確知情，就足夠了。英國整脊協會在這個時候選擇撤銷法律訴訟。

我之所以會參加這場聚會，部分是出於憤怒：法律竟淪為某些人的有力工具，來剝奪有科學證據支持的評論發言權。另外我也是想和同行的友人喝上幾杯啤酒。霍本非常接近倫敦大學學院的布隆伯利校區。這場聚會帶給我的遠比幾杯啤酒來的多。我認識了一大群聰穎過人、勤奮不懈、見多識廣的記者，報紙和廣播頻道的都有；不得不說這有點嚇到我。我也見了幾位傑出的部落格和網路作家。此

＊原注：給想知道這裡談的科學是什麼的讀者參考，後來最好的演算法是卡恰里（Matteo Cacciari）、薩拉姆（Gavin Salam）、蘇瓦那（Gregory Soyez）三人合作出的 anti-k-T 演算法。網址 arxiv.org/abs/0802.1189。

外，我也發覺自己過去既傲慢又無知，原來在熟悉的科學界之外，還有一群人很在乎科學與理性。比起危險又令人沮喪的誹謗控訴，這讓我非常興奮、大大重振起精神。不只有辛格遇到不公義的事，有一位醫生溫舍斯特也因為診斷一位心臟移植手術病人的健康狀況起了爭議，而被人控訴；很多人都針對糟糕的誹謗法寫過文章，批評當有科學根據的言論被有錢人或大企業欺壓時，這個惡法是如何使其雪上加霜的。這些文章比我寫得還要好。在辛格聲明自己會力爭到底的時候，他看起來無所畏懼，但是成功的機會似乎很有限。無論如何，一定會有人發起運動支持辛格，並進一步推翻惡法；也至少會有人一直抱持希望，相信抗爭終究會成功。

其中有幾位作家彼此結為朋友，而這場運動在法律改革方面獲得豐厚的成果——二〇一四年初，新的誹謗法生效，其中部分法條保障同儕審查過的科學知識。辛格戰勝了英國整脊協會。一切都很美好，而回想當時這場運動還有個好處，對我的影響很大。

這次的運動幫助大家打破不同領域間的藩籬：科學界、（大學）學術界（部分和科學界重疊，但還是很不一樣），和其他領域像媒體界、喜劇界、政治界。這給了我全新的體驗，也深深影響我如何向他人介紹我們在歐洲核子研究組織工作的內容。考克斯是我的朋友與先前的同事，他順利地一舉推倒領域間的高牆，讓各界人士的交流更加頻繁（他當然也有參與潘德羅橡樹的聚會），也帶來很多正面的影響。我參與誹謗法改革運動的時間其實並不多，大多只是寫信、以及出席會議和特別委員會等活動；在參與的過程中，我還是一邊與其他人交流，認識各式各樣的領域。

這一切消弭了我對媒體、政治大部分的恐懼與懷疑，也讓我學會有效遊說他人的方法。二〇一〇年，倫敦帝國學院的蓓爾和生物化學學會的史密斯籌畫了一場「科學部落客論壇」，這場論壇和誹謗法改革兩件事對我的幫助真的很大，讓我在大眾面前，或是在媒體上談論科學的時候自在許多。

不同領域間能順暢無阻地交流對我來說非常重要，有些時候大家的確須要面對面討論（我自己的話，至少酒精在這種場合能幫點忙），不過部落格和社群媒體之類的線上工具也幫上很多忙。我就是在貝爾和史密斯的論壇尾聲時遇見阿洛傑的，他是其中一位講者，邀請我共同策畫《衛報》新創的科學部落格。

在推特上交流意見對我特別有幫助。我的推特和部落格有不少科學界及傳媒界的同事、朋友當粉絲，這讓我在其他大型的場合演講時面對觀眾更有自信。幾個月後我坐在計程車上，準備要在ＢＢＣ第四電台的節目「今日」接受漢弗萊斯採訪，他會問我為什麼尋找希格斯粒子只是在浪費時間。因為我知道自己如果在節目上講錯什麼、或不小心誤導聽眾，還可以上推特或部落格發文解釋原來的意思，我感到很安心。身為科學家，常常上節目都只能露臉一下子，以幾分鐘的時間解釋自己的工作、以及為什麼這些研究有價值，內容大致上都由經驗老到的主持人及來賓主導，這真的有點讓人氣餒。然而，擁有和民眾直接面對面的管道卻讓情況好轉許多。

出乎意料地，在「今日」這個節目中，漢弗萊斯的人非常好，我完全不用為了任何事情道歉。儘管如此，我還是非常喜歡伯納李（Tim Berners-Lee）發明的網際網路；李在歐洲核子研究組織的辦公室就在我的樓下。網際網路，以及其他許多工具，提升了歐洲核子研究組織學界與外面世界的連結。

【科學解釋3】

## 玻色子與費米子

在媒體報導尋找希格斯玻色子的新進展時，玻色子（boson）這個字造成了不少麻煩。常常有人把它寫錯或讀成「玻桑子」（bosun），而有一回我上電視受訪時，目光越過主持人的肩膀，見到電子提詞器上頭寫「玻森子」（bosom）。不過第四新聞台的主持人格魯墨西就像一位真正專業的學者，眼睛眨也不眨就正確說出「玻色子」＊。

玻色子是物理學家區分粒子性質的一種通用類別。希格斯玻色子就是其中一個成員，此外還有非常多種粒子也是。標準模型中，所有傳遞作用力的粒子都是玻色子，像是膠子、W和Z玻色子、光子，以及重力子（graviton），如果它真的存在的話。

另一方面，夸克、電子、微中子都是費米子（fermion）。玻色子和費米子的差別只在於「自旋」（spin）。在本書中我們只把自旋當作角動量的量子數。這種看法有點像在說這些粒子真的在旋轉，然而這只是個比喻，因為點狀的基本粒子沒有大小、根本無法旋轉；而且如果用古典物理的觀點，費米子的自旋數竟然代表這種粒子要轉兩圈才能回到原處。量子力學處處可見這種半誤導性的類比。

不管怎樣，自旋是個很重要的物理量。依照定義，玻色子的自旋為整數。好比希格斯粒子的自旋為零，膠子、光子、W和Z玻色子的自旋都是一，而理論上重力子的自旋數是二。相反的，夸克、電子、微中子等費米子的自旋數都是半整數[†]。這讓玻色子及費米子的行為模式天差地遠。

量子場論（quantum field theory）是目前最合適用來描述基本粒子的語言。量子場論的一個「態」（state）是描述系統（比如氫原子）中所有粒子的組態（configuration）。這個理論所用的數學如此要求：如果把兩個擁有一樣能量的全同[‡]費米子（比如電子）的位置互換，那你就得在系統的態前面加個負號；反之，如果是互換兩個玻色子，就不用加負號。

對於整個系統的態來說，互換兩個等能量的全同粒子並不會造成任何差別，因此在你計算這個物理態實際出現的機率時，必須把兩種情況（位置互換之前／之後）加總在一起。如果是費米子，兩個項的正負號會相消；若是玻色子就能加總為不為零的態。這說明了，任何含有兩個等能量全同費米子的態的出現機率為零。相反地，任何有兩個等能量全同玻色子的態的出現機率會比較大。

這樣單純的一個數學規則，就能解釋元素周期表和所有元素的性質。化學元素由原子核與環繞核心的電子構成。由於電子是費米子，不是所有的電子都能被原子核拉到最低的能量軌域。畢竟如果大家都落到最低能階上，那麼就像前面說明的，這個「態」出現的機率就會是零。因此，當愈來愈多電子加入環繞原子核的行列，晚到的電子就必須待在更高的能階上，受到核心的束縛比較小，因而容易

---

*編注：bosun（水手長）。bosom（胸部）。

†譯注：數學中的半整數是「整數加上二分之一」，好比二分之一、二分之三……

‡譯注：「全同」意指粒子的量子數（quantum number），好比自旋、角動量……都相同。

脫離。一個化學元素的性質，好比它如何和其他元素反應、如何鍵結在一起形成分子、以及它在周期表中的位置，都取決於該元素最外層電子被原子核束縛的力量大小。

無獨有偶，玻色子聚集在一起也會有神奇的現象發生。舉例來說，大型強子對撞機磁鐵的超導性便是源自於玻色子的凝聚態。不過這還比不上費米子對整個化學，進而對整個生物學，以及各類學門的貢獻。有些理論物理學家嘗試擴展標準模型，他們在負責傳遞作用力的玻色子、及組成物質的費米子之間，引進了一個新的對稱概念，以連結兩者。因為這種對稱性在數學上很引人入勝，我們在它的名稱前面加了個「超」字，變成「超對稱」。不過這解釋起來又得要另一章長篇大論了。

## 1.7 第一次「推進」

我們利用大型強子對撞機的維修空檔完成的另一件事情是，更深入地研究電腦模擬的數據。

但老實說，團隊中有很多人已經覺得模擬數據很煩人了。自從我在二〇〇五年離開宙斯團隊，便和分析真正的實驗數據無緣了，這段期間我幾乎只和模擬數據打交道。當然，寫得很好的程式的確能帶來不少樂趣，你可以用電腦語言建構的模型來學習許多知識。但要是沒有真實的數據，我會覺得這些模擬有點流於自我參照*。

我們現在有了更好的軟體。在大型強子對撞機毀損之前，大家記錄到幾次「射束飛濺」事件，費盡苦心從中獲得一些資訊；這些有用的結果，加上從超環面儀器收集的宇宙射線數據中得到的知識，讓我們能提升部分軟體的效能。宇宙射線是來自外太空的粒子，持續不斷地轟炸著地球。（參見2.2和4.2節）

說得更具體一些，我和戴維森可以針對複雜的希格斯粒子升級版分析方法做更多的研究了。我在1.3節提過這件事；現在應該很適合再多談一點。

之前提到的《高速撞擊的粒子》短片集由派特森拍攝，記錄了薩拉姆、戴維森、我自己以及許多人，這系列紀錄片廣受教師歡迎。短片集介紹許多粒子物理學的研究過程。如同拍攝團隊一開始的打算，《高速撞擊的粒子》看來真的有正面影響，給了朝令夕改的國定課程「科學是什麼」一記當頭棒喝。然而，就算這部紀錄片的部分內容有參考我們論文中建議的希格斯粒子搜尋方案（影片中稱之為〈歐洲之星論文〉，暗示它是由倫敦、巴黎兩地的科學家協力完成的），這系列影片還是沒介紹多少真正的物理。英國物理學會發行的期刊《物理的世界》便曾刊出一篇這部紀錄片的評論，委婉地指出這個問題。

因此我認為自己有必要寫個正式的介紹，於是發了人生第一篇部落格文章來說明論文所談的物理。

＊譯注：self-reference，又稱自我指涉。作者的意思是，模擬數據的解釋只能參考原先預設的條件；就像一部電影的劇情詮釋受預先設定的背景限制。不論怎麼模擬，還是局限在自己的小世界裡。

在論文寫成的時候，大家知道如果真的有希格斯玻色子，而且它的質量也接近當時最可能的值（大約一千兩百億電子伏特〔120 GeV〕）（參見2.1節），那麼大型強子對撞機應該能造出非常多的希格斯玻色子。棘手的點是我們要如何從各式各樣反應的數據海中，辨識出希格斯粒子的蹤影。

標準模型中的希格斯玻色子是一種波，或確切地說，是量子場中的一個激發（excitation）（參見【科學解釋4】），遍布整個宇宙。粒子與這個量子場交互作用來獲得質量。各種粒子得到的質量互不相同，取決於粒子如何和量子場「耦合」（couple），或換句話說，如何和量子場綁在一塊。這說明了希格斯玻色子本身應該會和任何粒子的質量耦合，因此它最有可能會衰變成理論允許範圍內最重的粒子。通常這種衰變過程極為迅速，所以我們能見到的只有希格斯粒子衰變後的產物。因此，大家得在這些產物中找尋蛛絲馬跡，確認大型強子對撞機中是否曾短暫地出現過希格斯玻色子。

來看看質量為 120 GeV 的粒子，它能衰變成為的最重粒子是一對底夸克。夸克總是成對出現。想製造質子和中子的話，你只需要上夸克和下夸克；但基於某些尚未完全釐清的理由，世界上還有奇夸克、魅夸克（兩者分別和下、上夸克相似，但比較重）以及底夸克、頂夸克。奇夸克之所以被稱作「奇」，是因為第一個證明奇夸克存在的粒子擁有怪異的性質（基本上這個粒子的壽命比預期的還要長，而且它的衰變方式很詭異），科學家在宇宙射線中發現這種粒子。魅夸克的名字看來十分古怪，我猜這是因為在大家找到魅夸克的時候，它幫助科學家解決了不少弱核力理論的問題，所以「魅力四射」吧！而當底、頂夸克被發現時，有人建議用「美」（beauty）、「真」（truth）兩字取名，我想這應該是從「魅」延伸而來的。你可以見到沿用先前的做法有時不太可靠……。無論如何，現在人人都稱這兩種夸克為頂夸克及底夸克。直到一九九五年，頂夸克才在費米實驗室現身。找到頂夸克讓理論學家大大鬆了口氣，因為在此之前的模型中，底夸克並沒有對應夥伴，於是大家想出一些討人厭的色情雙關語，像是裸底模型（bare-bottom model），無頂模型（topless model），你知道的*……

我離題了。如果希格斯粒子的質量只有 120 GeV 到 130 GeV，它的能量就會不夠衰變成頂夸克或是W和Z玻色子，所以絕大部分的希格斯粒子都會衰變為底夸克。

接著，底夸克會繼續衰變（在飛行幾百微米左右之後），兩顆底夸克會各自化作一團強子雲，或是強子噴流。我們能用粒子偵測器觀察其中的一些強子，並據此回溯出有一對底夸克衰變，再進一步推測這些底夸克是否由希格斯粒子衰變而成。

小結如下，如果出現了一個希格斯粒子，它可能會衰變成兩個底夸克，再轉變為兩道強子噴流。

但問題來了，大型強子對撞機裡頭有成千上萬個底夸克及強子噴流，而且絕大多數都和希格斯粒子無關。在我們發表論文前，人人都認為這些背景雜訊會徹底淹沒希格斯粒子的資訊，因此大家得依賴其他更罕見的希格斯粒子衰變過程來證實它存在。這讓尋找希格斯粒子的任務更加艱難，此外就算你真的在別的地方找到了證據，還是須要觀測到希格斯粒子衰變而來的底夸克，才能篤定自己見到的粒子真的就是標準模型的希格斯玻色子。

我們在論文中提出了一個辦法。大家不只要關心所有生成希格斯粒子的對撞事件，更要特別注意

*編注：指「走光」、「上空」的模特兒（model）。

希格斯粒子獲得極高動能的案例（粒子移動速度極快，是光速的可觀比例），這樣的案例大概只占了模擬的希格斯粒子生成事件中的百分之五（假設大型強子對撞機的粒子束能量為十四兆電子伏特）。因此如果只關注高速粒子的案例，就會忽略掉許多的希格斯玻色子。事實上，因為大型強子對撞機一開始的實驗能量不高，我們還會損失更多的事件。不過這種做法的好處在於它能排除掉更多的背景雜訊，也就是沒有希格斯粒子的事件，因為背景噴流的能量通常不高。

在你觀測這些高速移動的希格斯粒子的衰變過程時，會見到一個現象。希格斯粒子跑得愈快，衰變成的兩個底夸克的夾角就會愈小。實際上，這對夸克產生的兩束噴流時常會合而為一。

如果你想要尋找兩道底夸克噴流來證實有希格斯粒子，噴流合體這件事便是個麻煩，在此之前所有人都是用這個方法來研究的。不過我們的論文把這個現象變成有利的工具。我們觀察融合後噴流的內部結構，在這個次結構中尋找兩個底夸克以及希格斯粒子衰變的證據；這種做法甚至能進一步排除更多的背景雜訊，幫助大家準確量測希格斯粒子的質量，讓它在殘存的雜訊中清晰可辨。曾經被視為毫無希望的噴流問題，今日重生為大型強子對撞機尋找希格斯粒子的可靠方案。

觀測噴流次結構來尋找高速粒子衰變事件的這個點子，早期是曼徹斯特大學的西摩*在推行，接著又由考克斯、福肖和我合作的論文†推廣，我在1.2節提過這篇論文。不過薩拉姆提倡這個做法的方式又更高明了些。我和戴維森、魯賓一起成為首次在希格斯玻色子研究上應用這些方法的科學家。

意料之外的一年延宕，代表了我、戴維森、倫敦大學學院的博士後研究厄茲詹，以及來自德國弗萊貝格的團隊，有時間利用電腦完整模擬出的超環面儀器測試這個新想法。結果發現，在採用更接近真實狀況的實驗誤差估計值，又納入了更全面的背景雜訊後，我們的方法依然非常有效。

出乎意料地，這個方法吸引了愈來愈多的追隨者。ＳＬＡＣ國家加速器實驗室‡發邀請函給薩拉姆和我，請我們在一場會議中介紹這些點子。這場會議取名為「推進新物理」（Giving New Physics a Boost），或簡稱為「推進」（Boost）。那是在二〇〇九年七月，當時已經有不少人發表論文探討搜尋高速粒子衰變現象的新方法，並推廣這些方法在大型強子對撞機中的應用。如果你在對撞機中注入很高的能量，就會很常出現高速的大質量粒子。因此就算為了開兩天的會議，從倫敦千里迢迢奔去ＳＬＡＣ國家加速器實驗室很大費周章，我還是認為這趟公差會很值得。

這座實驗室位在美國加州的門洛帕克市，距離舊金山大約有四十公里遠。老實說，我不太能應付長途飛行，所以兩天的會議期間我都有點茫茫然的。不過我可以從大家熱烈的討論中得知當時不斷有人提出新的點子，人人都十分興奮；這股熱情推動二〇一〇年在牛津的下一場會議，議期將比這回更長。我仍記得自己坐在舊金山海邊，吃著麵包盅裡頭的蛤蜊濃湯，邊等著返家的班機，邊回想這幾天到底發生了什麼事。感覺真的很好。

無論如何，大型強子對撞機在二〇〇九年秋天維修完畢，歐洲核子研究組織有信心讓粒子束能量

---

＊原注：參閱網址 inspirehep.net/record/359650。

†原注：參閱網址 arxiv.org/abs/hep-ph/0201098。

‡譯注：這個實驗室的前身是史丹佛線性加速器中心（Stanford Linear Accelerator Center），故縮寫為ＳＬＡＣ。

達到設計值的一半（仍是之前任何實驗能量的三．五倍以上）。從這次災難，我們學到了教訓，但也因此更有智慧；我們準備好再次實驗，收集真正的數據了。

# 第二章 重生

二〇〇九年十二月到二〇一〇年三月

## 2.1 低能量粒子對撞與電子伏特

二〇〇九年十一月二十三日，大型強子對撞機正式成為粒子對撞機。當天科學家讓兩道能量 450 GeV 的質子束相撞、擊碎彼此。

實際上，這次的撞擊能量並不是特別高。相較之下，芝加哥的兆電子伏特加速器的實驗能量高達一兆電子伏特。然而，這是我們第一次用偵測器實際觀測撞擊現象。下午兩點二十二分，超環面儀器首次記錄到撞擊產生的粒子。當天所有的實驗儀器都收集到了數據，從那一刻起，大型強子對撞機晉身為真正的物理實驗設備。

如果你不是位物理學家，就可能會覺得這裡用的能量單位（十億電子伏特〔GeV〕）很陌生。eV 代表一個電子伏特（electronvolt），而伏特是量測電位差的單位。好比標準車用電池的電位差是十二伏特。如果你讓一顆電子順著電位差落下，電子的速率就會提升（換句話說，電池的負極推離電子，正極則吸引電子；這是因為電子帶負電，而同性電荷相斥、異性電荷相吸）。

以某個速率運行的物體會因為其速率而擁有一種能量，稱為「動能」。這顆被電池電位差加速的電子，因為速率提升而得到的動能為十二電子伏特。這就是科學家對電子伏特的定義：一個電子被一伏特電位差加速後獲得的動能大小。

電子是非常小的物體，所帶的電荷微乎其微，可見一個電子伏特的能量真的不多。能量的標準單位是焦耳，一焦耳等於一公斤乘「公尺／每秒」的平方（$kg \cdot m^2 \cdot s^{-2}$）。若用質量和速率表示的話，動能有個近似的公式：$\frac{1}{2}mv^2$，m是質量、v是速率。所以如果你讓一個質量（m）一公斤的物體以秒速一公尺（v）行進的話，它會擁有的動能是$\frac{1}{2} \times 1 \times 1^2 = \frac{1}{2}$焦耳。要有非常多顆電子加在一起才會重一公斤，因此一焦耳等於六．二四乘上十的十八次方電子伏特，也就是六．二四個百萬個百萬個百萬個電子伏特。如果你對營養學多少有一點了解，一大卡接近四千兩百焦耳，也就是大約兩千七百個百萬個百萬個百萬個電子伏特。

由此可見，電子伏特在日常生活並不會是個很好用的單位（如果你用電子伏特做單位來限制飲食的熱量，就能快速減重，但可能會有生命危險）。然而在物理和化學的研究領域，電子伏特可是個方便的單位，因為科學家常常要計算推動一顆一顆電子所需的能量大小。化學鍵結通常會在原子間轉移幾電子伏特，有時還更高一些的能量。舉個例子來說，你需要五百電子伏特左右的能量，才能打斷水分子的鍵結。同樣的，電子在原子或分子的能階間移動時，會吸收或放出光子。比如在鈉燈裡頭，電子會躍下間隔約二電子伏特的能階，而放射出鈉蒸氣特有的黃色光。這種現象是光譜學的核心，我會在7.3節再提到。可見，一顆黃色的光子擁有的能量差不多就是二電子伏特。

X射線的光子能量則高達數千電子伏特（kilo-electronvolt, keV），甚至足以把原子核抓得最緊的電子撞飛。要把原子核本身擊碎的話，還得花上更多的能量，大概高達幾百萬電子伏特（mega-electronvolt, MeV）。這就進入核子物理探討的能量範疇了。

我之前說如果你不是位物理學家，就可能不會很熟悉這些單位。老實說我應該改口：除非你是位天文或粒子物理學家，你很可能會不習慣使用十億電子伏特（giga-electronvolts, GeV）或是兆電子伏特（tera-electronvolts, TeV）。通常這麼高能量的粒子會出現的地方要不是宇宙射線，就是大型的加速器，比如兆電子伏特加速器（現在你應該想通這個名字是怎麼來的了）或大型強子對撞機。要是擁有這樣龐大的能量，你不僅能擊碎原子核，還可以粉碎核內的質子和中子。而如果大自然的機制真的如我們預期，我們甚至有辦法能進一步擊碎組成核子的夸克和膠子。

現在我們明白對一個粒子而言，一兆電子伏特的確是很大的能量。不過這些粒子真的非常小。如果你把一兆電子伏特的質子的全部動能（假設它是從兆電子伏特加速器產生的）加在一公斤的物體上，物體幾乎會紋絲不動*。相反地，一個擁有同樣動能的質子可會以接近光速的速率行進。

介紹了這麼多能量單位，來換個話題。二〇〇九年十二月八日星期二，發生了件好玩的事。

二〇〇八年對撞機的那場災害發生時，科學家設定的磁鐵電流大小足以彎曲七兆電子伏特的質子

*原注：一兆電子伏特相當於千萬分之二焦耳。把動能公式倒過來計算速率，你便可以知道一公斤的物體的移動速率大約是秒速零．五毫米。

束。整修過後人人都很謹慎，打算緩慢地提升電流到可以彎曲三．五兆電子伏特質子束的大小。在粒子束能量達四千五百億電子伏特（〇．四五兆電子伏特）的時候，我們開始了一段漫長的等待。接下來，加速器團隊要一步一步地提高能量，每個人都目不轉睛注意著儀器的狀況，這真讓人緊張萬分。

十二月八日前的準備期間，大型強子對撞機團隊不斷地一點一點提高粒子束的能量，單束粒子能量終於超過了兆電子伏特加速器的最高紀錄，一兆電子伏特。現在大型強子對撞機製造出世界上能量最高的粒子束了，只不過還沒讓兩束粒子對撞。在十二月的那個星期二，大家都注意到對撞機的高能粒子束有些變化，超環面儀器的值班人員很謹慎地觀察絲毫動靜，他們甚至還啟動了部分的偵測器，就算當時並沒有發布任何對撞計畫。那時控制室中剛好有幾位倫敦大學學院的人，包括值班的學生貝爾紐斯、還有戴維森和康士坦提尼狄斯（Nikos Konstantinidis），大家都盯著「事件顯示」，這是用來顯示碰撞實驗結果的一個圖形程式。

晚間九點四十分，兩道粒子束像是意外地交錯而過，發生了幾次對撞事件。好在超環面儀器團隊已經準備好了——值班人員記錄這些事件，傳送給在觀看事件顯示器的組員，接著組員再轉寄結果給超環面儀器的團隊召集人吉亞諾蒂（Fabiola Gianotti）。這是世界上第一個超越兆電子伏特加速器能量紀錄的質子對撞事件！雖然這次的結果對研究毫無用處，連偵測器的磁鐵都沒有啟動，但大家終究見到了實驗室史上最高能量粒子對撞的產物；也是在這一刻，大型強子對撞機晉身為史上能量最高的粒子對撞機。隔天一早便有人把這次的結果登上網頁。可能有點傻里傻氣，卻樂趣無窮。

## 2.2 最小偏差

二〇一〇年三月，以大型強子對撞機實驗結果寫成的第一批論文出爐了。這些論文說明大家首先該完成的工作——想辦法測量對撞樣本的平均性質、也就是「最小偏差」（minimum bias）的樣本性質。

出乎大家意料之外的，要定義一個對撞事件其實很困難。

在大型強子對撞機中，兩個相互接近的質子會排斥彼此，因為質子都帶正電，而同電性的物質相斥。兩個粒子間的電磁力大小會隨距離平方下降，因此當質子的間距加倍，電磁力就會變為原來的四分之一。但其值永遠不會降為零。所以就算兩個質子彼此相距數公里之遙（我承認在大型強子對撞機的隧道中，質子間只相距幾微米。）兩者還是會稍微相斥，彼此彈離一小段距離；這樣也是能說兩個質子有「對撞」。

實際上，我們並不會偵測到這種對撞事件。只是斜擦而過的質子會在隧道中繼續繞行，永遠不會飛進超環面儀器。

然而，更靠近的兩個質子的散射現象就明顯許多，這些粒子當然時常會彼此撞個粉碎。實際上，在如此微小的距離與這麼高的能量下，電磁力並不是最明顯的效應；質子間主要透過強核力來交互作用——強核力由量子色動力學描述，這個理論規範了夸克與膠子的行為。

強核力是短程作用力。這種力作用的範圍幾乎不會超過原子核的直徑。然而凡是它所及之處，作用的力量會**非常強**。舉例來說，強核力足以克服質子內部帶正電的夸克之間的巨大電磁排斥力。

然而，不少強而有力的撞擊事件仍擊偏了。在這些事件中，質子幾乎沒有被擊碎，甚至完好如初，所以絕大多數的質子都不會在超環面儀器留下足跡。大家稱這種事件為「繞射對撞」（diffractive collision）。其實在大型強子對撞機隧道盡頭，離超環面儀器、緊湊緲子線圈大約數十至數百公尺處，還有一些偵測器，專門在大型強子對撞機一些特別的實驗中，收集繞射對撞後的完好質子，數量並不多；可惜對撞機平常的實驗數據量太大了，大多數的偵測器並沒有能耐應付。

既然如此，什麼時候才能說真的有對撞事件發生？你要如何定義什麼才是對撞事件呢？這很重要，因為大家想要量測的對象之中，有一項是人稱「最小偏差」的事件樣本的粒子平均分布情形。我們是對什麼東西取平均呢？表面上，大家可以試著用無偏誤*的方法來挑選對撞事件。然而，完全沒有偏誤是**毫無可能**的；幾乎所有擊偏的對撞事件都不會在偵測器留下任何的蛛絲馬跡，因此不論大家用什麼方法，都無法選取到這些事件。在真正的實驗裡，我們大多只會見到非繞射對撞事件，質子在這些事件中撞碎彼此，部分的碎片接著擊中偵測器；相反地，只有一點點的繞射對撞事件能被觀察到。

這裡有個類比。就假設說你想要量英國人民的平均身高好了。

每一天的午餐時間，你出門隨機挑選幾個街上的行人，測量他們的身高。接著，把這些人的身高相加後除以量測對象的總人數，你就會得到平均身高。對撞機的實驗也一樣，我們只要數看看所有觀測到的對撞事件共產生了幾個粒子，再除上事件總數就行了。這方法很單純，卻不正確。

問題在於，我們在以上兩種案例中見到的行人（或對撞事件）構成了有偏樣本（biased

sample）。在對撞事件的例子中，大家忽略了粒子產物較少的繞射對撞事件，因而高估單次對撞生成的粒子平均數量。至於平均身高的例子……嗯，你出門的時候是中午，大部分的小孩都還在學校裡——除非你在學校放假的時候、或是在周末量身高，當我考慮到這裡，覺得統計學真是有點煩——小孩比一般人還要矮，所以只要你沒有把他們算進來，就會高估英國人民的平均身高。

你可以用以下的做法來改善這個問題：

一、舉例來說，你可以估計一下總共有多少學生待在學校，也就是如果你有機會在街上測量他們的身高，人數大概會是多少；接著你可以建模（估計、猜測）小孩身高的可能分布情形，再把所有的數據整合以修正平均值。

二、你也可以這麼說：「我只是想知道成人的平均身高。」所以在隨機取樣的時候，如果你剛好遇到任何翹課的學生，就不會去量他的身高。

三、你還可以說：「我只是想知道午餐時間行人的平均身高。」這樣照定義來看，只要沒有其他地方有偏誤，你就已經得到了正確的答案。

先前的實驗選擇了不同的理論模型，可能是把遺失的繞射對撞事件考慮進來（學校的小孩——第

＊譯注：bias，統計學名詞，只要挑選樣本時沒有公平採樣，就會和母體情況有差異，稱為「有偏誤」。

一個選項），或是移除掉少量的繞射對撞數據干擾，得到大家稱作「非繞射對撞事件」的結果（只考慮大人——第二個選項）。

麻煩來了，這代表大家量測的目標只在特定的理論中有意義。「繞射」和「非繞射」都只是些形容詞。並沒有一個清楚、明確的定義來區分兩者。在英國，我們選擇用十八歲生日做為成人和小孩的分界，雖然沒什麼確切理由，至少也廣為大眾接受。然而物理卻沒有一個人人認可的分類法，可以說明繞射和非繞射的差別。

假使你為了處理繞射事件的問題而用某個模型來修正數據，就代表你完全相信這個模型為繞射事件下的特殊定義，以及它對繞射事件應有樣貌訂定的假設。你不再只是據實以報。就我看來，大家才剛經歷了建造對撞機以及偵測器的種種困境，最一開始應該要單純記錄下實際的結果，盡可能把假設性的條件減到最少才對。而下一步當然就是讓數據和理論正面交鋒，這是研究和了解物理必經的過程之一。但無論如何，這如實報告的第一個步驟絕對是不可或缺的。

我的同事都認同這個看法，我很幸運。我們不是只記錄非繞射事件的粒子分布，也不是把所有觀測到的事件一起平均；任何事件只要在指定區域生成了至少一個帶電粒子，超環面儀器就會把它記錄到事件分布結果中，不論有沒有模型定義它為「繞射事件」。這就像前面說的第三個選項：不論大人小孩，每次遇到人都量他的身高，同時清楚說明樣本偏誤為何。至於帶電粒子這個條件，是不論哪種物理模型都有可以重現的標準（這和「在街上遇到」的要求一樣）。這個做法造成的改變很顯著（與原本的結果相差近百分之二十）。不過新舊做法的差異**原則上**應當要非常巨大，我們的定義與其他模型相比也清楚明確許多。

我們的取樣方式非常特別，讓眾人有些意外。這種方法也在某些地方引起爭議。部分的反對聲浪來自保守主義者：「在我的實驗，大家不是這樣定義最小偏差樣本的。」另一個理由則是，「我遇到的人的平均身高」並不像「英國人民的平均身高」一樣有用。儘管如此，前者的確是唯一能確實量測的目標——其他的結果都只是人人各自的詮釋。

這些從新角度出發收集到的樣本，以及用類似方法得到的更多結果，告訴了我們幾樣事情。其中主要的一項是偵測器的運作情形非常良好。但還有更好的消息——大家因此對量子色動力學與質子有了更深的認識。人人都知道質子中有滿滿的夸克，透過量子色動力學的作用力攜帶者，膠子，而相互結合。然而，就算科學家寫下了他們認為能描述強核力的基本方程式，大家還沒有解出質子的運動方程，或是觀測過質子在這麼高能量下的行為。由於尚未有人解開基本方程式，現在有各式各樣根據不同近似法發展出來的理論，也各有各的未定參數。新得到的實驗數據幫助大家篩選掉部分的模型，同時給留下來的模型的參數設下限制，以改善理論。

釐清理論模型固然是我們發自內心的興趣，不過大家也須要對「平均」事件有更多的了解，才能更有效率地找尋比較罕見的反應過程。像是會產生光子、W或Z玻色子、頂夸克，甚至是希格斯粒子的事件。

還有另一個領域須要運用這些改良的理論，比如當我們想了解質子或其他粒子撞擊高層大氣分子所產生的射叢（shower）時，就會用到。有很多從太空飛來的粒子，也就是宇宙射線，帶著**比大型強**

**子對撞機質子束還高**的能量，夜以繼日轟炸著地球。我覺得要說服人高能粒子對撞不會產生黑洞、大滅絕、恐怖災難等，這或許是最有說服力的理由，因為事實上同樣或更高能的粒子對撞事件，時時刻刻都在我們頭頂上發生。超高能粒子撞上高層大氣的原子，把它擊碎成一片片，最後化作一團粒子雲；地表上有些實驗設備可以觀測到這些粒子，像是阿根廷的奧格天文台。天文學家如果很清楚高能粒子的撞擊反應過程，就可以有加倍的信心由偵測數據回溯初始粒子的能量、方向，以及組成；如此我們能進一步推測高能粒子的起源在哪，以及在宇宙遙遠的那方，究竟發生了什麼樣的劇烈天文事件，才會生成這些粒子——我自己喜歡把這些天文事件，想像成電影《星際大戰》中，第一銀河帝國殞落時，兩軍在星際戰役中猛烈駁火造成的。

雖然在第一批論文中，沒有任何一篇是在討論真正令人興奮的新物理，這是建設大型強子對撞機原先的目的。但在通往未知的旅程，能落實自身知識的應用既其樂無窮、又意義深遠。而我們終於得到了真正的實驗數據，這也是喜事一件！

## 2.3 能量與質量

在這段準備期間，我也在倫敦大學學院為物理系新生上一門課。我在微分方程或矩陣等乏味的課堂開頭，帶入一些對撞機最近的新聞，這麼做真的樂趣無窮（至少我自己是這樣覺得）。

這門課是物理系大一相當典型的課程；授課目標旨在協助學生掌握數學工具，好讓他們有能力研讀學士水平的物理學。課程內容涵括了一些解微分方程、計算多維積分、矩陣運算，以及座標轉換的技巧。在學期末學生能嘗點甜頭，我會介紹愛因斯坦的狹義相對論。

我在本章開頭講述大型強子撞機的粒子束能量時，並沒有明確說出粒子的速率值，只是說「接近光速」。這是因為我從來沒有記清楚這個速率比例的小數點後到底有幾個九。我在這方面的表現顯然有待加強。有一次我在惠康基金會演說，結束後有位觀眾詢問我大型強子對撞機的質子速率，但我答不出來，當時他們因為我不知道確切的數字而有點不高興。不過最後我還是領到了一袋達立克＊造型的薑餅人，算是一點獎勵。

想當然耳，粒子速率很「接近光速」；數十年來，任何高能加速器的粒子速率都是這麼快。二〇一〇年，更精確的答案是光速的零．九九九九九九六四倍，而如果對撞機的能量開到最大，粒子速率可以逼近光速的零．九九九九九九九九一倍。前者的粒子速率是每秒兩億九千九百七十九萬兩千四百四十七公尺，後者則是每秒兩億九千九百七十九萬兩千四百五十五公尺。這樣看來，大家在二〇一三年到二〇一四年間，為了把對撞機能量升到最大值所做的一切努力，也不過是讓粒子的速率提高每秒八公尺「而已」，這和我騎腳踏車上班的速率差不多。

這說明了能量才是真正的關鍵。根據狹義相對論，質子的速率永遠不可能追上光速，就算它可以

＊編注：Dalek，英國長壽科幻劇《超時空博士》（*Doctor Who*）的邪惡外星種族。外觀雖像附了一支馬桶吸盤的自走飲水機，蠢蠢的卻十分致命。

持續不斷獲得更多的能量及動量也一樣。在日常生活中，物體的速率和光速相比非常小，所以它的動量差不多就是速率乘上質量。然而在狹義相對論中，這個公式前面會多一個珈瑪（gamma，$\gamma$）係數，它的正式名稱是勞侖茲因子（Lorentz factor），物體速率低的時候$\gamma$接近一，但它會在物體接近光速時急遽提升*。因此，就算物體的速率只是略為更接近光速，它的動量仍會快速增加。而能量的情形也是一樣的；物體實際上的總能量是$E = \gamma mc^2$。當速率為零，$\gamma = 1$，這就是大家耳熟能詳的$E = mc^2$；當速率$v$大於零，卻仍遠比光速$c$小的時候，能量近似於$E = mc^2 + \frac{1}{2} mv^2$，式子的第二項是物體的動能。然而，如果物體的速率接近光速，$\gamma$變得很大，近似公式就再也不成立了。由公式可見，能量可以不斷增加，但$v$永遠無法等於$c$。這些式子真的有點古怪，應用起來卻出奇成功。

粒子物理學家在描述質量和動量時，常常用十億電子伏特（GeV）和兆電子伏特（TeV）做單位，但嚴格來講這其實是錯誤的。能量的單位可以用GeV，但動量要用GeV/$c$，質量則是GeV/$c^2$。為了不要每個地方都得寫上$c$這個係數，大家採用一種稱為「自然單位制」（natural units）的度量衡，其中$c$定義為一。用自然單位表示的話，愛因斯坦公式會有更簡潔的形式：$E = m$。

質子的質量大約是十億電子伏特（1 GeV）†。因此在大型強子對撞機中，能量為四兆電子伏特的質子是高度相對論性的，因為它的動能超過靜止能量的四千倍。‡這指明了，當我們讓兩個四兆電子伏特的粒子迎面相撞，原則上能用來產生新粒子的能量就會是八兆電子伏特。這樣的能量足以製造八千顆新的質子，就算原本對撞的質子只有兩顆而已。當然，這些能量也許還會造出更有意思、而且更新的東西……

## 2.4 「你有沒有可能會摧毀世界？」

這是個科學家討厭被人問到的問題，很難回答。

要證明一件事情的可能性為零非常不容易，特別是當你認真看待量子力學的時候，很明顯我就是這樣的人。所以，提問者與科學家的問答內容常會像這樣：

「你有沒有一點可能會……毀滅日內瓦／全世界／整個宇宙呢？」

「不會，這種事發生的機率並不顯著。」

「機率不顯著？你是說，還是有可能囉？」「呃……是有微乎其微的機會啦！但是——」

「你真是個邪惡的混帳！只要有一點點的機會就不行了！我愛吃瑞士的巧克力！／我還有孩子你知道嗎？／哇這挺神奇的，不過……？」

「請等一下，我剛剛說的是——」

「一定要有人阻止你們！」

沒有人會在結束這段談話的時候還保持好心情。下一場訪談也許就會變為：

---

*原注：雖然這不是本教科書，我還是很想要寫下 $\gamma$，也就是勞倫茲因子的確切形式：$\gamma^2 = 1/(1-v^2/c^2)$，$v$ 是粒子速率、$c$ 是光速。你可以從這個式子見到，當 $v$ 接近 $c$ 時，$\gamma$ 會趨近於 1/0（一除以零），也就是無限大。

†原注：實際上是 0.938272046±0.000000021 GeV。

‡譯注：當粒子的動能遠大於靜止能量（$mc^2$）時，要用相對論能量公式 $E = \gamma mc^2$ 表示其總能量，其中 $\gamma$ 遠大於 1，在這裡大於四千，所以稱它是「高度相對論性」的粒子。

「你有沒有一絲一毫的可能會……摧毀日內瓦／全世界／整個宇宙？」

「沒有。」

「你真的確定？」

「是的，我很確定。閉嘴，你這個危言聳聽的白痴。」

這樣說不但一點都不能幫助大眾認識科學，和第一種回答比起來，還會讓人更擔心。要是按照第二種邏輯，有些人會這樣說：「狂牛症當然一點風險都沒有。看清楚了，我在餵孩子吃漢堡呢……。」

問題在於，大家誤解了機率的意義，可能也沒搞清楚什麼才算是「顯著」的。

多年以前，我在一場節慶——祕密花園派對*——上進行了一場演講，向舉辦這場活動的團體「科學游擊者」†介紹大型強子對撞機。我帶著當時七歲的兒子一同前往。我倆欣賞了幾個樂團的演出、買了幾頂帽子，再露營過夜。隔天起床後，我們走入一頂命名為「科學與理性」的帳篷，聽了幾場演說；待會我自己也要在這裡演講。其中一位講者是劍橋大學統計學實驗室的施皮格爾霍爾特教授（David Spiegelhalter），他是元盛資產公眾風險學講座教授，很善於解釋風險與機率。

施皮格爾霍爾特解釋了「微亡率」（micromort）的概念：這是史丹佛大學的霍華德教授（Ronald Howard）發明的詞，代表特定的選擇或行為造成的「百萬分之一的死亡率」。吃漢堡、吸大麻、跨越街道……只要有足夠的數據，就可用微亡率做單位，計算任何一個行為伴隨的致死風險。早上起床伴隨著微亡率，待在床上也是。施皮格爾霍爾特在這部分的內容中提到「騎馬上癮」（Equasy）‡；

英國政府的毒品顧問——納特教授（David Nutt）用這個詞說明服用搖頭丸的風險和騎一次馬的風險一樣大（大概是每做一次有零．五個微亡率）。

我的兒子對微亡率和「風險平衡」的印象很深刻。一年多過後，他在作業中討論「為什麼人類願意承擔風險？」這個問題時，是這樣回答的：「他們別無選擇。你能做的只有決定自己要承擔哪一種風險。」

想當然耳，現在我的兒子是一位絕頂天才，甚至不輸施皮格爾霍爾特。至於我們其他人，也是能學著讓自己對風險有更多的認識。也許來討論一些情境會有幫助。

想像一下你在做一件從來沒做過的事。好比新的實驗。像是……呃我也不確定，大型強子對撞機、相對論性重離子對撞機（Relativistic Heavy Ion Collider，RHIC。位在美國紐約州的布魯克海文國家實驗室）、兆電子伏特加速器或是前面提過，曾惹惱某些人的實驗儀器。接著，請說出你所能想像最糟糕的實驗結果，就算這個結果會牴觸所有的實驗證據、理論，甚至是邏輯也沒關係。由於我們很難用科學證明一件事情完全不會發生，你或許會相信有非常小的機率會發生自己剛剛想到的壞結果，而不願意再繼續實驗下去。但在下決定前，你有義務想想看相反的情形：如果不繼續做實驗，會有怎樣的風險。

---

＊譯注：每年在英國的阿伯艾利普頓村舉辦的藝術與音樂節。

†譯注：以新型態推廣科學的團體，整合科學、藝術、節慶等元素，在倫敦和紐約都有據點。

‡編注：這個生造字是由「馬」（Equine）和「搖頭丸」（Ecstasy）拼成的。

## 情境一

時間是西元二一二五年，地球面臨了嚴重的問題。有一顆行星走偏了道，飄飄盪盪飛過了銀河系的螺旋臂；稍早天文學家利用幾個創新的觀測方法找到了這顆行星，他們使用到了重力波偵測器以及深太空望遠鏡系統。這顆星球未來勢必會經過太陽系，而且它的質量很大，足以大幅影響太陽系內行星的運行軌道。科學家搬出過去收集的地球「局域」環境中所有物體的詳細質量及軌道數據，再利用多體量子重力計算法進行分析，最後幾乎肯定這顆行星造成的擾動會在二十年內讓地球墜入太陽。不幸中的大幸是，科學家的觀測與計算結果已經給地球上的居民充分的警告了。於是，一架以新型反物質燃料電池驅動的無人飛船起飛，航向那顆行星。飛船一登陸該行星，就會釋放成千上萬的奈米機器人來架設一座迷你的黑洞工廠，來製造曲速引擎；這種引擎體積雖小，卻非常穩定、又擁有強大的能量，可以把行星推離太陽系，真是宇宙規模的一場死裡逃生。開派對囉！

## 情境二

現在是西元二一四五年，地球面臨了重大的麻煩。沒有人可以幫上忙，因為這顆星球上最有智慧的種族在核子末日之戰／全球氣候災難／誰管它是什麼的災難中，把自己摧毀殆盡了。不過地球現在已經重生了，還是個絕佳的生命搖籃。平靜的時期一直持續下去，直到日後一顆走偏的行星把地球帶離軌道，螺旋墜入太陽，捲入一場空前也絕後的大災難。

### 情境三

今年是西元二一三五年，地球遇上了棘手的問題。我們剛剛偵測到有顆不守規矩的行星，搖搖晃晃越過了銀河系的螺旋臂。這顆行星朝向太陽系飛來，而且質量大到可以嚴重干擾太陽系內行星的軌道。科學家整合地球局域環境中所有物體的質量及軌道數據後，發現在幾年內，這場擾動很有可能會把地球甩入太陽。不幸的是，很多評論家及政治家不願相信這項預測結果，反而四處宣揚說整件事都是左翼（或右翼，看個人傾向）的陰謀。但不管怎樣，人類能做的其實並不多。這個警告來得有點遲了，大家現在還不知道有沒有希格斯粒子、額外維度空間，或是迷你黑洞，所以人類尚未擁有夠強大的能源，可以讓我們發射東西到行星上；而且就算真有人辦到了，大家還是沒法子處理這個威脅。二〇一〇年，政府以「安全至上」為準則，裁決大型強子對撞機停機；後來許多新創實驗也在同樣的法條打壓下中止運作，橫跨從物理到生命科學的各種領域。大家為了當時這些愚蠢的決定自怨自艾了五年之後，地球便墜入了太陽。

上述的三種情境當然只是無窮個微小可能性中的三項而已。然而，如果有任何人因為自己想像的世界末日情境而支持要中止科學研究，我們就應該要求他去估計一下停止研究所伴隨的風險大小，以及全世界會因為這項決定，暴露在怎樣的末日結局風險下。

## 2.5 科學的深遠影響

前面提到的情境都有一個我沒明說的前提：知識幾乎一直都是有用的，而且用途常出人意料之外。或者，如果你喜歡的話，也可以說「知識就是力量」（Knowledge is power）。大家通常認為這句話出自英國的哲學家培根（Sir Francis Bacon）。而用拉丁文寫的 *'scientia potential est'* 聽起來更符合我這裡的引用目的；不過，培根實際上寫的句子卻是 *'ipsa scientia potestas est'*（一五九七），意思是「知識本身即是力量」。這也是個很好的說法*。

在我做為一位科學家的職涯中，我聽過有些人爭辯科學研究與科研補助的目標，是該有明確的利益導向（像經濟、醫藥或其他領域），還是也可以是「純粹」為了發掘新事物的樂趣。有時這樣的爭論會演變為不同利益團體間盲目的鬥爭，而通常這些團體會分成兩大陣營，雙方都深信科學研究能帶給社會好處，甚至是必不可少的。但兩邊的歧異在於：什麼才是增進這些利益最好的方法。

這場辯論的參與者大多有一些共識，舉例來說，大家應該要鼓勵更多莘莘學子攻讀物理學，因為在生活中若有幾位物理學家，其實頗具經濟效益。

從這個觀點看來，你也許會跟我一樣想說，世人因大型強子對撞機落成而振奮不已，或是大家因為人類對物質的了解比從前還要深入而讚嘆不已——這些是否就算很大的正面效益了？其實物理學的發展故事很少會登上那麼多的新聞，二〇〇八年九月十日的那種盛況其實很罕見。然而，大衛金（Sir David King），這位前英國政府首席科學家，時任英國科學促進協會（British Association for the Advancement of Science，BAAS）——英國科學協會（British Science Association）的前身——的主席，認為科學研究必須致力於解決迫切的現實問題與應用需求；大衛金的立場非常堅定，在物理界最重要的大日子當晚，他在BBC的「新聞之夜」節目上批評粒子物理學家，說我們只是在「紙上談兵」。

所幸考克斯在節目中站在物理界的這一方。當時他還沒有今天這麼有名。在那不可思議的一整天中，對撞機團隊面對大眾備感壓力，參加晚間節目的考克斯也是既緊張又焦慮。就算如此，比起大型強子對撞機合作組織的任何其他成員，考克斯在螢光幕上還是有自信許多；感謝有他，我們才不會在電視的黃金時段，讓觀眾看到物理史上最振奮人心的大日子的結尾，竟然是一位沾沾自喜的來賓在那大放厥詞，卻沒人反駁。

考克斯先是對「紙上談兵」的指控表示震驚，他發自內心露出極為訝異的表情；過了片刻，他成功提出有力的回應，說明粒子物理學研究的好處：像是研究衍生出來的尖端科技，以及一直以來對社會大眾富有啟發性的影響；而在這個大日子中，後者很顯而易見。在節目的尾聲，畫面秀出了英國科學促進協會的宗旨：「推動科學，引領大眾關注科學事務，並促進科學工作者之間的交流。」不過，我不覺得協會的主席本人能沾多少光。

先不管這些了（你也許還能嗅到一點我因為被人背叛的忿忿不平……），雖然大衛金批評粒子物

---

＊原注：但是接連提到培根（bacon）和馬鈴薯（potato）兩樣食物，讓我很想要吃法式馬鈴薯焗烤（tartiflette），為了查證這些拉丁文，我花了好多時間逛維基百科，要是現在有這種點心吃該有多好。

理的時間點真是選得不恰當，有關科學走向的爭論還是沒有結束，也永遠不應該停止。應用科學與「另一類」科學間的衝突充滿主觀意識、又具有很強大的破壞力，我甚至不知道要怎麼稱呼「另一類」。不會是用「基礎的」科學，更不可能是「純粹的」科學（沒有這種東西）。「好奇導向」大概是我能想到最合適的字了。我認為，大家之所以會去研究遙遠的星系或是希格斯粒子，最有可能是因為我們在好奇心的驅使下，想要了解宇宙運行的法則。相反地，研究新的材料或是氣候現象，大致上應該是為了解決迫切的問題、或是想發展新穎的科技。不過兩者之間的分界很模糊：如果有人找到大型強子對撞機的新發現可以應用的地方，絕大多數對撞機的科學家應該都會樂不可支；另外，對撞機的電腦軟體、偵測器、加速器有不少進展，也會吸引物理學家轉換跑道，把這些成果應用到各式各樣的領域上。同樣地，雖然有很多科學家首要目標是治療疾病、或讓地球免受氣候變遷所害，他們認為這些任務很合理、並抱持嚴肅的態度研究，但這些領域大部分我認識的科學家，對於他們研究對象的運作機制也同樣擁有很多的求知欲。

現在我是倫敦大學學院物理暨天文學系的系主任。實際上，在我寫這篇文章的同一時間，系上正在接受一項稱為「英國高等教育研究卓越架構」（Research Excellence Framework，ＲＥＦ）的評鑑。在評鑑中我擔任三個部門的「單位評估介紹人」：包括我自己的系所、米拉爾太空科學實驗室、還有倫敦奈米科技中心。這幾個部門專業的科學與工程領域涵蓋了宇宙學、量子計算、粒子物理、物質科學、生物系統物理，和許多其他的類別。評鑑的長官要求大家統整出證據，說明我們的研究是如何走出學術象牙塔、影響外界社會的，此外也要整理這些領域的個案研究成果。

其中一項突破性的成果是精密透鏡製造業（用在天文物理研究上，像是暗能量巡天計畫，一個非常「好奇導向」的宇宙學分支）。沃克教授在北威爾斯創立的公司，現在便以研發精密透鏡為主力，向五花八門的製造與工程企業販賣儀器及專業技術。這間公司發展出的科技幫助我們研磨、拋光各式各樣的物品，從太空工業的精密零件，到醫療保健用的人工髖關節及人工膝關節都有。

我寫上面這些並不是要幫倫敦大學學院打廣告。任何一所具備規模的物理系都能擁有同樣的成就（而因為英國高等教育研究卓越架構的貢獻，英國的物理系現在的確都是這麼好）。我想說的是像大衛金這樣的人，從我們的科學生態系挑出一些東西，說它是無用的（我認為他說的「紙上談兵」就是個意思），這不但毫無意義可言，還會有危害。雖然從基礎研究走到實際應用的路途可能很漫長，已有人樹立典範，把為了大型強子對撞機研發的科技運用到現實問題上。大型強子對撞機現在使用的尖端粒子偵測器，在醫院可以監測放射治療病患接受的輻射劑量，也有人改良偵測器用於視網膜移植手術。而主要建設來分析對撞機實驗數據、廣遍全球的網格計算科技，也在研發抗瘧藥*的過程中負責化學結構分析。物理在任何地方都很有用處，這是為何有許多聰明的年輕人願意研究物理，其中很多人取得學位後離開學院，在物理界與學術界之外的社會貢獻驚人的成果。

然而，我從不想要在新生的入學典禮上，受邀以資深物理學家的身分說什麼：「請因為知識的實

*原注：參閱二〇〇九年英國物理學會的《粒子物理，大有關係》（*Particle Physics, It Matters*）一書。網址 www.iop.org/publications/iop/2009/page_38211.html。

際用途而學習，不要讀得渾然忘我，想研究出什麼新的基礎理論，在這裡我們不做這樣的事。」就如同我不會樂意跟他們說：「弦論的地位至高無上，請大家不要被實驗數據和應用弄髒了手。」

## 2.6 液態氫到M理論

到了本章尾聲，在開始談大型強子對撞機首次的高能實驗之前，我想要講一些探討多維空間的粒子物理學前沿理論與實驗之間的關係。這其中包含了弦論，弦論的基本粒子是微小的、不停震動的弦；膜理論（brane theory），這個理論中有維度比弦更高的物體，但和弦一樣會震動；最後是M理論，M理論是嘗試統整上述兩個理論的方法，現在仍尚未定論。整體而言，這些高度抽象的數學架構都在努力整合量子場論與廣義相對論，試圖摸索出通往萬有理論之路。

有一次我面試報考物理系大學部的學生，連續遇到好幾位考生都說想要成為弦論學家；面試這些同學到後來，我有時覺得比起這幾位學生，世界上許多的「大衛金」還是更值得我同情。然而我偶爾真的會不耐煩地深深嘆口氣，儘量忍住不說出：「但我以為你想成為一位真正的物理學家？」

不過如果是我那些做理論的同事聽到這種諷刺，他們當然會嗤之以鼻。在我前面解釋過的科學生態系中，理論物理占有舉足輕重的地位，而弦論與其相關假說在理論世界中更是比較合情合理的研究分支。人類至今對大自然的觀察與認識，已足以讓我們掌握現象背後的一些數學原則，這些定律極度抽象且美麗。運用合適的思想實驗，我們知道物理定律會帶領大家走向何方，以及某個定律在什麼時候會失效、又是哪個新理論能取代舊的架構；這種科學方法的確很扣人心弦。但至少就我看來，理論還是得保持它與實驗數據間的關聯才行。

我在乎一個理論是否禁得起實驗數據的考驗，多於關心它的數學結構有多優雅。從這個觀點來看，M理論、弦論等理論可還有很長的一段路要走。甚至是弦論的基礎——超對稱理論，也在此遭逢困境，不過超對稱理論中至少有些次領域和實驗數據有關（實際上常常相違背），稍後我會再介紹這些內容。

大型強子對撞機也許會找到超對稱，以及（或是）額外維度的證據，這讓大家很期待。因為不論找到何者，M理論的可信度都會因此提升，也會革新人類對基礎物理的認識。然而，確實找到這些證據才是重點，就算我們的目標極度抽象，蒐集線索時仍必須腳踏實地。大家不只是需要加速器，還要有偵測器才能記錄質子束撞擊時發生的現象。此外，我們也得知道要如何解釋偵測器給出的結果才行。

大部分的高能粒子物理偵測器都環繞在粒子束的撞擊點周圍，由同心環狀的層層結構組成，每一層運用的科技都不一樣，能告訴我們撞擊事件不同面向的結果。我常常會用一個比喻來描述偵測器「像是某種高科技的圓柱型洋蔥」，這真是世界上最沒有幫助的類比。在接下來的故事中，我偶爾會提及這顆洋蔥的各層結構，但有一層非常重要，那就是量能器（calorimeter）。

量能器負責量測能量——卡路里（calories）。如同我說過的，食物擁有能量，而大型強子對撞機的質子撞擊所產生的粒子也帶有能量（參見2.1節）。科學家想要知道這些粒子的能量到底有多大，而且愈精確愈好，因為這是解析對撞現象極為關鍵的一環。

量能器最基本的概念就是用高密度的物質去阻擋粒子，不論我們運用什麼科技都一樣。粒子撞上物體後會減速，同時放射出電磁波（光子，基本上就是光）。而光量的多寡與粒子一開始擁有的能量大小相對應。可見我們的訣竅就是：測量光量、找出對應關係、再算出粒子原本的能量。推導對應關係的過程稱為「校準」，並不是件容易的工作。

超環面儀器的量能器主要運用的技術，是將液態氬（用來產生並偵測光子——儀器實際上偵測的是光子游離氬原子後所產生的電流脈衝，而不是直接偵測光子本身）和鉛或銅交錯放置，以阻擋粒子。液態氬在日常生活中好像很少見，我們之所以選用它，是因為這種液體放出的光量和粒子的入射能量成正比，這是很理想的特性。此外液態氬也很便宜（空氣中就含有百分之零點九的氬）：每公升的價格比等量的著名褐色碳酸飲料還要低。更棒的是，液態氬十分穩定，每 1 GeV 能量所產生的光量是恆定的，而且它不容易受到輻射影響。

就算如此，舉例來說，液態氬在被電子撞擊時所放出的光量，與它被 π 介子撞上時放出的光量並不相同（π 介子由一個夸克和反夸克組成，是常見的強子產物）。科學家事前並不會知道會有多少電子、π 介子一起撞上量能器。由此可見在你確認自己量測的東西是什麼之前，必須先校準很多細微的變數。

整套校準的流程就像你在實驗室的工作台上，檢查任何一組小型科學實驗儀器設置的過程一樣。校準的步驟由為數驚人的「控制實驗」組成：藉由測量已知的物理量來了解儀器的情況。要是少了這項步驟，科學家就不能相信任何我們得到的粒子量測結果，不論是醫院的掃描器生成的兩個粒子，還是大型強子對撞機中暗示額外維度存在的一團粒子雲。

如果有一天，儀器偵測到與超對稱粒子或額外維度理論相符的訊號，還重複不斷地出現，那麼對這些理論來說，勝利的日子便已經不遠了。而我也會，也許會，開始比較認真看待M理論。

**【科學解釋4】**

## 場、量子與其他

有些大家慣用的字彙常常會被專業學科借用，專家賦予這些字新的定義，比平常的意思更具體、也更有技術性。物理學有個例子是「功」（work）。如果向一個粒子施加定力，並推動一段距離，你所做的功就定義為施力（沿著粒子運動方向的分量）乘上粒子移動的距離。這是個很具體的物理量，實際上也是能量的一種形式。做多少功，物體的能量就會增加多少。顯而易見的，這個定義和日常生活中我們對工作（work）的理解有點相關：世人為了完成一些目標（大多是想獲取金錢報酬），而費心費力工作。不過，物理所講的功有明確的意義，使用的範圍也很清楚；相較之下，平常大家說的工作的意思就有些模糊，泛指很多事情。

動量（momentum）這個字看來不太一樣。物理學的動量是 $\gamma mv$（相對論的珈瑪符號乘上物體靜止質量、再和物體速度相乘），是一種量化方式，用來描述粒子以已知速率往某個固定方向持續前進的傾向。若粒子的速率遠比光速小，$\gamma$ 會非常接近一，所以能省略掉。而更廣義的動力（momentum）用來指稱政治運動，或其他社會變動及政策背後的推力。同樣的，一件事的動力愈大，也暗示它愈難停下。不過，這些領域都沒有明確定義何謂「動力」。

到目前為止，我試著不要太常用一些字，但在之後的章節這些字會很常出現。其中一個就是「場」（field）。通常場是一片平坦土地的代稱，上頭種了些植物，可能有農夫在照顧，也許還會有幾頭乳牛。此外這個字也可以代表特定的研究領域或專業，往前翻你就會知道我已經用過這個意思了。這兩個意思其實也可以合併使用，像在解釋稻草人為什麼可以獲得終生教職的時候，就會用到*。

物理學的「場」有個更技術性，但還是和前面意義相關的定義。物理學家說的場是個物理量，在空間中某個區域的每個點上都有特定的對應值。如果你待在一個房間內，就可以用各式各樣的場來描述這個環境。身為一位物理學家，你或許會這麼做：

首先你要想出一個方式來明確指出房間中的每一個點。有個好辦法是先選定房間地面的某個角落為「原點」。然後選取交於原點的其中一個牆面，沿著地面平行於這面牆的方向走過一段距離（稱為 $x$）；接著再順著平行另一面牆的方向走一段（稱為 $y$），你就能碰到地上所有的點。進一步的，只要往上走段距離（叫作 $z$），就可以抵達房間內所有的點了。你需要的只有三個數字：$x$、$y$、$z$。

現在可以來談談幾種有用的場了。舉例來說，溫度就是一種場，房間裡的每一點都有一個溫度值。假設平均來看，我們說房內的溫度是攝氏二十一度；如果房間中每一處的溫度都和平均值一樣，那麼你得到的就是一個常量場（constant field）：場的值和點的位置無關，也就是和 $x$、$y$、$z$ 沒有關係。

然而，天花板附近的溫度很有可能比地面的高出一點，因為熱空氣的密度比冷空氣小，會升向天花板。我們可以用某個場來描述溫度與高度的關係，好比 $T(z)$，換句話說，溫度 $T$ 只和高度 $z$ 有關。$T$ 是 $z$ 的函數（function。另一個生活常用字「功能」，這次是被數學家借去用了），可能像 $T(z) = 20.5 + 0.5z$，這裡的 $z$ 以公尺為單位、而 $T$ 以攝氏溫標（℃）為單位，舉例來說。在兩公尺高的房間內，地面的溫度是 $20.5 + 0.5 \times 0 = 20.5$℃，而天花板的溫度則是 $20.5 + 0.5 \times 2 = 21.5$℃。至於天花板和地板之間其他每一點的溫度，都可以用這個溫度場的函數計算出來。其他的場可以用來描述不同的事情，好比空氣密度，或甚至是噪音量。

以上所談的場在每個點都只由一個數字代表。這些場有大小，卻沒有方向。因此我們稱它為「純量場」（scalar field）。「純量」（scalar）代表只有大小、卻沒有方向的東西。

某些種類的場則擁有方向，我們叫這種場為「向量場」（vector field）。我之前有提到一些向量場的例子，像是大型強子對撞機的磁鐵製造的電場與磁場。這個房間也有重力場這個向量場。重力場在房內的每一點都有個值（力的大小大約是每公斤九．八牛頓），以及方向（指向地面）。

實際上，電場和磁場都是量子場，重力場可能也是，但科學家還不清楚相關理論。在日常用途中

＊原注：He was outstanding in his field.——稻草人在它的田地（領域）裡很顯眼（傑出）。

這件事常被忽略掉，但如果你在極小的尺度下觀察這些場，就會發現它其實不是個數值連續體，而是底層的量子場中一連串離散（discrete，意思是不連續，如階梯般一級一級，而不是如漸層色彩一樣柔和變化）的量子、或激發（excitation）的總和（疊加）。這些激發有點像是波又有點像粒子。電磁學的量子理論——量子電動力學擁有兩個場，分別是光子場以及電子場。我們量測到的電磁波，或是獨立的光子及電子，都是這兩個場的激發。這裡我們又看到一個科學家借用日常名詞的例子。很明顯「激發」和平常我們的用法緊密相關，因為量子場論是個扣人心弦（exciting）的理論。

無論是不是量子理論，場的概念都是一樣的。場是個物理量，在你感興趣的空間範圍內的每一點，都擁有對應的值，可能是單純的數值或是很多個量子的總和。

---

# 第三章　高能

二〇一〇年三月到九月

## 3.1 七兆電子伏特

二〇一〇年三月三十日，在這個周二的早晨，大型強子對撞機正式成為世界上能量最高的粒子對撞機。

大型強子對撞機現在可以把質子加速到三．五兆電子伏特，和芝加哥費米實驗室的兆電子伏特加速器相比，這個能量是他們之前最高紀錄的三．五倍，為基礎物理研究及加速器科技開創出全新的視野。此外，對撞機團隊在直播鏡頭及大眾目光下進行實驗，也算是在物理界首開先例，至少我們感覺上很新鮮。

這天大家原本希望能在早餐時間就見到對撞結果，可惜事情並沒有這麼順利。這種失落感使我不禁想起當年在漢堡讀博士時，宙斯實驗的夜班有多麼讓我挫折，但是這類的事情在新的對撞機上其實不算少見。然而，現在有了二〇〇八年那場大災難的經驗，而且還有大批民眾引頸企盼這次實驗的結果……這個早晨真讓人焦慮不安。我想這應該就和太空科學家在太空梭發射倒數時，突然出了問題，而得延後起飛的感受差不多。注入並加速粒子束的過程感覺上就像是啟動火箭發射倒數的流程，我們先要重複這個步驟三次，最後才能開啟大型強子對撞機的高能量實驗程式。到了午餐時間，狀況都很不錯。實際上，是很完美。

我當時在倫敦，而不是歐洲核子研究組織；見到人山人海的超環面儀器控制室後，我覺得自己做了正確的決定。在超環面儀器偵測實驗的初期，每一刻都必須要有接近一百個人來操作重要的程序；而整個團隊中更有三千多人分別貢獻不同的專業，好比軟體、電子、機械工程，以及理論物理。可見要在首次對撞實驗把所有人都塞進控制室，是想也不可能的。好在歐洲核子研究組織發明了全球資訊網，讓大家都能隨時取得動態訊息與實驗結果。當然，還有如洪水般的一堆電郵、電話和推特訊息。

如同團隊的計畫，我們在大型強子對撞機把如髮絲一般細的粒子束加速到三．五兆電子伏特，並儲存在隧道中。接著，控制人員引導兩道粒子束相撞，偵測器收集到這次對撞的結果。現在的對撞能量還只是對撞機最初設計的一半而已，不過，這次的結果已經足以幫助科學家研究許多未知的領域。團隊決定要花兩年定期進行這個能量級的實驗，以收集足夠的數據來徹底探索新的物理世界，其中的一項焦點就是尋找希格斯玻色子存在的線索。如果真的有希格斯粒子等著我們發現，那麼它的質量也許會是特定範圍中的某一個值，也許會衰變為質量較小的某些粒子產物。相對於其他事件，希格斯衰變應該比較少見，而各式各樣的背景事件也會掩蓋衰變的訊號，所以我們須要仔細地把這些資訊篩選出來。因此，大家必須先盡力收集大量的數據，直到所有問題看來都已釐清為止。接下來團隊計畫暫停對撞機運作，升級裝置，並讓能量加倍。

那天我大部分的時間都在聽廣播和看新聞。在神經緊繃地觀看大型強子對撞機的控制員引導粒子束對撞，並祈禱著超環面儀器能記錄到撞擊結果後，我覺得在直播電視節目中受訪真是件（幾乎）輕而易舉的事。

我還記得當時自己期許著，或許這幾年大眾在觀賞大型強子對撞機成長的這些故事後，應該會對科學家做的事有更清楚的認識，並了解科學研究風雨難測的現實面。二〇〇八年對撞機啟動後旋即故障的經驗，給了我抱持希望的理由。每隔一段時間，科學家便會出現在一些故事或某些文章的標題上，不是被描述成天使就是魔鬼，卻從沒有多加著墨，即使是在一本講陰謀炸毀梵諦岡的無趣驚悚小說裡，科學家的形象還是沒獲得多少描繪，彷彿消失無蹤。「這是個重大的突破！」新聞宣布道——但接著大家發現文章所談的事情其實複雜得多，所以沒有人會想費心繼續追蹤。然而，大型強子對撞機的故事看來夠壯觀，足以吸引部分媒體及群眾持續關心，和對撞機一同走過幾次轉折。這對於粒子物理學是件好事，而且對其他的大型科學計畫也許有很多幫助，包括更具爭議性的研究，以及一些比較會直接影響人類群體幸福的計畫。

## 3.2 這不只是在模擬而已

二〇一〇年，英國大選即將來到。我們在二〇〇七年到二〇〇八年間遇到嚴重的研究資金短缺問題，先前一段很長的經濟穩定期已走到尾聲，政府整併了天文與粒子物理兩個研究委員會，以大幅降低這兩個領域的支出。緊接著又遇到了全球金融危機，於是政府全面刪減科研相關預算。金融危機到了二〇一〇年還沒結束，偶爾還是會有銀行業營私舞弊的新聞出現。然而在科學研究委員會（分配納稅人資金到各項研究計畫的主責機構）這一方面，已成了平衡的局面，政府的資金雖然逐漸減少，但我們這些英國研究員有足夠的外界金援，還是能在大型強子對撞機占有一席之地。和政治遊說相比，大型強子對撞機當然有趣許多，所以我並不總是特別關注選舉人提出的科學政見，雖然我應該要這麼做才對。

順道一提，這很像是科學家常有的行為。我們才剛拿到實驗數據，正在沾沾自喜。然而，在和幾位政府官員以及與官員共事的人聊過好幾次之後，我才明白大家犯了一個大錯誤。經濟穩定的時候，科學研究因為經濟成長有分到一杯羹（粒子物理拿的比較少，但至少不是被砍預算），我們這些科學家當時只專注在研究上，一點要求也沒提出。有人認為我們那時應該要積極爭取更多的資金，才有足夠的本錢熬過經濟蕭條時期。可惜的這就是個血淋淋的例子，說明科學家對於宇宙和政治的理解之間的隔閡有多大。

研究的意義在於提出好的問題，再回答它。但是真正能解決的好問題並不常有，我們找出好問題與回答問題的能力也進步緩慢——你不可能只是到外頭逛逛，就讓優秀的研究團隊在一夜之間擴大為原本的兩倍。如果我們有資金，當然就可以進行一些規模又大、又精彩、又昂貴的研究；但這樣的財源若不是來自穩定的長期投資，你手中很快就會沒有能完成實驗的專業人才了。在這個有很多企業和利益團體不斷遊說的年代，政治人物並不是一直都能了解科研能力的穩定性與策略計畫的價值。

相反地，科學家絕大部分的時候都只想要研究科學，而唯有在我們研究的空間即將受到壓迫時，才會有人有異議、開始關心政治。這樣的態度除了是個策略上的錯誤之外，對於那些幫大型強子對撞機付帳單、有權知道我們研究內容的社會大眾，更是毫不尊重。同時，這也會是政治和社會動盪的原因：大眾的生活需要科學，以及持續與社會互動的科學家。我們的團隊真的該在這方面投注多一點心力，至少要向投資實驗的人道謝，並讓他們知道自己的付出有怎樣的好結果。

但是，噢，真實數據的魅力難擋！高能量實驗啟動過後不久，牛津大學舉辦了第二場「推進」會議。這次大會更深入探討噴流次結構（這次會議的紀錄*引用數出乎意料地高），但是所有的結論都還是參考模擬數據得到的；一想到我們已經有了真正的數據，一股焦慮之情便在大會成員之間蔓延開來。

我在九〇年代初期做博士研究時，就經歷過電腦模擬到真實數據的轉變。當時我為「觸發」系統寫一個仿真程序（用 FORTAN 77 程式語言寫的），這個系統是建來挑選宙斯實驗的電子質子對撞數據；我花了兩年的時間徹底檢查這個程式碼。方法是先給真正的「觸發」系統（用 occam 程式語言寫的，在一個平行處理器網路上運作，這些在當年都是很尖端的技術）和我的仿真程序同樣的模擬參數，再比對兩者的結果是否相同。

「觸發」和仿真程序的結果完美相符，但在我們得到第一批真實的數據時便出了問題。那時我們

---

*原注：參閱網址 arxiv.org/abs/1012.5412。

才發現「觸發」**以及**仿真程序的輸出結果都很不合理。這真是個難熬的時刻。大家一切的努力還是不足以讓我們觸及真實數據的邊邊角角。僅存的一絲希望是仿真程序和「觸發」系統給的錯誤結果一模一樣，所以我可以用仿真程序來找出問題。備感壓力的過了幾個小時後，我終於找到問題點了。偵測器的電線以一個個小單元的模式裝置，每個單元中有八條電線排成一束，而每條電線在電荷通過時都會收到一個脈波。在我們的模擬數據中，脈波是依照電線的編號、以一到八的順序出現的，但是在真正的實驗數據裡，脈波出現的次序卻決定於粒子實際抵達的時間，這和粒子在哪裡有關！當我們在模擬時妥善考量這個因素，所有雜亂的數字便再度展現秩序了。要找出以前的問題很容易，但要預測可能的錯誤就難了。一樣的事情還是會發生。大家已經用電腦模擬練習了很長的一段時間，模擬雖然有幫助，卻還是不可能讓你萬無一失。面對大型強子對撞機，現在每件事情都很真實，人人心中都有點焦慮。

## 3.3 哥本哈根

在兩個星期內，對撞機團隊會持續完成一連串的質子對撞實驗，這次的撞擊能量將高達七兆電子伏特（也就是單道質子束三．五兆電子伏特），可以幫助科學家在嶄新的領域中，探索新的粒子、作用力，以及空間維度。

如果情況很樂觀，一旦粒子束開始對撞，就會有大量的粒子或其他新奇的事物湧現。我自已和許多物理學家一樣，不是很相信事情真會如此順利，但是大家還是要為了這個可能做好準備。我心存疑慮，認為未來會有好長一段艱鉅的旅程等著我們，大家須要花上好幾年賣力工作，有時還要處理一些很乏味的事。大型強子對撞機應該會在未來至少十年內帶給大家新的物理知識。也許科學家不會在一、兩天內就找到希格斯玻色子（如果真的有的話），但無論如何這項任務已經展開了。

七月份在巴黎有一場大型會議：國際高能物理大會（The International Conference on High Energy Physics，ICHEP）。這個名字和大型強子對撞機的簡稱LHC一樣，力求描述正確，而不求他人驚嘆。

就算心裡有點緊張，大家都希望能在赴會之前，整理好一些初步、且相對易於理解的實驗結果。六月底，我們前往哥本哈根參加團隊工作會議，為下個月的大會做準備。

超環面儀器團隊是個規模龐大的國際合作組織。總共有三千名左右的成員，來自三十八個不同的國家。一年當中，我們團隊有三次的大會，以及一個接著一個的小型會議。會議的地點分布極廣，可稱作「日不落會議」。通常兩個年度大會是在日內瓦的歐洲核子研究組織舉行，另一個則在團隊合作機構的所在地。那一年的大會地點選在丹麥的首都哥本哈根。

這場大會的焦點大多都是偵測器的運作情況：我們是否能理解偵測器收集的結果？校準的成效好嗎？大家用其餘的時間，針對要在巴黎大會上發表的初步實驗數據交換意見，並期待能有一致的結論。我參與討論的一項主要決議和噴流的觀測與分析有關，就是在質子撞擊時，飛濺而出的夸克與膠子所形成的噴流。（參見【科學解釋2】）。大家想要在「大會紀錄」中寫下實驗的初步結果，超環面儀器團隊習慣用大會紀錄幫已經公開發表、但還沒準備好登上期刊的實驗結果備份。（在我講希格斯粒子搜尋實驗的故事時，會提到更多大會紀錄的事情。）而在備份之後，我們會儘快刊登論文。

和許多大型的實驗團隊一樣，超環面儀器的論文審查機制非常複雜。這個流程會愈來愈繁瑣，但基本上是這個樣子的：

一、你想到了一個可以觀測的目標，希望能發表結果。
二、在相關領域的小組裡做些研究並向成員報告結果。超環面儀器有好幾個物理小組，像是「希格斯粒子」、「頂夸克物理」、「標準模型」。你需要讓小組的成員，特別是小組的召集人覺得你的點子很好，值得超環面儀器團隊發表。
三、小組會要求你申請一個「編輯委員會」，這會由超環面儀器的「出版物委員會」指派。
四、和你的編輯委員會開會討論，直到他們滿意你的分析結果。
五、向原來的小組報告你的分析結果，徵求組員認同。
六、如果小組不認同，就要倒退兩個步驟（所有的步驟都通用這個法則）。
七、接著就可以拿論文草稿給小組召集人和編輯委員會，徵詢他們同意。
八、分發草稿給整個超環面儀器團隊。等待大家的意見。
九、向超環面儀器團隊報告結果，再根據其他成員的建議修改草稿。

十、再次分發新的草稿給全體成員。等待意見回饋。
十一、最後一次向超環面儀器團隊報告結果。獲得大家認可。
十二、最後，寄草稿給超環面儀器的某位資深物理學家（通常是發言人或代理人），請他們「簽名背書」。如果一切都很順利，此時你的論文大概已經跑完程序了。不過這也是超環面儀器團隊可以挑出任何問題的最後機會。此外，如果你的運氣不好，遇到的資深物理學家可能沒有注意到你已經跑過前面十一個步驟了，就會要求你重跑一次。
十三、把論文寄給期刊，還有 arXiv（發音和‘archive’〔檔案室〕一樣。這個網站收集了許多優秀的粒子物理與天文科學文章，這些成果在此發表、儲存、供大眾免費下載）。你的實驗結果現在已經公開了。等待期刊審查人的回應。
十四、根據審查人的意見修改論文。
十五、期刊接受論文。你大可放心了。

可見真的有一堆工作要忙，不過，如果每一個步驟都有認真又講道理的人協助你，這個流程通常會很有幫助。一步一步走下去，你會對自己的結果愈來愈有信心；雖然有些時候會有人發現實驗有問題，甚至很不幸的話，連在第十五步或論文刊登之後都還有出錯的可能。對一篇科學論文來說，能在期刊上發表，無疑是個重要的研究品質認證，但這並不是毫無瑕疵的。如果在論文發表後的幾個月內，有人洩密或謠傳說實驗結果可能透露了希格斯粒子的線索，回頭參考以上的步驟很有幫助。

假使你的結果是要寫入大會紀錄，而不是登上期刊的話，就可以跳過第十和十一步，也不會走到第十三到第十五步。哥本哈根大會中的很多紀錄正在通過第五到第九步。我自己寫的紀錄當時在第五步和第八步之間。七月十二日走到第九步，而不久後便順利走到第十二步。七月十六日，我們公開發表噴流截面的研究紀錄*，趕上七月二十一日開始的國際高能物理大會。

找知道自己還沒真正解釋什麼是截面（cross section）。在物理學中，截面是個很常見的重要概念，我會專文介紹截面和光度（luminosity）（參見【科學解釋5】）。這裡有個簡單明瞭的解釋：在質子對撞時，我們有機會能觀測到強子噴流，而所謂「噴流截面」就是把這個可能性量化的方式。

當我們讓質子對撞時，真正關注的其實是組成質子的元件——夸克和膠子的撞擊過程。不幸的是，夸克和膠子都只攜帶了質子的部分能量，而科學家沒辦法調整這個比例。如果比例是二分之一，那麼我們可能會見到一·七五兆電子伏特的噴流（三·五兆電子伏特的一半）。然而，絕大多數的夸克和膠子的能量遠小於此；我們用統計方法算出的噴流截面能量級大概是600 GeV。但因為噴流是質子對撞時最常出現的高能量產物，它的能量還是高過科學家至今在大型強子對撞機觀察到的其他現象，而實際上這已經是兆電子伏特加速器無力製造出來的。我們有辦法實地量測這種噴流，並驗證量子色動力學的預測是否和數據相符，這可說是個扎扎實實的成就。有數十人參與這項實驗，此外還有數百人間接協助。就和上回最小偏差實驗的結果一樣，這次的實驗能大大幫助我們在大型強子對撞機計畫找到定位。這就是我們在哥本哈根大會中報告的主題。

除了這次的勝利，哥本哈根這座城市更以它在量子力學的發展史上扮演的角色出名，特別是物理學家波耳（Niels Bohr）在此地的研究成果及量子力學的「哥本哈根詮釋」（Copenhagen interpretation）。哥本哈根詮釋大概是近代物理最為離奇的一項特徵，可惜的，看來大型強子對撞機是幾乎不可能幫助大家釐清這個詮釋的。

根據哥本哈根詮釋，量子力學只允許我們計算一件事情發生的機率大小。在本詮釋中，某件「事情」可能的每一種來源途徑都有對應的「振幅」。只要把所有的振幅加起來再平方，就會得到這件事情發生的機率。如果你有非常大量的這種「事情」，這會是個很準確的方式。實際上，機率振幅並不一定是正值，因此不同途徑的機率振幅可能會互相抵消、而不是加總為更大的值，這代表粒子從甲地移動到乙地的機率可能會有「干涉現象」。我在1.2節談到的雙W玻色子散射過程的物理：「不會失敗」的理論，便是這種干涉的一例。根據不同的可能路徑，有些區域粒子出現的機率很高，有些區域的機率則是零，所有的振幅都相消了。這是大家常在波身上見到的現象，而背後的數學原理基本上就是波粒二象性（wave-particle duality）問題的解答。電子是波還是粒子？這個嘛……電子是離散的一個個量子、量子場中的激發，的確很像粒子；不過我們必須用機率振幅才能描述電子的行為，所以它有時也表現得像是波。

以上所談的全都不是我們對哥本哈根詮釋抱持的疑惑。這些方法全都很有效。問題在於，你要用

＊原注：參閱網址 atlas.web.cern.ch/Atlas/GROUPS/PHYSICS/CONFNOTES/ATLAS-CONF-2010-050。

什麼方法才能把算出的「機率」轉換成實際發生的事。我會算一顆電子以某條路徑從發射器移動到偵測器的機率，但是誰決定了電子實際上要走哪一條路呢？更難的是，又是誰決定要在什麼時候選擇電子的路徑？我並不會因為量子力學的不確定性而困擾；讓我心神不寧的是，某個時刻會有特定的結果出現，但我不知道機率振幅的疊加是如何轉變為具體的單一結果的，沒人曉得答案。

哥本哈根詮釋稱這個下決定的時間點為「波函數塌縮」（wave function collapse），此刻你要將機率振幅和量子理論全擺到一旁，開始把所有東西都想成有明確的型態。如果你想要的話，現在也是時候打開薛丁格（Schrödinger）的盒子，跟他說裡頭的貓是生是死了。這件事對於物理學家如同芒刺在背，因為波函數塌縮似乎會把觀測者和觀測對象兩種角色區別開來，但是物理學家理想的理論要有辦法在同一個系統中解釋兩者*。宇宙學家已經明確定義出何謂「宇宙的波函數」，他們所談的宇宙系統包含了所有的物理學家以及偵測器、還有他們家裡養的貓。這到底要怎麼塌縮呢？

看起來如果一個量子系統的體積變大，組成也愈來愈複雜，這個系統的確會傾向於塌縮。要建造出大型且不會塌縮、也就是所謂「同調」的量子系統非常困難。倫敦大學學院的物理系中，就有幾間研究室擠滿了想要這麼做的人，一方面是要嘗試建造出這樣的系統，一方面是想要理解箇中玄機；如果你辦到了，就會有潛力無窮的應用，量子計算便是個開端。

量子力學還有其他的詮釋，像有個多重世界的說法，認為所有的可能結果都會在多重宇宙中化為真實。（那你的意識最後為什麼會選擇這個宇宙？）此外也有幾位優秀的物理學家嘗試發展出隱變數理論，可惜這些理論的預測結果都無法熬過實驗的試煉；而就算隱變數理論可行，也會具有很詭異的性質——一定要是「非局域性」†的，愛因斯坦曾以批判的口氣說非局域性是「*spukhafte Fernwirkung!*」，就是（德語）「幽靈般的超距作用」。

我常常受邀參觀很多受科學影響的藝術表演與展覽，品質良莠參雜。毫無疑問，科學是許多令人嘆為觀止的影像背後的靈感來源。但一般而言影響我最深的藝術作品，通常會讓我想起以前曾學過的知識，或帶有相關聯的隱喻，並引領我從新的角度去思索這些概念。這樣的藝術作品並不全是以科學為主題，而可能是愛、距離、地點、親職、恐懼……幾乎是各種題材都有，能在我的思緒中敲響形形色色的共鳴，並加深我對作品的體悟與認識。

而唯一曾帶給我這種體驗的科學藝術作品和隱變數及波函數這兩件事有關。這個作品是知名的英國劇作家弗萊恩（Michael Frayn）的戲劇《哥本哈根》（*Copenhagen*），幾年前我在泰晤士南岸區觀賞這齣劇，現在這場演出的回憶不時還會浮上心頭，特別是當我在研究中運用、或是在課堂上教授量

---

*譯注：理論上，觀測者和盒中的貓都是物理實體，應合為一個系統描述，所以波函數塌縮會把整體系統的機率特性破壞掉。但此處感覺貓才具有機率性、只有牠才須要面對波函數塌縮（觀測者則否），造成觀測者和觀測對象的地位不對等。

†譯注：物理學的「局域性」（locality）是指一個物體只會受到緊鄰的事物影響，這是絕大多數重要理論的基本原則。而「非局域性」（nonlocality）則代表，相隔一段距離的物體彼此間可以有關聯。這裡所說的「影響」和「有關聯」是「同時發生」的，所以就算是太陽對地球的引力，也是局域性的，因為根據相對論，引力改變的傳遞須要一段時間，不可超過光速。所謂「幽靈超距作用」則是指著名的量子纏結（quantum entanglement）現象，相互纏結的兩個粒子即使分隔很遠，兩者的自旋還是相關，所以是非局域性。

子力學的時候。弗萊恩在劇中探討了二戰時波耳與他的妻子瑪格莉特（Margrethe），以及德國物理學家海森堡（Werner Heisenberg）三人在哥本哈根的一場會面，詮釋手法十分出色。波耳和海森堡是發展量子力學的兩大巨頭，長年一起工作，在戰爭時期卻分屬敵對的陣營。沒有人知道三人究竟在這場會面中談了什麼，但波耳在會後趕忙從丹麥逃往英國，接著再搬到美國去（差點趕不及）。海森堡帶領德國政府的原子彈研發計畫，而波耳則投身美國的洛斯阿拉莫斯計畫*。

海森堡拜訪波耳的動機到底是什麼，他是給了波耳警告，或是兩人交換研究上的重要新發現，還是互傳假情報呢？對於歷史上洛斯阿拉莫斯計畫成功但納粹的陰謀失敗這件事來說，這場會面的影響又是什麼？一直以來這些問題都是世人揣測的對象，不過《哥本哈根》呈現出更不一樣的版本。

這些故事的確都很引人入勝，不過這齣劇還有另一個層面。從我的角度來看，有個顯而易見、卻沒有明說的連結：一方面是已知的史實（真有那場會面）和三人未知的動機及談話內容，另一方面則是量子力學可測量的物理量（比如說，電子擊中屏幕的位置）與其背後的不定狀態，也就是機率振幅。如果你想算出一顆電子最後的位置，就要考慮電子可以走的全部路徑，而且硬要說電子選了某一條特定的路徑，是毫無道理可言的。對於這個現象我們不僅是認識太少，原則上其實根本不可得知。就我看來，這種特性也在海森堡的性格中反映出來，他的心中有各式各樣的動機交織在一起，自己也可能根本就不清楚這些想法為何、或是誰才具有主導權。這樣說來，只有實際的行為才是真實的。

基本上我們不太可能了解這些動機，你也許必須先考慮所有的可能性才能了解海森堡的選擇。波耳為了人身安全而逃離祖國，納粹德國也沒有發展出原子彈。而在相對和平的現代，超環面儀器團隊在離開哥本哈根時，帶著許多要在巴黎大會上展示的新數據。

【科學解釋5】

## 截面與光度

「截面」（cross section）是粒子物理學常見的概念，但也時常會讓人摸不著頭緒。在本書中截面基本上就是機率的一種度量方式，不過差別在於機率沒有單位、且都落在零（不可能發生）到一（必然會發生）之間，但截面有和面積一樣的單位，又可以有任何（大於零的）數值。

要了解這是怎麼來的，還有截面又是怎樣度量機率的話，試著想像你在一場足球賽中正要罰球，而且球門前面沒有守門員。不論你的技術是和我差不多，還是和英德足球ＰＫ賽中的英國球員一樣厲害，都有一定的機率會踢不進球門。有很多的因素要納入考量，但是得分的機會還是和球門的截面積大小有關。球門面積愈大，得分機會就愈高。

這件事（或是相似的原子核束撞擊標靶實驗。拉塞福便在他的實驗中，把阿法粒子射向金箔）說

＊譯注：也就是大家耳熟能詳的「曼哈頓計畫」，二戰時美國建立洛斯阿拉莫斯國家實驗室來統籌曼哈頓計畫的相關研究。

明了為何在我們計算粒子之間、比如大型強子對撞機的質子間有無交互作用時，能以面積作單位用截面來表示結果。

如果我隨便把球往一面畫有球門柱的牆踢過去，並假設球至少會擊中牆面，那麼每顆球實際的得分機率就是球門面積除以整片牆總面積的值。假定球門的面積是十八平方公尺左右、牆的面積約為一百平方公尺，而且我很均勻地讓球射向牆上的每個角落——好吧，我的技術其實沒有這麼差，請往下讀——如此每一顆球得分的機率就是 18/100 = 0.18。這的確是個機率值，大小從零（球門面積為零）到一（球門和整面牆一樣大）。

粒子物理與核物理學家用邦（barn）作截面的單位。邦只是個面積單位。聽起來邦應該要代表一些體積很大、容易擊中的物體（就像穀倉〔barn〕的門一樣），它的大小差不多和鈾原子核的截面積一樣。若用日常生活的標準來看，邦的值很小，大約是十的負二十八次方平方公尺，或是一平方公尺的一萬萬萬萬萬萬萬分之一倍。這個數值很像是胡謅出來的，我知道，而實際的情況還更不可思議。一個飛邦（femtobarn）是我們在大型強子對撞機時常量測的截面大小，竟然是邦的一千兆分之一倍。我認為科學家所能做的就是接受事實，自然法則運作的距離尺度範圍極廣，而且不是每種尺度的現象都很好理解。

就如我在前面暗示的，另一個會左右機率（球射進球門、或粒子對撞）的因素是每單位面積的中球數。在罰球的案例中，如果我均勻地分配中球點到整片牆面，且中球密度為每平方公尺一顆的話，那麼我可能會射進十八顆球。而假若中球密度為每平方公尺兩顆，我應該會射進三十六顆球。

這裡所講的「每平方公尺的中球數」就是「光度」（luminosity）。光度的單位是面積的反比，也可以說是「每平方公尺」。大型強子對撞機這類的粒子對撞機有兩種方式可以增加光度，要不是射入更多粒子（我繼續隨意地踢球，不過是平常兩倍的數量），就是把粒子射得更準確（踢一樣的球量，但都瞄準球門周圍五十平方公尺之內的牆面，我很有自信能辦到這件事）。

現在我們在大型強子對撞機中量測光度的單位是奈邦（nanobarn）、皮邦（picobarn）與飛邦的反比（倒數）。這些是很方便的光度單位，舉例來說，大型強子對撞機可以生成希格斯粒子的質子對撞截面大小，理論上是一萬飛邦左右。如果你把飛邦和飛邦反比兩個值乘在一起（就像把每平方公尺的中球數乘上足球擊中的牆面大小），就會得到撞擊事件的數量了。現在實驗的光度是一皮邦反比、或是一飛邦反比的千分之一，因此我們可能已經製造出十個希格斯粒子了。

不幸的是，大部分的希格斯粒子早就衰變成其他粒子，而我們沒有辦法把這些粒子和其他事件的產物區別開來，已經錯過觀測的機會了。我們需要更多的希格斯粒子才行。

## 3.4 夏日巴黎

不久後我們就去巴黎了。全世界都在等待這場大會，至少其中有一些人很盼望——無論如何，他們至少對粒子物理學有興趣，就算這股熱情只是曇花一現也很好，這樣的比例已經比過去科學家所熟悉的還要多上許多。就連法國薩克吉總統（Nicolas Sarközy）也計畫要出席大會。這場會議中，不但會有人報告大型強子對撞機的首批實驗數據，大家也期待能一睹兆電子伏特加速器最近的重大發現（和平常比起來，有更多的傳聞說他們找到了像是希格斯粒子的訊號、也許是更驚人的發現也不一定），而最讓人引頸企盼的，是微中子界的一個重要的新聞，大家也一如往常期待其他高能研究可能帶來的驚喜。

國際高能物理大會的議程分成兩個段落，首先是接連三天同步進行幾個小型會議，分別聚焦於不同的主題，之後會休息一天；接著是為期三天的全體會議，我們希望能在這個時候把各項成果拼湊起來，看看物理學有什麼新的進展。

我註冊成為與會成員，領到一枝原子筆、一張巴黎的地圖、我現在又多了一個土氣的背包。此外還有一張狗牌，寫著我的名字和「二〇一〇年國際高能物理大會」，保全才不會拒我於門外——大家對這次大會的態度比平常更謹慎，因為法蘭西共和國的總統會共襄盛舉。

其中一場同步進行的小會議談到了大型強子對撞機偵測器的運作情形。根據我對超環面儀器的認識，答案是「真的運作得很好」，我也得知緊湊緲子線圈的狀態一樣也很棒；這是偵測器團隊的一大成就，更進一步證實兩個團隊都沒有白白浪費因為二〇〇八年災難而多出來的一年準備時間，雖然大家都不樂見實驗延宕。

我也許是有點聽膩了大型強子對撞機的成果，或可能是有點懷舊，便走入另一場也是人山人海的會議，有人在報告強子電子環狀加速器和兆電子伏特加速器最新的W、Z玻色子量測成果，報告人把最初由超環面儀器與緊湊緲子線圈量測的數據一起呈現出來。我的心中有種特別的感覺。觀測W和Z玻色子已經不是什麼新鮮事了。科學家早就在先前很多的實驗中徹底了解這兩種粒子。八〇年代，物理學家魯比亞（Carlo Rubbia）、范德梅爾（Simon van der Meer）在歐洲核子研究組織發現了W和Z玻色子，而共同獲得諾貝爾物理學獎。大型強子對撞機之前的二十七公里隧道主人，大型電子正子對撞機，已經極為精準地測量過Z玻色子；而兆電子伏特加速器的實驗也量出了W玻色子的質量，和理論值的誤差不到千分之一。然而，這回在七兆電子伏特的對撞實驗中再次見到這兩個粒子，給了我出乎意料之外的強烈感受，讓我更深刻地體悟到物理實驗對科學家的知識是相當重要的支柱。

W和Z玻色子的生命非常短暫，幾乎一瞬間就會衰變為其他的粒子。這兩個粒子都是規範玻色子（gauge boson），起源於標準物理模型中的對稱性（參見【科學解釋6】）；而根據這個模型，W和Z玻色子的質量來自希格斯玻色子（或說得更準確一些，是來自希格斯粒子伴隨的量子場）。某種程度來說，這兩個玻色子有部分是由希格斯玻色子組成的。這些事情非常怪異，但確實能提供我們一些明確的預測。舉例來說，如果你畫出我們對撞實驗的電子正子對數量分布圖，應該會見到一個很大的峰值，而實驗結果真的有同樣的峰值。這個理論很實用。**如果別人說量子力學只是在談論不確定的東西，千萬不要相信他**。

實際上，如果我們應用量子力學、並考慮標準模型粒子性質的精密量測結果，就能限制標準模型希格斯玻色子的質量範圍。這是因為在標準模型中，我們量測的某些目標的量子修正項，透過費曼圖中的小環圈和希格斯玻色子間接相關（參見【科學解釋8】），而且這些修正項由希格斯粒子的質量大小決定。就現在這個階段而言，最能幫助我們限制希格斯粒子質量參數是W玻色子和頂夸克的質量，兩者都鮮為人知、卻舉足輕重。兆電子伏特加速器在會議上便報告了這兩項參數。在國際高能物理大會接近尾聲的時候，這些結果導出的限制條件告訴我們假使標準模型預測的希格斯玻色子真的存在，它的質量有九成五的機率會落在 42 GeV 到 159 GeV 之間。進一步地，如果我們考量搜尋希格斯粒子的實驗結果的話（大型電子正子對撞機和兆電子伏特加速器），這個範圍會縮減為 114 GeV 到 157 GeV*。當然，這些計算結果的前提是希格斯粒子存在，且標準模型正確，所以如果真能找到這種粒子就是再好不過了。另一方面，這個結果告訴大家標準模型的預測能力為何，一旦我們從大型強子對撞機中取得足夠的數據，我們又有多少自信能說到底是希格斯粒子真的存在、還是標準模型有錯。

有個概念出現在核心理論的會議上，相對之下這個想法受實驗結果的束縛很小，就像艘不受錨限制的船自在飄盪在汪洋中。這是阿姆斯特丹理論物理研究所的韋爾蘭德（Erik Verlinde）提出的假說，他說明重力和廣義相對論或許不是最根本的架構，而是從某些微小物件的體性質（bulk behavior）中浮現出來的。如果我的理解沒有錯的話，這個理論會讓重力波的地位和聲波一樣，不像原來那樣基礎。這是個吸引人的觀點，也的確可能是個新的研究方向，但就如韋爾蘭德自己說的，這個理論還要有辦法提出實驗可以驗證的預測才行。

在第一天的最後一場會議中，芝加哥費米實驗室的兆電子伏特加速器團隊登場了，他們要報告希格斯粒子的搜尋實驗結果。整間會議室擠得水泄不通，我最後只好在門外站著，一邊費力地看著門內的報告、一邊和薩拉姆與《高速撞擊的粒子》的導演派特森聊天。在我們眼前的是幾個不同希格斯搜尋實驗的部分結果，分別由費米實驗室對撞機偵測器（The Collider Detector at Fermilab，CDF）和D0（D－零〔D-Zero〕）團隊獨立收集。很快地大家就明白，沒有人會在這場會議中宣示說他找到了希格斯粒子的確切證據。但人人不確定的是，我們離這個目標還有多遠、希格斯粒子還有多少空間可以躲藏（允許的質量大小有哪些），以及有沒有任何線索可以說希格斯粒子存在。這些問題都要等全體會議的整合結果出爐後才能揭曉。

我很喜歡星期六的一場會議，主題為噴流量測。當天強子電子環狀加速器、兆電子伏特加速器、大型強子對撞機都有人分享成果，而對撞機團隊的報告內容包括我參與的噴流截面研究。雖然強子電子環狀加速器團隊在二〇〇七年關掉了機器，他們還是持續分析實驗數據、並展示出一些漂亮且精確的量測結果。兆電子伏特加速器的成果也一樣非常棒，我個人特別感興趣的是這個團隊第一次量測的噴流質量結果。想理解量子色動力學，測量噴流質量會是個好方式；同樣的，在我們用噴流次結構尋找高速粒子蹤跡的過程中，噴流質量也是很重要的參數，就和我在1.7節談過的一樣。費米實驗室對撞機偵測器的結果指出，我們的理論在描述夸克和膠子組成的「普通」噴流時，表現地非常優異，只和實驗值相差幾個百分比而已，真是個好消息。

這場大會最熱鬧的一場會議的主題是微中子。在粒子物理界，微中子研究是相當獨立於大型強子對撞機之外的領域，這個領域有非常豐富的進展。我會在之後的章節細談這場會議。

＊這些成果由格貝爾（Martin Goebel）報告。參閱網址 indico.cern.ch/event/73513/contributions/2078067。

有些人在議程從同步會議進入全體會議時離開了，有些人選在此時加入，而我和其他人則繼續待下去。星期日大會休息一天，剛好讓大家有時間去關心環法自行車賽的決賽。全體會議的開幕典禮很盛大，由薩科吉總統開場，接著大型強子對撞機團隊報告這幾天會議的結論、最後登場的是一場記者會、以及兆電子伏特加速器統整並更新後的希格斯粒子搜尋結果，費米實驗室的基爾明斯特負責這部分的報告。

如果拿兆電子伏特加速器的結果做飛邦及飛邦反比的計算，你可能會發現一件事：要是標準模型希格斯粒子真的存在的話，應該已經有一千個左右的希格斯粒子在加速器中生成了，而確切的數量和希格斯粒子的質量有關。然而就和大型強子對撞機的情況一樣，要在兆電子伏特加速器的數據中找出對應的訊號，幾乎是難於登天。費米實驗室對撞機偵測器和D－零這兩個團隊，已經排除掉希格斯粒子部分的可能質量範圍（158 GeV 到 175 GeV），現在這個玻色子能藏匿的空間更少了。這件事讓理論界的情勢升溫，對標準模型和超對稱都是（後者更明顯）。一方面兩者都預期希格斯粒子的質量比這個範圍低一些，所以排除掉高質量範圍後便能鞏固他們的地位。另一方面，這兩個理論都需要希格斯粒子存在，因此可搜尋範圍變小還是會有威脅。

結論是，如果兆電子伏特加速器可以繼續運作到二〇一三年，而且我們的分析技巧也不斷提升的話，到時科學家就可以在一定程度上排除掉希格斯粒子的整個質量範圍，或者要是它真的存在，就能找到粒子的蹤跡。據此可知，兆電子伏特加速器和大型強子對撞機在這幾年間，應該要有某種競爭關係才是。不過事情並不是這樣發展的。

後來薩克吉總統在開幕典禮的演說中，大力支持基礎物理研究的社會與經濟地位，並強調大家須要確保當前經濟的「急迫需求與緊急情況」不會危害到物理研究長遠的未來。和英國現在令人不安的情況相比，薩克吉總統帶來嶄新的改變。英國聯合政府正打算在這場經濟危機中訂定第一筆預算，而英國皇家工程院不久前才發布了一篇政策文件，呼籲道：「商業創新及技能部應該優先顧慮到研究對經濟體**短期**到**中期**的影響。」這句話其實是在暗示說，把歐洲核子研究組織從預算名單剔除會是個很棒的點子，真是毫不隱諱。長久以來，優秀的工程學和物理學在歐洲核子研究組織互利共生（大型強子對撞機一開始由威爾斯人領導，之後是一位北愛爾蘭人接手），因此大家認為這篇文章嚴重背叛了我們，或是有人想要講得圓滑一點的話，這真是個「遺憾」。在政府預算的計畫前期，科研資金之戰還會持續下去。而我認為，這場戰役應該永遠不會停歇。

在為期一周的國際高能物理大會之後，我參加了在奧賽直線加速器實驗室舉行的一場附加會議，所以我把十天旅程中最美好的時間花在巴黎（其中一天我到英國斯溫頓的研究委員會開會，所以我是真心覺得在巴黎**最美好**）。我非常喜歡巴黎，更棒的是，因為這天是周末，我的妻子蘇珊娜也中途加入旅程。我下榻的飯店名聲雖然不好、卻還算應有盡有，不過飯店的早餐是在一間滿是菸味、地牢似的房間供餐，所以我幾乎每天早上都去外面的餐館吃飯；餐館的服務生很親切，而且景觀又好。

《高速撞擊的粒子》的製片團隊（派特森和他的錄音師）在拍攝期間幾乎都在我們身旁，有部分原因是為了《衛報》。他們也參加過二〇〇八年在費城的國際高能物理大會。我有一位同事觀賞過費城大會的紀錄片，卻誤會這是在巴黎拍攝的。費城和巴黎當然沒有很相像，但當這兩個城市突然展現出相似處時，的確會讓人迷失方向。我們幾人在巴黎的一家小酒館用餐，這間酒館看起來不在熱門的景點附近，卻應該有著名旅遊書大力推薦，因為當我們走進去便見到滿滿的美國遊客，爸媽帶著小孩，桌上的杯子都裝著水。見到這樣的情景，我完全搞不清楚究竟身在何地，一不小心就打翻了紅酒，弄得滿桌都是。

旅遊的部分說得夠多了。整體來說，國際高能物理大會讓大家深刻體會到雖然在很多方面新的實驗的確表現比較優異，舊的實驗仍然能出產有趣的結果。新舊實驗之間的互補關係，解釋了為何一個物理實驗最好的結果，通常會在儀器的年限走到盡頭之前才現身。

無論如何，接下來的兩年會是物理界的新人——大型強子對撞機的舞台。

## 3.5 超對稱

我明白此前我的行文方式有些風險，讀起來可能會像是遊記，但因為差不多是時候要來介紹超對稱（supersymmetry，SUSY）了，我覺得還是應該提一下我在德國波昂二〇一〇年超對稱物理會議中演講的事情，那是在國際高能物理大會的兩個星期後。基於幾項不同的理由，要是不先了解一下什麼是超對稱，我們就會無法繼續深入討論大型強子對撞機的物理。

在此之前一年一度的超對稱物理會議已經舉辦二十一屆了，這有點不可思議，畢竟目前還沒有證據說超對稱對今日的粒子物理學有任何實質上的貢獻。不過我們或許可以理解背後的原因：至少在大型強子對撞機啟動之前，超對稱都很可能是改良標準粒子物理模型的最好方法。

如果你還記得【科學解釋1】〈標準模型的粒子與作用力〉這一節，就會知道組成物質的一切粒子（夸克、輕子）都是費米子，而所有的作用力都是透過玻色子傳遞的。你或許會問說（如果你是位物理學家更會這麼問），這種分類是真正的自然法則、還是只是個巧合呢？而假使你讓全部的玻色子和費米子互換角色，這個世界會改變很多，還是一往如昔？

這是個非常好的問題，因為在這些年來，許多相似的問題引領科學家發掘出既有影響力、且饒富趣味的解答。這個問題和對稱有關。對稱或許是物理學中唯一占有極重要地位的獨立概念。我們有個非常關鍵的定理——**「諾特定理」**（**Noether's theorem**），在古典和量子物理都有廣泛的應用。諾特定理的意義如下：自然界中所有的連續對稱性（continuous symmetry）都對應到一個守恆律（還有一些正規的限制條件，但我不會在這裡多做說明）。

乍看之下，你也許無法體會這個定理有多深刻與重要。想想看以下事情：

一、諾特（Emmy Noether）是一位數學家。她**證明**了這個定理。所以這不只是個人意見而已。

二、這個定理說明：改變位置並不會影響你見到的物理定理，因此動量守恆。而由於物理定律和你從哪個角度去觀察現象無關，所以角動量守恆。最後，不論什麼時間物理定律看起來都不變，於是能量守恆。

你可能要費上好一番心力才能理解這些事。請耐心聽我解釋，你絕對會收穫良多。

這裡說的「物理定律」是指我們用來描述物理系統行為的數學方程式。方程式是大家參考觀測結果、用數學推導出來的，而且只是暫時性的理論，而並不像宗教（也不像司法制度），但是的確很有用。當諾特談到連續對稱性的時候，她應該是指有個參數在改變——就叫它 $x$ 好了，有何不可呢？在我的方程式中 $x$ 代表「某地點與我房子之間的距離」，假使我把等式兩邊所有的 $x$ 都替換為 $x + y$，$y$ 可以是任意的距離，好比一奈米、一英里、或是我和最近的一位化學家的距離，整個方程式還是會一模一樣。這就是一種連續對稱性，稱作「平移對稱性」（translational symmetry）。如果我的等式（以 $x$ 為變數）是用來描述一個物體的運動方程，那麼不論我對 $y$ 代入什麼值，方程式看起來真的都會完全相同。平移對稱性直接對應到動量守恆，基本上這就是牛頓第一運動定律：除非有外力作用，一個物體不是保持靜止、就是以等速度移動。

現在請往後退一步，思考一下（我在寫這段的時候真的也是這麼做）。諾特定理連結了兩個概念：「空間中沒有某個與眾不同的位置——宇宙的物理定律並不會在乎你身在何處」、以及「牛頓的第一運動定律」。這真的讓人讚嘆不已。

這類普遍的連續對稱性威力無窮。實際上，旋轉對稱性（rotational symmetry）和平移對稱性相整合後，屬於一個更大的對稱性——「龐加萊對稱群」（Poincaré symmetry group），這個對稱群可說是時間和空間的對稱群。除了平移和旋轉之外，龐加萊對稱群還包含了另一種對稱性：不論你的運動速度為何，觀察到的物理定律都會相同，基本上這就是愛因斯坦的狹義相對論背後的原理。假使你覺得我把愛因斯坦捧出來是為了利用他的名聲來背書，可能是誤會了。我只是說這個對稱群真的很有用，十分驚人。

還有另一類的對稱性同樣充滿驚奇。這是「內在對稱性」（internal symmetry），和一個粒子擁有的量子數（quantum number）有關。「量子數」是粒子的內蘊性質，電子的電荷、或夸克的色荷都是量子數。如果你同時翻轉所有帶電粒子的電荷，讓電子全部帶正電、質子全部帶負電的話，電磁力看起來會絲毫不變。沒有方法可以讓你區別電荷翻轉前後的差異*。因此，「電荷反轉」是電磁力的一種對稱性。內在對稱性也是至關重要，而且實際上所有標準模型的作用力都是從此類的對稱性推導而來的。（參見【科學解釋6】）

由此可見，對稱性確實是物理學不可或缺的一環。除了對基本粒子很重要之外，對稱性在其他物理領域中也有應用。這是科學家的百寶箱裡功能強大的數學工具，在自然界中隨處可見。整體而言，對稱性的地位無人能及。

「超對稱性」，又稱SUSY，是對稱性概念的延伸，而就像我在岔開話題介紹諾特定裡之前說的，超對稱理論假設玻色子和費米子之間存在某種對稱性。在一個完美超對稱的宇宙裡，如果你把所有的玻色子換成費米子、或是反過來做，萬物看來仍會一模一樣。

這個想法顯然是錯誤的，舉例來說，我們還沒見過有什麼玻色子的質量和電子一樣，所以自然界

*原注：如果你是對弱核力做「味荷」（風味量子數）反轉，就會有差別了。

不可能擁有完美的超對稱性。然而，超對稱性可以是某個底層理論的性質，只是它在日常物理中消失無蹤了*。如果這件事是正確的，我們應該會發現電子的玻色子伴子——科學家稱它為「超對稱電子」（supersymmetric electron, selectron）——的質量遠比電子還要大。不過，超對稱電子，或是其他標準模型粒子的超伴子（superpartner）的質量，也許沒有大到無法在大型強子對撞機現身。

雖然對稱性已經成為物理學、特別是粒子物理學用處極廣、堅若磐石的原則了，超對稱性還沒拿出能證實自己存在的證據。那麼，究竟是什麼原因讓大家舉辦了二十一場（統計到我寫這本書的時候）討論超對稱性的會議呢？就我所知，有三個理由支持我們研究超對稱性：

一、超對稱性幫助科學家解決標準模型的某個重要問題。
二、超對稱性在某方面預測了暗物質的存在。
三、超對稱性看起來很舒服。

第一點與希格斯玻色子有關。行文至此，希格斯粒子和超對稱性一樣，都還沒被人發現。然而和超對稱性不同的是，希格斯粒子是標準模型不可或缺的一部分，要是沒有希格斯粒子，標準模型就不會成立。只不過這裡有個很細節的問題。希格斯玻色子在標準模型眾多的基本粒子中獨樹一幟，它的自旋為零，所以質量帶有某種特別的量子修正項。如果我們放著這些修正項不管，讓它「自然地」發展下去的話，修正項會讓希格斯粒子的質量比標準模型的允許值還要高出數百萬倍。一直以來這都是大家對標準模型可信度存疑的重要原因（現在仍然是）。從一方面來看，這個問題讓標準模型看起來像是個巧合，機率大約為一京分之一（十的負十六次方），比你連續兩次中樂透彩頭獎的機會**還低了一百倍**。超對稱性可以解決這個缺陷，因為費米子貢獻的修正項帶負號、而玻色子的修正項帶正號，所以如果兩種粒子之間真的有（就算只是近似）對稱性，絕大部分的修正項就會互相抵消，讓希格斯粒子的質量能接近合理的值，大家就不用費心微調模型，好湊出那不可思議的巧合結果。

相較之下，第二點是最能說服我的理由。根據天文觀測數據，科學家認為這個宇宙中很可能存在一些暗物質（否則我們對重力的認知就有問題了）。很多不同的超對稱模型都有預測可成為暗物質理想候選人的粒子。這或許能讓你相信超對稱是對的。當兩種不同的科學分支面臨到的問題，看起來能用同一個答案解釋的時候，你就可以期待會有新的進展。

第三點基本上就是前面談過的事：超對稱是擴展對稱性概念的一種方式；而到目前為止，大家認為對稱性是理解自然法則很棒的途徑，甚至能帶大家走得更遠。回到兩種對稱性（外在的時空對稱龐加萊群，以及內在對稱如電荷反轉）。有個理論†說外在對稱性和內在對稱性不能相互混用。內在對

＊譯注：作者談的是「對稱破缺」，對稱破缺是指自然界中某種對稱性不再完整。如果超對稱沒有破缺，粒子和其超伴子的質量就會相同；反之，因為科學家沒有找到這樣的超伴子，所以預期在某個尺度下超對稱性會破缺，這個尺度取決於實驗觀測到的超伴子質量。

†原注：出自論文：Coleman and Mandula, Physical Review, 159(5), 1967, pp. 1251-1256。網址 doi.org/10.1103/PhysRev.159.1251。

稱轉換會把一種粒子換成另一種粒子（好比物質－反物質對稱轉換會把電子變成正子）；而外在對稱轉換則是讓你在時空中移動（像平移對稱轉換只是把電子移到不同的位置上）。然而，互換玻色子和費米子卻同時做了兩種轉換，因為很顯然這項轉換會把一種粒子變成另一種、而由於自旋實際上就是角動量，這也有包括時空上的轉換。角動量是個在時空中的物理量，因為旋轉對稱性而守恆。由此可知，在這個說明內在和外在對稱轉換不可以混用的定理*中，超對稱是個擁有特殊地位的漏洞。實際上，在我們描述宇宙的四維時空理論中，這還是**唯**一一個這類型的漏洞。自然界中其他可用的對稱性科學家都已經研究透徹了，而且也得到既優雅又影響深遠的結果，因此，大家會情不自禁想假設這最後一種對稱性真的存在。

這三個強而有力的理由，說明了為何人人都應該要認真看待超對稱性。不過這些論述還是各有各的缺陷。就第一點來說，有沒有可能只是我們的宇宙運氣很好？有些弦論學家說人類應該要覺得自己很幸運，因為和宇宙在「地景」的十的五百次方個組態裡選對位置的機率相比，希格斯粒子擁有合理質量的可能性還要大一些†。又或許是科學家漏掉標準模型的某個細節，缺少了一塊拼圖讓量子修正項相互抵消，因此我們其實不須要微調模型，畢竟這麼做有點像是買樂透作弊。至於第二點呢……還有其他理論預測了暗物質的候選粒子。最後來看第三點，我們很清楚已經有五花八門漂亮的對稱性數學理論在遇上實驗數據的時候全都沉船了。大家應該要耐心靜觀事情的發展。

超對稱性還有另一項特徵是它具有可塑性，這點比較平淡無奇、但從實驗物理學家的觀點來看卻是比較實用的性質。超對稱性在實驗中可以擁有形形色色的偽裝，幾乎每一個我們觀察到的怪異事件都有可能（我賭一定可以）解釋成「超對稱性的線索」。

舉例來說，我的博士論文有很多篇幅是在討論一個超對稱性的物理過程，我們有機會能在強子電子環狀加速器這個電子正子對撞機見到這個現象。如果你讓質子和電子猛烈撞擊彼此，質子內的夸克可能會被電子吸引，結合在一起。這個產物稱為「輕子夸克」（leptoquark）（因為電子是輕子），這種粒子若是出現，便有機會是強核力、弱核力、電磁力三者統一的徵象，這就是所謂的「大一統理論」（Grand Unification），是個扣人心弦的領域。

在我們啟動加速器的前夕，史丹佛大學的理論學家海薇特（Joanne Hewitt）發現了一件事：輕子夸克的徵兆看起來也像是超對稱性的一種表現型態。而時為牛津大學博士後研究的德賴納（Herbi Dreiner）同樣理解到，如果真是如此的話，輕子夸克會有其他衰變途徑，他也計算了這些過程。德賴納後來籌辦了二〇一〇年的超對稱物理會議。

我記得當時德賴納把他的計算結果寫在一條餐巾上給我，不過也可能只是我自己美化了這段回憶。無論如何，我寫了一個電腦程式來預測偵測器可能會如何呈現這些事件，好讓大家可以尋找線索。令人難過的是，雖然我們有一次收到了一點假訊號，最終一直都沒有見到預期的結果。

---

*原注：如果你真的想知道的話，這個理論後來廣義化成海牙－沃普尚斯基－佐紐斯定理（Haag-Lopuszanski-Sohnius theorem）。*Nuclear Physics, B88:257-74(1975)*。網址 doi.org/10.1016/0550-3213(75)90279-5。

†譯注：「地景」是弦論的重要概念，由大量（十的五百次方個）可能的「偽真空」組成，每一個真空都有一組物理參數。根據ⅡB型弦論，我們的宇宙只是隨機落在一個真空區域中，而擁有現在的物理參數值。

可想而知的，超對稱性是科學家可能利用大型強子對撞機證實的一個理論。實際上，我甚至還寫了兩篇論文探討超對稱性可能的徵象。這也是我在二〇一〇年超對稱物理會議上演講的原因之一。基本上，我先前推廣的「高速噴流次結構」之類的想法在超對稱性的研究中有些應用，對搜尋希格斯粒子的實驗也有幫助。

因為這樣的可塑性，實驗學家認為如果我們不想錯過任何新發現的話，超對稱性會是個很好的檢驗對象。要是科學家對所有潛在的超對稱現象都能有所警覺，就能注意到各式各樣的異常事件。然而不幸的是，如果沒有出現什麼奇怪的結果（至少目前為止都是如此），也沒辦法證實超對稱性是錯的，而只能排除掉部分已知的超對稱模型。這有時還滿讓人挫折的。

儘管如此，我們還是有希格斯粒子這個幫手。如果大家沒有找到低質量的希格斯粒子，眾人的目光就會離超對稱性而去。或許這個概念不會被徹底揚棄，卻會在思辨性理論中被降幾級。同樣的，若從反面來看，假使真有人找到了低質量的希格斯粒子的話，尋找超對稱性證據的研究就會更加引人關注了。

我沒有辦法詳盡說明這場超對稱性會議的內容，因為我只能參與其中一天而已。不過就算只有短短的一天，你還是可以見到人人心境上的轉變，因為大家終於不再只是拿模擬數據紙上談兵，而是在討論大型強子對撞機真正的實驗結果了。雖然目前的成果還沒有開闢出超對稱性研究的新天地，不難看出這一天應該已經不遠了。在會議進行的同一時間，我們已經獲得了三皮邦反比左右的數據。（參見【科學解釋5】）一旦數據量超過五十皮邦反比，就已經比兆電子伏特加速器的超對稱性搜尋實驗還要多了；而在一年之內，大家應該就能獲得一千皮邦反比以上的數據，也就是一飛邦反比。我們不只是在持續收集很大量的實驗數據，還是以愈來愈快的步調進行著。

## 3.6 姓名、聲譽、引用

一篇科學文章參考另一篇文章的內容，我們稱之為「引用」。一篇論文的被引用數可以說明一些事，但想要了解這個數字真正的意義往往沒那麼容易；而在實驗粒子物理學界中，這更是難上加難，一部分是因為這個領域的論文作者名單非常長。而論文之所以會有這麼長的作者名單，和一個這樣大規模的團隊實際運作上會遇到的種種考驗息息相關。

想要評估你的研究的影響力有多大，參考論文的被引用數會是個好方法，論文作者不禁會想要一直去關心這個數字。特別是在研究資金決策、或是職位升遷結果前景未明的時候。

在超環面儀器團隊開始發表論文前，我的論文被引用次數最高的幾篇，都是和我在宙斯團隊量測的質子結構有關。這些量測實驗很重要，當時我一起架設實驗設備與操作實驗，不過其中有幾篇是我沒有直接貢獻的。這幾篇宙斯團隊的論文大概都有四百位物理學家署名。而大型強子對撞機的第一篇論文則有**高達三千位物理學家署名**。

這在粒子物理學界是個很常見的做法，好處不少。但有人還是會好奇說在這樣的環境下，一位科學家要如何經營自己的名聲、甚至是個人的職業生涯？這是個很好的問題。贊助研究的機構與升遷面試小組也抱持相同的疑問。大多數的時候，我們會回答：三千名物理學家是個大型的同儕團隊。團體的成員會知道是誰做了什麼，誰有實質貢獻、誰又沒有。參考文獻很受重視，就像團隊發表的成果都會附上的重要「內部筆記」的作者名冊一樣。在團隊合作的環境下，有辦法勤奮工作、成效又很棒是我們的優勢——這是粒子物理學家在其他領域會很搶手的原因之一，我在工業界的一位朋友是這麼跟我說的；同時，我們在很多人眼中也是妄自尊大、喜歡浪費時間的一群人。

我們的作者名單很長、按照字母順序排列。一直以來大家不時會談到要把名單縮短或重新排序，最後卻總是認為這麼做再好也不過是浪費更多時間、最差則可能會害實驗團隊分裂。我們已經要應付太多的會議、團隊間的競爭、以及成員的怒氣了，所以現在若再爭論要怎麼寫作者名單或是排列順序、應該只會讓事情更糟。當前的做法雖然不盡完美，但還算實用，而且還沒有人想到更好的方式。這本作者名冊具體展現出我們三千個人的古怪（沒錯，是古怪）自尊心。這個團隊需要這樣的向心力以克服難關。而我們還真的遇到了難題。

在我被委任為倫敦大學學院教師的那一年，學院的高能物理團隊召集人是瓊斯。瓊斯身上有數不清的精彩故事（很多和歌劇演唱家有關），而且他也幫威爾斯語字典添上了幾筆新的粒子物理學名詞。瓊斯的事蹟中有一項是爾灣－密西根－布魯克海文實驗（Irvine-Michigan-Brookhaven experiment），這是一座裝滿水的質子衰變偵測器，位在一處鹽礦中，瓊斯曾在這裡工作。在首次注水的時候，腔體漏水，溶掉好多的鹽礦，這位博士未來成為顯赫國會議員或其他職業的夢想幾乎也隨之沉入水底。第二次注水時，偵測器的水體不知為何，竟然和高度相差四百九十公尺的地表某處化糞池建立起虹吸現象，流進的汙染物大幅降低了水體的可見度。終於，他們在第三次注水時成功了，可惜並沒有找到質子衰變事件。這看起來並不是實驗團隊能力不足，而是因為質子就是剛好沒有衰變。

要在遭遇這類的困難時同心協力，需要每一個人都參與工作，而對科學家來說這就是為什麼要列作者名單的原因。最後，爾灣－密西根－布魯克海文實驗的計算結果指出，如果你想見到某顆質子衰變，至少要等宇宙壽命的十的二十三次方倍這麼長的時間，此外他們也確實觀測到了編號一九八七a的超新星爆發放射的微中子。這次的爆發（發生於一九八七年，就像編號說的）是科學家首度觀測到來自太陽系外的微中子。爾灣－密西根－布魯克海文實驗也發展出很多的實驗技術，後來由日本的超級神岡探測器（Super-Kamiokande experiment）改良沿用；超級神岡探測器日後成為第一座觀測到微中子震盪的實驗儀器。（參見5.5節）

談到宙斯和超環面儀器，我很幸運能參與這兩個重要的粒子物理對撞機最初的實驗過程。我在宙斯團隊做博士研究的第一年時，實驗數據感覺離我非常遙遠。這年的生活都是難以理解的程式碼、充滿縮寫名詞的會議、還有每幾周就會落後一整個月的行程。（有人跟我說）宙斯團隊的英國軟體會議就像場戰爭：在長時間乏味的過程後，會突然出現激烈的衝突。在我一些資深的同事為了令人費解的軟體絞盡腦汁時，宙斯的中央粒子軌跡偵測器氣體外洩，可能再也無法運作了。中央粒子軌跡偵測器是英國政府對宙斯團隊主要的貢獻，還是**所有物理必不可少**的——我們把這句話印在額頭上，好加深政府補助金小組對這座儀器的印象。強子電子環狀加速器起步得有些遲了，而且進度比原先計畫的還要慢；雪上加霜的是，在我們實驗的時候，中央粒子軌跡偵測器還缺少了很多電子元件。幸好氣體外洩問題後來終於解決了，電子元件也全都到齊。最後，偵測器順利運作了十五年之久，表現非常出色。宙斯實驗（和一起競爭的H1團隊）為大家帶來豐碩的質子內在結構知識，大大提升了我們對強核力（量子色動力學）的認識。

當然，大型強子對撞機在剛起步的時候也遇到了嚴重的挫敗，鬧得沸沸揚揚的。團隊的成員、以及他們那冗長得很誇張的作者清單總是形影不離，一起走過這些大風大浪。

就是這樣，我的名字出現在數百篇論文上，而我對這些文章的貢獻程度有的很大、有的則微乎其微。當然我也有特別喜愛的幾篇論文，我對自己寫的一字一句、每張數據圖與想法、以及實驗結果，全都瞭若指掌。

這些論文更以大型強子對撞機剛啟動時寫的兩篇文章為首，都非常特別。被引用數最高的「論文」有部分內容由我撰寫並編輯，文中不但沒有真正的數據、原創的理論，甚至從來沒有發表在期刊上。這是一部一千八百五十二頁的巨著，裡面有操作超環面儀器的預備學習內容。這本書的用處很大（雖然有些過時了），被引用非常多次，可見眾人對超環面儀器抱有極大的興趣。從這點看來，這篇文章確實有資格榮登冠軍寶座。

緊追在後的是宙斯團隊發表的一篇文章，這回是真正的論文了。我們測量了對撞實驗生成的兩種粒子——電中性K介子（kaon）和質子兩者相結合後的質量，並發表結果。電中性K介子是（很像π介子〔pion〕的）一種介子，也就是說，它是由一個夸克和一個反夸克相結合而成的；電中性K介子的組成是奇夸克和下夸克。

我們之所以會進行這項實驗，是因為有其他團隊在結合中子和帶電K介子時，見到質量分布圖中有一個峰值；這可能是世人首次觀測到的，一個由五顆夸克組成的強子。在標準模型中，大家熟知的強子要不是由一個夸克和一個反夸克組成（介子）、就是由三顆夸克合成的（重子）。如果這個峰值真的是五個夸克的合體——五夸克態（pentaquark），就可能代表：

一、物理界有大新聞了！

二、我們實驗的質量分布圖應該也要有一個相似的峰值。

而最後實驗的結果中真的有一個峰值，雖然在統計方法上這個數據還不夠顯著，而且它也沒有剛好在一樣的位置上。無論如何，我們達成了目標，並發表觀測的結果；而因為這個結果剛好在物理學界的一股熱潮中出現，我們的論文被引用了非常多次。不幸的是，後來大家發現這個像五夸克態的東西可能只是個假訊號。也許那個峰值確實存在，但應該是其他不怎麼有趣的事情造成的。反正就是這樣。

接下來就是很多篇讓我更高興的論文，有一些我已經提過了。其實我在這裡要強調的是，拿被引用數做為論文優點的指標其實會有風險。如果非得捨棄一些論文的話，我情願先拋棄地位最高的兩篇，留下後面十篇大部分的文章，因為後者有更多的實驗數據和原創想法，更能提升我們的物理知識。

行星繞著太陽轉的這個概念目前最早可以追溯到古希臘的阿里斯塔克斯（Aristarchus）。就連哥白尼（Copernicus）的日心說也被大眾冷落了很多年，現在大家公認這是歷史上第一個被世人接受的日心模型。如果拿被引用數來評估哥白尼和阿里斯塔克斯的升遷和贊助的話，他們應該會一生都在泥淖裡掙扎。

有時候我真的不懂，為什麼有些人的研究會一夕成名，有些人卻因為外界長年漠視自己很棒的點子、或重要的實驗結果而備受煎熬。我常常想說，一個計畫的成果受世人關注的程度，受其名稱的影響程度有多大呢？或許一個既難忘又琅琅上口的名字會有幫助。那麼怎樣才稱得上是個好名字？粒子物理實驗計畫的名字大致上能分成兩種：花俏的名字、或是單純的字首縮寫。有些時候會兩種混用，但這並不常見。

大型強子對撞機（LHC）明顯是第二類。大型（Large）、強子（Hadron）、對撞機（Collider）。取這個名字真的是「名副其實」，只要你知道對撞機很龐大、強子很微小、又能拼出正確的全名。

緊湊緲子線圈（CMS）的名字也是同一類。英文全名是 Compact Muon Solenoid。這座儀器實際上長二十一公尺、截面大小為十五公尺乘十五公尺，但和超環面儀器相比，緊湊緲子線圈還是比較小（Compact）。

超環面儀器（ATLAS）就不一樣了，這是個花俏的名字，真的。雖然我們也可以把它硬拗成縮寫——A Toroidal LHC ApparatuS。如果你問我，我會說這麼做很古怪。你還是先別管這些了，到外頭去炫耀說這希臘神話的典故*引用得有多麼棒吧！

至於強子電子環狀加速器（Hadron Electron Ring Anlage，ＨＥＲＡ），這是個很得體的縮寫，又經典、又琅琅上口，它有個實驗計畫叫作Ｈ１。按邏輯推演的話，另一個計畫應該要叫Ｈ２，但我猜應該是有人抗議，才改稱為宙斯。這些名字的確很博學多聞，卻稍微透露出一點佛洛伊德所說的性欲的蹤跡†。宙斯偵測器擁有先進的量能器，裡面有很多個閃爍體和我們從美國借來的耗乏鈾（實驗結束後就寄回去了）。Ｈ１選擇宙斯（ＺＥＵＳ）做為二代計畫的名字有個幽默之處，因為ＺＥＵＳ也可以是「沒有和鈾閃爍體在一起的經驗」（Zero Experience with Uranium Scintillator）這句話的簡寫‡。聽到這個笑話大家都樂不可支。不過Ｈ１的量能器運作良好，所以誰在乎呢？

這個玩笑說明了一件事情，只要絞盡腦汁，你就可以把幾乎所有的名字都變成簡寫。就連愛麗絲（ＡＬＩＣＥ）也可以是大型離子對撞機實驗（A Large Ion Collider Experiment）的簡稱了（實際上取得還不錯）。不過這種做法還是有極限的。我有一篇時常被引用、而且自己還滿喜歡的論文，就有解釋過這個問題。

回到一九九三年，福肖和我把一些宇宙射線的計算結果輸入一個程式，模擬多個夸克和膠子的散

---

*譯注：阿特拉斯（Atlas）是希臘神話裡的擎天神，反抗宙斯失敗，被處罰去用雙肩支撐整片天空。

†譯注：希拉（Hera），宙斯正妻，希臘神話中之天后。

‡譯注：指Ｈ１偵測器沒有用到鈾閃爍體，但是宙斯偵測器有。

射事件。我們沒辦法立刻想出合適的名字來稱呼這個程式，總不成叫它「FORTRAN 77 程式語言」，這個名字很糟糕，所以就把這個工作計畫稱為「吉米數據產生器」；這聽起來有趣、又琅琅上口。大家相信之後一定能幫吉米找到對應的意思，或是想出更好的名字。這個程式後來一直沿用下去（西摩給了些幫助，他在一九九六年和我們一起發表論文）。在大型強子對撞機運作的頭三年間，吉米數據產生器是用來模擬對撞機強子環境的主要程式之一，我曾在很多場嚴肅的成果發表會靜靜地坐在椅子上，看到「吉米」在很多張重要的數據圖上露臉。西摩、福肖和我合作的論文是我至今被引用數最多的一篇，而這個程式仍然叫作吉米數據產生器。我還是不知道吉米是什麼意思。

## 3.7 洋蔥的下一層

我在2.6節介紹過什麼是量能器，它在偵測器的「圓柱狀洋蔥」高科技結構占了一、兩層；超環面儀器和緊湊緲子線圈都是以這樣的層狀結構，包圍住大型強子對撞機的質子對撞處。每一層儀器負責收集對撞產生的粒子重要資訊、種類各異，科學家再分析數據去研究結果背後的物理機制。

量能器測量在其內部停下的粒子所放出的能量大小——按照設計，量能器能處理的粒子數量非常可觀。緊湊緲子線圈的鎢酸鉛結晶、超環面儀器的液態氬都盡可能取用最大的密度，好讓量能器能擔此重任。緊湊緲子線圈的鎢酸鉛是個很理想的材料，和玻璃一樣透明、卻重上好幾倍。緊湊緲子線圈的遊客中心裡展示了兩塊晶體，一個是玻璃、另一個是鎢酸鉛結晶。雖然兩種結晶看起來一模一樣，當你拿起來掂掂看時，卻能明顯感覺到兩者重量的差異*。就算事前已經知道會有差別，實際感受起來還是有些不可思議。這種結晶還有個額外的特性是它對X射線的吸收率非常高：布里頓是我現在超環面儀器的同事，以前有一陣子在倫敦帝國學院的緊湊緲子線圈小組工作過，他跟我說過一件趣事：有一回布里頓把幾塊鎢酸鉛放在手提袋裡，要從歐洲核子研究組織帶到倫敦做測試。結果提袋在通過X光掃描機的時候，裡頭的鎢酸鉛看起來就和鉛塊一樣。檢查員確認行李的內容物時，發現原來袋子裡的透明結晶就是剛剛掃描器顯示的鉛塊，覺得非常難以置信。

但事實就是如此。鎢酸鉛擁有很高的密度，和許多適合做為量能器的材料一樣。強子、光子、電子——所有的粒子都會被它擋下。已知的兩種例外粒子分別是緲子和微中子：緲子能通過量能器、只會釋出一點能量；而微中子則是一點痕跡都不留。科學家可以晚一點追蹤緲子，對微中子卻完全沒轍，頂多只能透過動量不守恆的結果去推測說事件中有微中子生成†。

不過，雖然絕大部分的粒子都可以用量能器來測量能量，科學家手上的資訊還是不夠多。這時候就輪到偵測器內層的儀器上場了。這些設備能告訴我們粒子在誕生到撞上量能器的過程中，實際走過的精確路徑。

---

*編注：鎢酸鉛比玻璃重三倍多，甚至比鐵重一點點。

†編注：當初包立（Wolfgang Pauli）觀察到β衰變事件中動量似乎不守恒，斷言有某種中性新粒子存在。微中子（neutrino）的名稱由費米（Enrico Fermi）提出。

粒子路徑資訊能幫助科學家達成一些目標。舉個例子，大家通常都保守估計粒子都是在大型強子對撞機的質子束相交處附近生成的，但這個範圍有點太寬鬆了。我們很希望能知道準確的粒子生成位置，最好是在實際地點幾十微米的範圍內。接著只要整合粒子初始位置和量能器量測值這兩項資訊，就可以確切得知粒子的移動方向和能量大小。

還有一件事。通常都會有好幾個質子對撞事件在同一個時間發生，我們稱這種現象為「事件積聚」。會出現這樣的情形，是因為粒子束的密度很高，這對於提高光度的確很有幫助。然而，「事件積聚」會讓人感到困惑、是個麻煩，因為大家想要觀測的是單一對撞事件生成的粒子。如果有辦法能追蹤一個粒子的軌跡，找到它生成的作用頂點（vertex），我們就可以把同時產生的其他粒子扔到一旁，專注於研究這個事件。

我們也可以分辨粒子是否是直接從對撞的作用頂點飛出，還是另一個粒子生成後飛行了一小段距離，再衰變而來的，這稱作「次級作用頂點」（secondary vertex）。濤子以及含有底夸克的強子一般都會很快就衰變、產生次級作用頂點。偵測這些粒子對許多量測實驗非常重要，上述這兩種粒子都是標準模型希格斯粒子能衰變成的大質量粒子（除非希格斯粒子質量非常大，它才會衰變為頂夸克）。假使希格斯粒子的質量是某些可能的值，想要偵測到它，偵測濤子與底夸克便是很關鍵的一步。

最後，只要外加磁場，就可以根據帶電粒子的軌跡曲率去算出它的動量，而大家實際上就是這麼做的。在磁場中，高動量粒子會以近乎直線的路徑行進；相反地，低動量粒子的軌跡會彎得很厲害。而所有粒子中動量最低者甚至會沿著圓周不斷繞行。

基於以上的原因以及其他需求，我們為粒子軌跡偵測器打造出內層儀器。這層儀器主要使用的科技是矽。矽是一種半導體。

在一個孤立的原子內，電子會被原子核束縛住。電子的能量階層是離散的。科學家之所以會明白這些事情，是因為我們觀察到這些電子會在能階之間跳躍，同時放出、或吸收帶有不同能量的光子。每個光子的能量都會對應到兩個能階之間的距離。實際上，只要觀察原子吸收和放出的光子，我們就能推算出材料中的原子種類為何。這屬於光譜學（spectroscopy）的範疇，而科學家便是利用這門學問來研究恆星的組成，我們甚至不需要親自飛到星星上頭。

這些能階是量子力學方程式的解，波耳在他的原子模型中假設的離散電子軌道，便是這些方程式的運算結果。波耳的原子模型是歷史上第一個正確描述原子核與電子之間根本關係的理論，對這個模型的了解也是量子力學理論發展過程中不可或缺的一「階」。

有點離題了，總之，一個孤立原子內的電子會被緊緊抓住。如果你把非常多個原子靠在一起做成材料的話，又會發生什麼事情呢？

假使這塊材料是絕緣體，就沒什麼事會發生。電子還是會困在各自的原子裡頭。然而在某些材料，好比金屬中，相鄰原子的高層電子能階會互相合併在一起。這代表高層電子可以自由自在地在材料內四處移動、而且不用改變能量。因此這些電子可以形成電流。這就是導體。

而半導體，就像你可能已經猜到的，是個介於兩者之間的材料。實際上，一塊純的半導體，好比矽，其實是絕緣體。部分的能階雖然合併在一起了，上頭卻沒有任何電子，自然就無法產生電流。不過，如果純半導體材料裡面有一點雜質、或是缺陷的話，就會有一些電子能逃到合併的能階上，而有機會生成電流。科學家只要謹慎地摻入雜質、就能精確調控這個效應。這就是整個電腦工業背後的物理學。矽晶片是含有雜質的半導體，是超精密電子電路之母；我現在打在螢幕上的這句話的每一個單字，都是矽晶片的功勞。

粒子物理實驗的半導體偵測器應用了相同的效應。當帶電粒子穿越半導體的時候，它可能會撞到材料中的電子，提供少量能量讓電子躍遷到合併的能階上。我們在半導體兩端施加電壓，引導電子流動形成電流，接著再計算電流內的電子數量、並推算出電子從何而來。這些資訊可以告訴我們哪個地點剛剛有粒子經過，接著統整許多這樣的「撞擊」事件後，便可以描繪出這個粒子的軌跡了。

上述的半導體偵測器在至今所有的粒子追蹤科技當中，不但是最先進的，還是目前最合適的技術，因為它的反應速率非常快（這很關鍵，畢竟大型強子對撞機的撞擊頻率很高）、而且測量的結果非常精準（粒子經過地點的偏誤範圍不超過數十微米），還有，這種偵測器只需要一點能量就可以釋出電子。

最後一點格外重要，因為對撞粒子產物最初的能量大小是我們想要測量的目標。粒子每次撞擊偵測器的材料時，能量都會改變，使粒子初始的能量和方向變得有點不易掌握。每一回粒子貢獻能量讓電子擺脫束縛，都會讓自己的初始能量及方向更難預測。請不要忘了，這一切都發生在粒子抵達量能器、我們把它的能量記錄下來之前。使用半導體做為材料，就可以更有效率地產生電子，所以我們只需要很少的材料、就能準確量測粒子初始的能量和動量。

就算粒子的散射現象和能量損失真的很小，如大家所願，大家還是必須對偵測器有所認識、並校正儀器，好確切得知這兩項因素的影響程度。在建造偵測器的時候，我們會一邊記錄哪裡裝了多少材料——不只是半導體感測器而已，還有數據傳輸線、機械支撐結構、以及高壓電纜。偵測器也須要保持低溫（否則熱能可能會幫助電子脫離束縛、放出假訊號），因此會有一整組設備專門用來冷卻偵測器，像超環面儀器就是用 $C_3F_8$（八氟丙烷，一種氟氯碳化物）來當冷卻劑（冷媒）——我們可沒有讓這種東西跑上臭氧層*！

我們在偵測器建設時收集的所有資料，都會用程式編入偵測器的一個計算模型中。有一個叫作GEANT†的開源軟體計劃，最初是由歐洲核子研究組織發起的，而現在已經有許多團隊一同合作開發。GEANT是一個模擬套件，可以整合儀器的材料與幾何結構，模擬出各種粒子和儀器、或是與電磁場之交互作用。今天，GEANT有非常廣泛的應用，從太空科學到藥學都有。在我們利用這個套件去剖析超環面儀器觀測到的事件時，達奈爾也在遠處倫敦大學學院的走廊底端，研究火星上的任何微生物要躲在多深的地底下才不受宇宙射線危害。

---

* 編注：精確而言，八氟丙烷是不含氯的氫氟碳化物（HFCs）。氟氯碳化物破壞臭氧分子的原因是與紫外線作用後會產生氯或溴原子的自由基，自由基催化大量臭氧分解成氧氣。但氟與碳原子之間的鍵結太強，紫外線不足以打斷它。總之氫氟碳化物，例如上述的八氟丙烷，因為不含氯或溴原子，故不會損壞臭氧層。但它們仍然是強力溫室氣體，不能濫用。

† 譯注：全名是 GEometry ANd Tracking，代表「幾何結構與軌跡追蹤」。

這些半導體偵測器只會記錄到攜帶電荷的粒子。舉例來說，中子和光子就不會出現在紀錄上。然而，想要判別GEANT是否真的有正確模擬出偵測器的結構，光子會非常有幫助。

有些時候光子會和材料交互作用（如果材料的量很多，光子便幾乎一定會和它反應；這很好懂，畢竟這就是在更緻密的量能器中發生的現象）。其中一種反應是光子轉變為電子正子對。電子和正子都有帶電，所以我們能夠在這些粒子盤旋遠離彼此時追蹤它的軌跡，也因此可得知電子正子對從何而來。如果你讓夠多的光子射入偵測器的話（大型強子對撞機就有這個能耐！），便可以根據生成電子正子對的作用頂點紀錄建構出偵測器的材料分布情況，因為材料的緻密程度和作用頂點的數量成正比。如果一個區域的材料量愈大、與光子反應的機會就愈高，於是粒子對的作用頂點便會愈多。

這個辦法幫助我們鉅細靡遺地畫出整個偵測器的結構圖，成果令人驚豔；你可以從點狀圖（每個點代表一個作用頂點）看見矽晶片偵測器的組件、冷卻管、電纜，以及碳纖維支撐架構。我們也可以用程式來模擬出同樣的偵測器結構，來檢驗大家是否真的了解自己在做的實驗；如果有問題，就可以修改模擬的儀器。

二〇一〇年九月，我在拉塞福－阿普頓實驗室一場會議中報告這些事情。這一天以福肖的談話收尾，他暢言道如果我們打破砂鍋問到底，一個粒子的**真正**面目究竟會是什麼。那是在一間酒吧裡，已經是凌晨三點鐘。我一點就上床睡覺了，所以沒聽到他講的大部分東西，現在也還是一無所知。

不過，八九不離十，他的話和這些儀器結構圖上的點點線線脫不了關係。

## 3.8 走入未知的世界

大型強子對撞機對新物理真正展開探索的第一篇論文，在二〇一〇年八月十三日由超環面儀器提交給 arXiv 和《物理評論通訊》期刊*。

在此之前，已經有人發表了一篇論文（緊湊緲子線圈）介紹七兆電子伏特粒子對撞實驗的最小偏差結果。（參見2.1節）那是大型強子對撞機的第一篇高能實驗論文。此外，先前也有很多根據對撞機初始實驗結果寫成的文章。不過超環面儀器的這一篇論文已經過關斬將到論文認證流程（參見3.2節）的第十三個步驟，被我們團隊視為「最終結果」了。這次發表的是首次超越兆電子伏特加速器能量紀錄的夸克、膠子撞擊結果。也是在這一刻起，物理學家能昂首闊步地跨入嶄新的領域。

這篇論文設下了排除極限，換句話說就是大家在這一批實驗中沒有見到意料之外的現象†；不過，這些結果拓展了科學家的知識疆域，加深我們對更高一級能量下基礎物理的認識。未來還會有更多的實驗數據、而測量結果也會更加準確。在眾人的熱情推動下，這場探險之旅已經揚帆啟程了。

---

*原注：參閱網址 arxiv.org/abs/1008.2461。

†譯注：如果在某個質量區間內，量測到的結果和標準模型預測的一模一樣，就代表希格斯粒子應該不會在該區間出現，因此我們「排除」了這個區間。而所謂的「排除極限」便是這個區間的上下界。作者會在之後的章節，特別是5.7節更仔細地說明這個名詞代表的意義。

## 【科學解釋6】

# 規範理論

「規範對稱」（gauge symmetry）是標準模型的核心概念，所以我想要試著解釋它的觀念。但老實說，雖然我很清楚規範對稱背後的數學，我還是很難在心中找到一幅直覺的圖像代表它。本書中所談到的大部分內容，在我的腦海中的確都有對應的圖像，這正是我理解物理的方式。可惜的是，我還沒有想出規範對稱的直觀詮釋，至少現在不行。因此請容我一邊談這個觀念、一邊替它發明一個直觀的圖像。

假設現在有一張斯諾克球桌，如果你是美國人，就想成撞球桌。接著再想像桌上的球正在相互碰撞、四處移動。這些球會遵循牛頓力學，緩慢地沿著固定方向以等速率移動、直到撞上其他球或是桌邊的顆星邊而反彈。所有的球都會因為摩擦力而耗損動能、不斷減速，最後靜止不動。

描述這些球的行為的物理方程式有一種對稱性。實際上這些方程式擁有好幾種對稱性，但現在只要先考慮其中一個就好。假設我們現在把撞球桌提高五十公分，現在可能有點不容易打撞球，但只要桌子的每一處都上移同樣的距離，一樣平坦且等高的話，就絲毫不會影響桌上的球的交互作用與移動方式。

這就是「總體對稱」（global symmetry）的例子。意思是某個變數在所有地點的值（像是桌子的高度）同時間一起（總體）改變後，物理系統（桌上的撞球）並沒有可觀測的變化。

今日在人類所了解的宇宙物理機制中，也有這樣的對稱性。我不久後就會講到一個實際的例子，但目前我們還是先繼續探討當前的情境。如果撞球桌是整個宇宙，所有參數要同時改變的這件事想起來真的有點奇怪。實際上狹義相對論問世後，我們連「同時」的意義都說不清楚了。因為沒有任何東西可以比光速還快，並沒有絕對的定義能說怎樣才算是所有東西「同時」改變。時間決定於速度，所以在撞球桌上，如果各處的變化對一個觀測者是「同時出現」的、另一個觀測者卻可能覺得變化是沿著桌面「依序」發生。然而，支配撞球運行的物理定律和觀測者的速率應該要毫不相干才對，所以總體對稱這個概念真是疑竇重重。換個講法——如果這張撞球桌有一百光年這麼長，要是我把桌子的一端抬起來，另一端的人最快也要等一百年才會知道這件事，因為沒有事物能傳遞得比光速還要快。

那麼，我們來試著想想看更廣義的對稱性吧！現在假設物理定律是在**局域**、而不是在總體的高度改變下保持原貌，也就是具有對稱性。如果有人抬高撞球桌，有些觀測者可能會認為所有的桌面是一起提高的，有些觀測者則會見到有時一部分的桌子會比另一部分還要高。無論如何，所有觀測者見到的物理定律都必須是相同的。在這樣的條件下會有什麼結果呢？

嗯，很明顯我們會見到一些球順著斜坡下滑、或是在爬坡時速率減慢。如果桌上有個坑的話，撞球就會滾進去、速度愈來愈快，最後聚集在底部；如果有一座小丘，球則會滾離突起處。這些都是可觀測的現象差異，牴觸了我們對物理定律的要求：對所有觀測者都要保持一樣的形式。因此，如果要讓每個人見到的撞球運動都一樣的話，就要引入一些等效作用力在撞球身上，好讓它可以翻過山丘和穿過谷地——這就是規範作用力（gauge force）。

這並不是個完美的類比，從來沒有任何類比能辦到這件事。不過，找到總體對稱並把它局域化的這個技巧，被稱作是在「規範」（gauging）對稱性（我現在還是不懂這麼叫的原因）。這件事真的非常有用、而且威力無窮。現在舉個現實世界的例子，這和行為很像是波的粒子有關，所以比撞球的案例更複雜一些；不過這不再只是個類比，而是真的能應用在理論中來描述物理；這些理論可以非常精準地描述真實的世界。

電子的行為像是波。所以電子有波峰和波谷，也有相位能讓你知道一個波峰（或波谷）什麼時候會到你這裡。如果兩個電子的波峰和波谷各自重疊、找到一個電子的機率就會加倍。反之，若是一邊的波峰和另一邊的波谷疊在一起，兩者就會相消，你就找不到任何電子了。

很重要的關鍵在於，實際上唯一會讓結果改變的只有電子**相對**的相位——兩個波是否有對齊？如果你在同一時間，把全宇宙電子的相位都改變相同的量，絕對不會有任何事情發生。這就和你在抬高撞球桌時保持桌面平坦一樣，是另外一種總體對稱。在群論（group theory）中，電子的相位變換甚至有個名字，叫作 U(1) 對稱群。實際上就像我在介紹諾特定理時（參見3.5節）說過的，U(1) 對稱會引進一個守恆量，而大家發現這裡的守恆量就是電荷本身，真是個了不起的結果。

而就和撞球桌的例子一樣，想像全宇宙的電子在同一時間改變相位是不切實際、甚至是毫無意義可言的做法。因此我們應該要考慮的是讓各個地方的電子相位改變不同的量。由此可見，大家要注意還缺了什麼條件，才能讓物理定律在電子相位如此改變後仍保持原樣。就像撞球桌的情況，只要引進一種作用力便能達到目的。實際上，如果你希望自然界反映出這種 U(1) 規範對稱性的話，就必須引進一種特定的力：電磁力。用量子場論的語言來描述，這就是一種規範玻色子——光子。

在電子的例子中，我講的字字句句都是規範對稱背後的數學；這不只是個類比，而是用語言來闡述方程式的意義。規範對稱真是個漂亮的性質。

除了 U(1) 之外，還有各式各樣的對稱群。好比從 SU(2) 對稱群延伸出的規範對稱引進了W和Z這兩個玻色子。用 SU(3) 對稱群的話則會得到膠子。這是為什麼光子、W玻色子、Z玻色子、膠子全都被稱作規範玻色子（但希格斯玻色子並不屬於此類粒子，它很獨特、不是從規範對稱得來的）。而這也解釋了為何在科學著作中，標準模型會被稱為 U(1)×SU(2)×SU(3) 規範理論。這也是為什麼物理學家有時就像是被對稱迷了心竅一樣——對稱既美麗又強大、而且非常有用。

就算我的圖像沒有辦法說服你，我還是希望你能了解這裡所談的重要概念：標準模型的所有作用力都一定會有對應的局域規範對稱，因此傳遞作用力的玻色子也是規範玻色子。

# 第四章 標準模型

二〇一〇年十月到二〇一一年四月

## 4.1 科學很重要

二〇一〇年十月，我參加了一場遊行，上一回已經在二十多年前了。先前的遊行要不是為了廢除柴契爾夫人的人頭稅政策、就是想要保住學生的助學金。要是把兩次抗爭的結果平均，我的成功率是百分之五十*。或許我在這兩次遊行之間還有參加別的活動，這次我們是為了科學而上街的。

就算科學家自己會形成一個社群，這個社群向來很少因為政治因素而公開動員。有一些科學家本身對政治抱有熱忱、有幾位是政府的科學顧問，想當然之前也有些人曾組成遊說團體、為研究資金發聲。然而我並不認為這個由委員會組成的科學家聯盟，曾有過站在財政部前面的白廳大道上，呼籲單一訴求、公開示威的經驗。

這次的情況很不尋常。「科學很重要」遊行是由羅恩和「科學與工程行動」組織（Campaign for

---

*編注：人頭稅政策引起強烈民意反彈，柴契爾夫人當年因而下台。

Science and Engineering，CASE），以及其他的同路人共同發起的；羅恩當年是倫敦大學學院的生命科學研究員、也是一位作家。舉辦遊行的人之中，有一些是我在誹謗法改革運動時就認識的，長期以來他們都身體力行支持科學。像是前自由民主黨黨員哈里斯，以及暢銷書《小心壞科學》（*Bad Science*）的作者高達可（Ben Goldacre）。誹謗法改革運動現在還在持續進行著，不過已經少有示威活動了。

雖然我只有參加遊行、沒有一起籌備，就我看來這次活動呼籲的主題選得非常合時。英國現在正處於經濟危機時期，而新的政府才剛上任。因此，所有人都知道不久之後政府就會開始刪減支出了。前任英國政府有很多支持科學的政策，在科技與創新大臣盛伯理男爵大力推動下，大部分的政策都付諸實行。不幸的是，二〇〇六年盛伯理男爵卸任後，相關的計畫便停滯不前了。尤其在粒子物理學、天文學兩個研究委員會整併成英國科學技術基礎設施委員會後，兩者的預算都被大幅縮減。接續的兩任大臣看來要不是不在意這件事、就是無能為力。

身為一位粒子物理學家以及英國科學技術基礎設施委員會的幾任委員，我見證了這一切、也親身經歷這漫長又痛苦的過渡時期。這段時間還是有個很棒的回憶，二〇〇八年七月我拜訪了當時的內閣大臣鄧俊安，這是我第一次見到希格斯（Peter Higgs）本人。希格斯滔滔不絕地談論著基礎物理研究有多麼重要，而鄧俊安和時任科學大臣的皮爾遜很專心地聆聽、並與我們討論，態度謙和有禮。另一方面，我也走過了很多低潮。經過大概三年的衰頹時期，新委員會設立以來的第三任科技大臣德雷森勳爵上任後，訂定了新的制度。雖然預算縮減造成的損失無法回復，他還是解決了部分造成本次財務危機的組織性問題。

在這場夢魘結束之後，粒子物理學和天文學兩個社群急切地想要告訴政府他們的研究經費長期被嚴重刪減，就連在金融危機來臨之前也是；此外，大家也希望德雷森勳爵的好政策可以延續下去。而其他領域的科學社群，雖然沒有和英國科學技術基礎設施委員會遭遇一樣的困境，也會憂心說在艱困的時期，政府是否會把基礎研究當作負擔不起的奢侈品、而不是可以協助紓解困境的重要投資對象。

這次的經歷讓我明白若要發表自己的想法，可是有各式各樣有效的圓滑手段可以運用。透過智識上的辯論說服對方、或是在討論中提出證據建立事實，是一個方式；吸引眾人的注意力、讓大家對你的論點有所回應，則是另一種方法。因此我選擇上街遊行。我們要讓社會大眾和政治人物知道英國的科學實力能帶來既珍貴又脆弱的瑰寶，更廣泛地說，這實際上包含了研究與教育兩個面向。想達成這個目的，只是關起房門與政治人物討論是遠遠不足的，就算與會的科學家再怎樣赫赫有名都一樣。社會大眾必須認識問題的所在、而政治人物也應該要明白每一位國民都聽見問題了。我們這群科學家再也不能承受沉默帶來的後果。

在我還是個博士生的時候，我在宙斯偵測器排了個晚班，叫做「安全輪值」，當時偵測器才剛開始記錄數據沒多久（在一九九一年）。宙斯是個巨型的粒子偵測器、高約二十公尺，大部分的機身都被水泥外牆圍住。安全班很適合經驗不足的研究生，我只要每個小時一成不變地四處巡視儀表盤、在核對清單上打勾，見到任何可疑的地方時向值班主管報告就行了。

就在某天我值晚班的時候，有人發現宙斯的水泥圍體底部在漏水。這是件很糟糕的事，滲水可是會嚴重損毀眾人花了數年打造的精密儀器。

大家急忙起身處理問題。水已經關掉了，打開水泥圍牆的程序也已啟動，好幾位資深物理學家趕來、正在和值班主管一起討論應變對策。

就在大家忙得焦頭爛額的同時，輪值安全班的我起身去執行無聊的差事。我在巡視的時候，我注意到「旅行包」（rucksack）（裝滿高速電子元件、金屬外殼的儀器，有三層樓高）有一兩個溫度儀表的讀數稍微超過了容許範圍。於是我再次下樓回到控制室。照規矩來說，我應該要回報這個異常現象。但是每個人真的都在忙重要的事。我該怎麼辦呢？

從二〇〇七年開始，我們的經費改成由英國科學技術基礎設施委員會分配，而宙斯偵測器也在那時開始出現漏水問題。從那時到二〇一〇年的「科學很重要」遊行間，政府總共刪減了四成左右的研究資金。我自己也曾擔任幾次委員會的委員，要想辦法剔除幾個優秀的研究計畫，好挽救其他的研究。這個工作讓我備感壓力、而且很不愉快，往往「最佳」的決定都還是糟糕透頂。

參與這次遊行的民眾提出請願書、而政府也召開了幾次特別委員會回應訴求，此外還有其他相關的活動。而在這個紛紛擾擾的時期，一些對科學政策有重要影響力的人物不斷地在幕後擾亂科學家的注意力，講一些話像是：「別大驚小怪了，政府已經了解問題、也會想出對策。這些抗議行為只會有負面影響。」

有時候我們其中一些人真的會相信這種說詞，沒有發現這些政客的目的只是要打壓反對的聲浪，一邊貫徹自己訂定的政策。沒有錯，大吼大叫本身的確沒辦法解決任何問題，而謾罵通常也帶有負面的效應；嚴謹、合乎邏輯，且基於有力證據的論述才是大家所需要的。但我明白，默不作聲一定會讓自己的訴求被人忽視。

同樣的，有些人在心底焦慮著：「難道你真的想要社會大眾知道，科學家在天文和粒子物理這類的研究上花了多少錢嗎？當然**我們**自己知道這些研究對社會不是一無所用，但**民眾**是不會了解的。如果讓外界覺得我們是在小題大作的話，就會再也**籌措不到**資金了。」好在大家沒有相信這種話。另外，我們這次遊行並不只是在和大眾訴苦，說研究資金被砍有多可憐而已；科學界最近有很多令人興奮的成就。大型強子對撞機就是個大新聞了，此外還有很多好消息，好比普朗克衛星（Planck satellite）在二〇〇九年升空*，而卡西尼號探測器在抵達土星的衛星後，也回傳了不少精彩的影像†。社會大眾對這次遊行的回響十分熱烈，就連在二〇〇八年對撞機損壞之後，一樣熱情不減，這讓我們有點訝異、也鬆了口氣。此外也有來自其他領域的科學家給予支持，他們現在擔心會遭遇相同的財務困境，一樣憂心忡忡，便和我們一起走上街頭。

回到宙斯偵測器的故事，我後來決定拍拍值班主管的肩膀，給他看我記錄的讀數。沒想到事情有了戲劇性的變化。主管見到讀數大吃一驚，趕忙跑出門外、爬上階梯，按下了「旅行包」全機組的緊

---

*譯注：歐洲太空總署的計畫，目標是收集全天的宇宙微波背景輻射。

†譯注：卡西尼－惠更斯號計畫（Cassini-Huygens）分成兩個探測器，卡西尼號負責環繞土星環和衛星、惠更斯號則會登陸土衛六。二〇一七年九月十五日卡西尼退役，以高速墜入土星，進行它最後的壯烈觀測。

急斷電鈕。他們先前只是關掉了冷卻水，卻沒有讓整座儀器停止運作。只要再多個幾分鐘，這座精密又昂貴的儀器就會燒毀，眾人多年心血的結晶也將付之一炬。

繼續埋頭研究有時的確是影響結果最好的方法，前提是你夠幸運、還有研究的空間。但如果一直保持沉默，不論發表多棒的研究成果，終究還是會無處可去、甚至走入死胡同。科學家應該要參與政策討論，不只是為了自己需要的研究資金，也為了改善科學和整個社會的關係。社會資助科學研究，研究回饋成果給大眾。

最後預算結果出爐了，科研資金雖然有被刪減，但是和政府大部分的支出項目比起來縮減比例較小。如果和當初有人預期的幾種結果相比，更是好上許多——原先大家擔憂新的政策會讓數百個研究職位、以及助學金蒸發，也將使我們不得不關閉英國幾個主要的研究機構，或是害英國打破和其他國家合作的承諾。有些人將這次相對令人滿意的成果歸功於「科學很重要」，認為這次遊行是政策轉向的主要驅力。雖然要明確知道遊行的影響有多大是不可能的，上街是大家的義務，而且我們真的辦到了。

## 4.2 科學委員會

身為科學家，抱怨科研資金的相關決策可說是種職業病。但相較於在一旁碎碎念，我情願參與其中（一邊繼續發牢騷）。這是為何我願意在很多研究委員會上花大量時間的原因；這種工作不但壓力很大，又很無趣——真是令人討厭的組合。但另一方面，你會從中學到不少關於事物如何運作的知識，又能認識很多風趣的聰明人，還有機會見識到不可勝數的優秀科學研究。有時，你甚至還有能力去投資這些計畫。

我在二〇一〇年十月的時候是英國科學技術基礎設施委員會的委員，有一回我們參訪位在牛津郡的哈威爾研究園區。此行共參觀了鑽石光源（參見1.1節）、一束巨大的雷射管、和伊西斯（ISIS）*。伊西斯是座環狀儲存器，負責提供很多科學應用所需的中子束。當時，伊西斯是其中一項我們有能力資助（至少部分開銷）的計畫。

中子是強子的一種；和質子一樣都由三個夸克組成。但不同的是，中子有兩個下夸克和一個上夸克，所以它不帶電荷（$-\frac{1}{3} - \frac{1}{3} + \frac{2}{3} = 0$）。一九三二年，查兌克（James Chadwick）發現了中子。要是沒有中子，原子核內的核子便不能牢牢結合在一起。中子也能使原子核分裂——這要看我們想拿它來做什麼，可以用來引發爆炸，或是讓發電廠運作。因為中子呈電中性，你沒辦法用電場去改變它的方向和速度。而中子雖然帶有磁偶極矩，卻微乎其微，讓我們很不容易用磁場導引它的方向。伊西斯的質子束撞擊標靶後會有中子飛出——這是在質子撞上標靶內的原子核時分裂而來的。

你可以放各式各樣的東西在中子束前面。再說明一次，因為中子沒有電荷，它會對環繞原子和分

*譯注：ISIS並非縮寫，伊西斯是一位古代埃及的神祇，她是亡靈和幼童的保護神，曾用魔法使她的哥哥奧西里斯（Osiris）復生。

子的電子雲視而不見，而只「看到」原子核。至於中子看到原子核的程度高低，則決定於原子核的種類。舉個例子，水分子由兩個氫原子和一個氧原子組成，中子被氫原子散射的效應十分顯著——它能極有效率地傳遞能量給氫原子：這主要是因為氫原子核只有一顆質子，而質子的質量和中子幾乎相同。就像兩顆質量相同的撞球迎面相撞時，入射的撞球會把所有的動能傳給另一顆球，自己則停在原地。這說明為什麼當我們用中子束去做研究時，水總是顯得特別清楚。

然而，鋁（和許多其他金屬）對中子而言就幾乎是透明的（中子與核子的散射截面值會因質量、自旋和核子的內在結構不同而有很大的變化）。有段有趣的影片可以幫助我們理解這個現象：觀察散射的中子，你便可以透視鋁製的摩卡壺，見到**裡頭**正在煮的咖啡*。此外還有比較正式的應用，像是觀察高科技引擎內的液體流動情形，以研究阻塞問題並改善設計。

除此之外，中子束還有一些其他用途。世界各地的科學家和工程師到此地應用伊西斯製造的中子。還有一項主要的商業應用是研究宇宙線射叢（Cosmic-ray Air Showers）對電子產品的影響；宇宙線射叢是高能太空粒子撞擊大氣層時產生的現象。

電子產品很依賴半導體。超環面儀器和緊湊緲子線圈內的軌跡偵測器便是個例子，半導體的電子只需要微幅激發，就能產生電流。這說明了為何半導體很適合用來追蹤粒子的軌跡。而透過精確操控電流的時間和走向，我們也能用半導體製造精密固態元件。世界上所有電子晶片的製造原理都是如此，其中有些還非常重要，像是用於飛機導航的晶片。不幸的是，這些精密晶片上的電子元件也會被恰好經過的粒子激發。一般而言，這些粒子並不是來自大型強子對撞機，而是宇宙線射叢（雖然在對撞機撞擊點附近的電子元件的確有激發現象）。這種程度的激發足以讓電腦記憶體的一個位元一變為〇。若這樣只會造成你的MP3播放器小小跳針一下，倒是沒什麼；但如果這會讓飛機的自動駕駛失控，可就大事不妙了。

想像一顆高能粒子從外太空進入大氣層。首先，它撞上了高層大氣分子，這很可能會讓氣體分子分裂成許多高速運動的強子，電子和光子。接著這些粒子再撞上其他原子，產生的碎片又繼續撞擊其他粒子。如此這般，一簇高速移動的粒子叢漸漸成型，衝向地表；隨著高度愈低，粒子數就愈多。最後在某個時刻就會達到射叢最大值——因為總能量分散給太多個粒子，許多粒子不再有足夠的能量撞碎原子了。隨後粒子的速度漸漸降低為零，不再產生任何原子碎片組成的粒子叢，因此射叢的粒子數開始下降。平均而言，射叢最大值剛好位於地表十公里處，通常是噴射客機的巡航高度；這代表飛機受到的宇宙射線轟炸程度，遠比在地表的人還要嚴重許多。

由此可見，你必須**確保**控制飛機的關鍵電子設備能應付這樣的情況。就算是在地面較少被轟炸的電子系統也一樣須要多加注意，特別是體積更小、運算速度更快的系統。想檢測你的電子設備在十公里高空的宇宙射線轟炸下，有多少的機率會故障，把它放到中子束下不失為個好點子，因為中子可以扮演最危險的宇宙射線。

我由衷開心能在二〇一〇年十月份學到這一切的知識。當時我也開始擔任超環面儀器標準模型小

＊編注：YouTube 影片標題為‘Neutron movie of coffee making’網址為 youtu.be/VESMU7JfVHU。

組的召集人，這代表我的飛航里程數會大幅增加，基本上到了每周要在倫敦和日內瓦來回通勤一次的程度。團隊成員當然會用視訊會議和網路討論事情，但若要正式協調當年這座大量產出論文的研究儀器的相關問題，邊喝咖啡邊談還是不可或缺的。

旅行一直以來都很令我著迷。老實說，我在年輕時會想申請研究助學金，一部分便是受到粒子物理研究的這點特徵所吸引。那個時候，我還沒搭過飛機，而我所有「出國」的經驗只有到威爾斯遠足幾回，和在諾曼第待過一天。現在，儘管旅行已是我日常工作的一部分，它的迷人之處還是不變。

在旅途的另一端有例行公事和工作，讓旅行有別於假日出遊。會議旅遊並不是一成不變的——地點常常既新鮮又刺激。不過有些大規模的實驗室，比如日內瓦的歐洲核子研究組織，漢堡的德國電子加速器，東京旁筑波市（Tsukuba）的高能加速器研究機構（KEK）和芝加哥的費米實驗室，就單純只是另一個工作的地方。我很高興自己不用像許多粒子物理學家一樣，得定期長途通勤。起碼在我用視訊讀床邊故事給孩子們聽時，我那裡也是晚上。

例行旅遊會帶給你一種非常特異的感覺，世界上不相連的各地雖然和家鄉的街道一樣熟悉，卻被廣大的未知地帶分隔。這對我來說滿詭異的，也讓我想起當年剛搬到倫敦時，我對地鐵地圖的看法：只要我走出地鐵站，便全然不知如何到另一站，除非我再次回到地下。當我終於透過康登鎮（Camden Town）和布隆伯利（Bloomsbury），把自己對肯塔什鎮（Kentish Town）和特拉法加廣場（Trafalgar Square）各自的認識整合在一塊*時，我有一股奇特的安全感，而我以前甚至不知道自己有欠缺這份安心的感覺。

我不曾從倫敦步行到日內瓦，就連為了慈善目的也沒有過。如此長距離的通勤只有靠科技才能實現。同樣地，科技幫助我們解決距離造成的問題，特別是它帶來的網路和社群網絡。或許，原本孤立的文化和社會知識也能因科技而相連。許多我熟識且信任的朋友居住在世界各地，有需要幫助時我會登門拜訪，沒事的話就一起喝上兩杯。我時常會好奇，旅行和遠距雙向通訊這兩種管道最終是否會引領世界走向真正的地球村時代——絕大部分民眾的社交網絡散布的地理範圍遠比以前更廣大。這裡的遠距雙向通訊是指個人對個人的通訊，不是透過廣播媒體，而是由社群媒體等大眾傳播工具所傳遞。

多年以來，我們做的所有決定，或公司和政府代表我們所做的決策，一直都具有全球性的影響。從古至今，都是有權力的人在向世界散播他們的觀點。但當雙向、小規模的關係變得全球化、而且愈來愈平常時，我們就有很大的機會能修正這個不對等的關係。真不知道大家未來會怎麼做？

## 4.3 探索與調查

在大型強子對撞機收集實驗結果的頭兩年間，有許多觀測數據最初都是由超環面儀器的標準模型小組負責分析的：從對撞產物的平均粒子數量（參見2.2節），到罕見的事件，像是有兩個W玻色子或

---

＊編注：四個地名中，後兩者可透過倫敦地鐵北線直達，前兩者地理位置處在中間，但搭地鐵時只會從地底穿過，缺乏踏實感。

Z玻色子生成的反應過程，團隊包下了所有的研究項目。目前為止，我們已經收集了數百萬個「最小偏差」事件，其中僅有數十件有出現Z玻色子對。

「標準模型小組」這個名字實際上取的有點不妥貼。標準模型的一些分支——頂夸克與底夸克衰變，以及萬眾矚目的希格斯粒子搜尋實驗，各自都有專屬的小組。此外，以標準模型稱呼這個小組似乎在暗示我們早就知道答案，直接說我們在量測的就是「標準」的現象。想當然耳，大家並沒有十足的把握能說自己在觀測什麼，至少我們還沒摸透每個現象。有些事件科學家是第一次量測，而且對撞機所有實驗的能量都是史上最高的。關鍵在於，大家手上有標準模型為我們測量的大部分物理現象提供預測。模型的理論值通常非常精確，所以要如何精密量測現象，好比對實驗結果和理論值，的確是個挑戰。

不論在什麼時候，每一次實驗值和理論值吻合，都可以說明標準模型又離成功更近一步了；相反的，要是兩者不同，便代表標準模型有問題、計算過程有誤、或是實驗測量方法出錯了（不建議你這麼想）。我在大型強子對撞機的首批數據誕生時負責召集標準模型小組，這是我一直以來夢寐以求的工作：我協助超環面儀器團隊的成員分析、理解，與發表大家前所未見的實驗數據及資訊；這些訊號可是藏在對撞機數百萬個質子對撞事件的數據汪洋中。

超環面儀器發表的論文大致上可以歸為兩類：搜尋新現象的實驗，以及測量新現象的實驗。第一類的論文歸為「探索性」文章。探險家把目光放在對撞機開創的新大陸上，希望能儘快找到既特別又超乎想像的物理徵兆。如果他們沒有找到線索，我們還是對這片新大陸有所認識：「嘿！看來還沒到金銀山呢！」（或是還沒有見到超對稱、還沒有見到黑洞……）當然，如果真有人找到了金銀山，就能坐享榮華富貴。嚴格說來，這些事物確實有可能存在；歷史上已出現過令人驚嘆的新發現，而且為數不少。不過，我們現階段還只是在山邊的小丘上而已。

和探險家並駕齊驅的是調查員，但通常會落後一兩步。調查員仔細研究新大陸，測量大地的起伏、判別地貌是否符合當今最完整的地理及其他領域的知識。如果測量結果和預期吻合——「成功了！」我們拓展了當前理論的應用範圍。而如果不吻合——還是「成功了！」我們找到的目標有可能是座金銀山，只是被其他事物遮蔽罷了，調查員要和探險家攜手合作、挖掘至地底深處，才能抵達黃金的寶庫。物理研究有類似的例子，像是我們在至今觀測到的所有高能夸克及膠子的對撞事件中，測量其中生成的噴流、孤立光子與W玻色子。

可想而知的，還有第三種實驗結果。這類的結果可能會由希格斯粒子小組獲得，因為大家明白部分的地景可以用已知的道理來解釋，出現這種結果勢必代表一定會有座金銀山（好吧！這裡說的就是希格斯玻色子）；否則，標準模型就會失敗。最近幾年眾人開始熱烈地往這個方向投注研究心力。雖然至今還沒有任何人發表相關論文，我們已經收集到很多的粒子對撞結果；檢視數據圖並推敲其中是否藏有希格斯粒子訊息的這個習慣，現在已成為我自己，和大型強子對撞機每位成員的消遣之一。

大型強子對撞機在實驗期間是永不停歇的，一天二十四小時、一周七天，持續不斷地運行下去。首先預先加速器（pre-accelerrator）會加以聚集、加速夠多的質子，注滿整座大型強子對撞機，接著對撞機會完成最後的加速行程（當時是從 450 GeV 升到 3500 GeV）並在隧道裡儲存反向繞行的兩道粒子束，時間長達數小時；粒子束每繞一圈都會有些質子相互碰撞。實驗值班人員努力讓偵測器能一直順利地記錄數據，一邊讓大家保持警覺。對撞機每一次填滿粒子束，都是在開拓新的知識疆域。人人都備感壓力，渴望能儘快探索新的物理世界；不過，就算這是前沿的物理研究，還是沒有人會想要像個牛仔般橫衝直撞。我們必須找到正確的道路，如果走錯了，沒有人會死掉、世界也不會毀滅，卻會浪費很多時間，甚至害我們走進死胡同。實驗儀器總是會源源不絕提供數據給物理學家，最終真理仍會浮現、讓大家察覺到最初自己是哪裡做錯了。走錯方向會帶來的負面影響可能輕則只是一點尷尬、重則會害自己丟掉飯碗，這要視情況而定。就算你是探險家，也還是要步步為營。

## 4.4 來自南極的插曲

在距離大型強子對撞機遙遠的某個地方，有人正在進行不同的物理研究。尼科爾（Ryan Nichol）是我在倫敦大學學院的同事，辦公室在我的樓上，他偶爾會和美國國家航空暨太空總署的人合作，把氣球升到南極洲的空中飛行。有時候尼科爾還要親自飛到南極大陸，那裡和日內瓦比起來有好有壞。研究用的氣球非常巨大，充飽氣的話甚至比溫布利足球場還要大，這項實驗計畫稱為「南極脈衝瞬態天線」（ANtarctic Impulsive Transient Antenna，ANITA），ANITA除了有個N是額外添上的，基本上是個兼具巧思的簡寫*。

南極脈衝瞬態天線旨在解答天文物理的重要問題：宇宙射線從何而來？又是如何產生的？大家都

知道宇宙射線是能量極高的粒子、不斷地從外太空飛來撞擊地球（有時會撞上飛機）。這些粒子的能譜往上一直延伸到驚人的能量尖端——超過十的二十次方電子伏特。之前說過大型強子對撞機的粒子束能量也不過是幾千個十億電子伏特（GeV）、也就是幾兆電子伏特（TeV，十的十二次方）而已。宇宙射線中最高能的粒子擁有的能量可是對撞機粒子能量的十億倍之多呢！†

想像一下能提供粒子這麼多的能量的加速器會是什麼樣子。實際上已經有很多人思考過這件事了：自旋中子星、銀河系中心的黑洞、超新星爆炸產生的衝擊波……這些是比較無趣的猜測。比較新奇的想法有超重暗物質粒子衰變，或是「拓樸缺陷」（topological defect）。在大霹靂後，宇宙不同區域的冷卻速率並不相同，區域之間的交界就是拓樸缺陷，有些會以宇宙弦（cosmic string）的形式出現、有些則是磁單極（magnetic monopole）。大致上來說，如果宇宙真的是在上述某個理論的架構下運行，實際的模型會決定微中子和其他粒子的相對生成數量。

還有另一個微中子的來源。整個宇宙都布滿了大霹靂遺留下來的極低能量光子——所謂的宇宙微波背景輻射（cosmic microwave background）。穿梭於星際間的質子會和這些光子交互作用，如果質子的能量夠大，就能在撞擊低能量光子後產生一種新的粒子（Δ粒子〔Delta〕，和質子很像，但質

---

*譯注：艾妮塔（Anita）是美國和印度常見的女性名。

†編注：曾被觀測到的最高能宇宙射線粒子約擁有 1 ZeV，即一澤它（zetta）電子伏特的能量，等於十的二十一次方電子伏特。

量比較大）。因為有這種反應途徑，高能質子更有機會和光子交互作用，因此宇宙射線中少了許多高能量的質子。不過Δ粒子還會衰變為π介子，π介子再衰變生成微中子。這就是所謂的GZK微中子，是一九九六年由葛雷森（Kenneth Greisen）、札齊本（Georgiy Zatsepin）和庫茲明（Vadim Kuzmin）三人提出的。

此外可以保證的是，宇宙射線的粒子和地球大氣層內的原子對撞的時候，也會有引人入勝的物理現象。現在高能粒子撞上的是移動速度緩慢的大氣層、而不是相反方向的另一顆同樣高能量的粒子，代表可生成新粒子的能量沒有那麼多；不過和大型強子對撞機相比，這份能量還是高出了一百倍。再提醒一次，整個宇宙中，高能量粒子對撞事件早就到處可見，這是我們很清楚大型強子對撞機不會造成大災難的主要理由。

人家渴望能找到宇宙射線真正的起源、並深入了解能生成高能粒子的極端環境。南極脈衝瞬態天線的目標是透過尋找微中子來解決眾人的疑惑。乍看之下這不會是大家最先想到的做法、畢竟微中子可是出了名的難觀測。但相對來說，這項性質也確保微中子從生成處飛往南極脈衝瞬態天線時，幾乎不會受到旅途中的其他的物質和磁場影響；因此只要我們有辦法測量到微中子的來向，應該就能直指出它的源頭。

南極脈衝瞬態天線實際上偵測到的是短電波爆發，科學家根據這些結果拼湊出南極洲的圖像。我認為，這就和有人用中子來觀察咖啡一樣，也是科學家觀看世界的眾多特殊方式之一。天線團隊能測量電波的偏振方向，也就是電波行進時電磁場的震盪方向。微中子和其他物質反應時會產生垂直偏振脈衝。在南極脈衝瞬態天線觀測的第一晚，團隊並沒有偵測到任何垂直偏振脈衝，沒有觀察到微中子。不過他們還是有其他的發現：十六個水平偏振脈衝電波。

後來大家明白這些是宇宙線射叢的特徵。電子正子對會在射叢中生成，並順著地球磁力線螺旋行進，放出南極脈衝瞬態天線見到的獨特電波訊號。如同尼科爾說的：

「宇宙線射叢的電波訊號真的出乎團隊的意料之外，我們是在檢視微中子搜尋實驗的『背景』事件樣本時才見到這些訊號的。大家在很久之後才察覺這件事的重要性，我們第二次天線觀測時為了改善搜尋微中子的效率，甚至還把觸發訊號中的水平偏振部分移除掉了。噢喔！想也知道，大家在第三次的實驗一定會把這重要的訊號重新放入考量的。」

以前也曾有人觀測到宇宙線射叢，阿根廷的奧格天文台便是其一。但能利用新的方式觀察射叢、並測量它的起源，是很有價值的。南極脈衝瞬態天線在無心插柳下，向世人展示了這個具有無窮潛力的新技術。

來自太陽，或是從宇宙線射叢、核子反應爐、粒子加速器生成的微中子，提供了很多的粒子物理學知識。此外，搜尋來自太陽系外的微中子同樣能幫我們進一步了解粒子物理和天文物理。除了南極脈衝瞬態天線之外，「冰塊」微中子觀測站（IceCube）的觀測陣列也在搜尋這類的微中子。這個觀測站是個一立方公里大的南極冰塊、裡頭布滿了光電倍增管，用來偵測微中子和冰塊的原子交互作用時所放出的光子。三年後，冰塊微中子觀測站捕捉到第一批高能微中子。

## 4.5 質子的結構

大型強子對撞機大多數的時間都在對撞質子（不是所有時候），質子並不是基本粒子，而是由夸克組成，夸克之間透過膠子牢牢束縛在一起。如果要用質子對撞實驗來研究物理，就一定要對質子的內部結構有所認識：你要盡可能了解質子內夸克和膠子的分布情形。

就某個方面來說質子是一個核子家族，其中的成員都是由兩個上夸克和一個下夸克組成。但是當你仔細觀察質子內部，就會遇到各式各樣的麻煩事。首先，夸克和夸克會彼此交換膠子，因此能在質子裡頭緊緊地黏住彼此。但就算只是單純觀察（或試著觀察）單一夸克，也會見到令人驚嘆的物理。

如果質子是由均勻的糊狀物組成，你用波長愈小的光子去看質子，就會見到愈少的糊狀物。但是在觀察質子內的夸克的時候，一旦解析度已經夠高、能讓你見到夸克，你應該會預期不論再怎麼提高解析度，夸克看起來還是會一模一樣。這是因為夸克是基本粒子，基本粒子的樣貌並不會因為你觀測距離的遠近而有明顯改變，都是微小的點。這個大家預期的性質稱為「標度不變」（scaling）。六〇年代末SLAC國家加速器實驗室觀測到了夸克的標度不變性；這是個有力的證據，說明了蓋爾曼（Murray Gell-Man）過去為了解釋強子質量和量子數的規律性而想像出來的夸克，的確是個真實存在的實體。傅利曼（Jerome Friedman）、肯德爾（Henry Kendall）、泰勒（Richard Taylor）三人也因為這項實驗共同榮獲一九九〇年的諾貝爾物理學獎。

然而，理論學家注意到如果夸克會輻射出膠子，標度不變性就無法成立。另外根據量子色動力學，夸克確實很有可能會放出膠子。如果你試著觀察一顆質子，好比用光子去打質子，很有可能是在夸克放出膠子後才見到它的本尊。由於質子內部有三個夸克，你應該會想說平均而言每個夸克的動量會是質子的三分之一。然而，我們實際上量到的夸克動量比例（通常會稱為 $x$，夠有想像力了）一般而言會比預期的小很多，因為它放出的膠子會帶走部分的動量。

如果我們以光子撞擊的方式觀測夸克，光子的波長會決定解析度——基本上就是我們觀測的距離有多近。短波長的光子可以呈現出極小距離的細節，因此我們可以辨別一個夸克是否有放出膠子，就算兩者距離彼此很近也沒問題。相反地，長波長的光子就沒辦法區分膠子和夸克，會把兩者看成單一夸克，所以我們測到的動量會是夸克和它放出的膠子的總合。短波長光子的動量較大，因此和能量較低的粒子相比，高動量的光子可以在質子中見到較多的夸克、不過 $x$ 卻會比較小一些。我會在7.3節〈波動：反物質與光譜學〉這一篇回來談這件事。

短波長光子的觀測結果蘊含極其豐富的物理現象。這是個「愈精確的量測能告訴我們愈多事」的典範。但是相對的，要是你離夸克愈近、就能分辨出更多輻射出的膠子，因此你觀測到的夸克動量比例，$x$，就會愈小。這件事違反了標度不變性，我們可以用量子色動力學算出觀測結果會和標度行為的預測相差多少。「標度不變性違逆」（scaling violation）和今日更為精確的觀測數據一致，大部分的實驗結果都是強子電子環狀加速器的貢獻。這是支持量子色動力學成為描述強作用力的標準理論的基石之一。

讓大家覺得不可思議的是，雖然質子內部一直都在進行著這些交互作用、這個結構複雜的粒子只要沒有被打擾，就幾乎永遠不會裂變。「永遠」並不是科學家有能力觀測的時間尺度，但我們的確知道質子的平均壽命至少長達十的二十九次方年。大家之所以這麼有把握，是因為像是爾灣－密西根－布魯克海文實驗（參見3.6節）以及今天的超級神岡探測器等設備，都花了很多年的時間極其謹慎地觀測數量龐大的質子，卻從未見過任何質子衰變。若用現今公認的宇宙壽命一百四十億年：即一．四乘上十的十次方年來算的話，實驗結果為質子平均壽命所設的下限是宇宙的七百京倍。

質子是一團亂糟糟的夸克，也是個氫離子。氫，宇宙中最普遍的元素，僅由一顆質子、和被它束縛的一顆電子組成。在大霹靂後極短的時間內，絕大多數的氫和氦在同一時間生成，而其他一切的粒子都是這兩種元素在恆星內核融合而成的，時間上晚了許多。在反應的過程中，部分的質子會轉變為中子。不過，幾乎所有的氫裡頭的質子在誕生後一直都是保持原貌、持續了一百三十八億年之久。

可見要是讓質子獨處，就不會有什麼事發生。但我們當然沒有這麼好心，而是用大型強子對撞機擊碎質子。如果粒子物理學家想要研究某個物體，把它擊碎是歷史上流傳已久的好方法。當年我在漢堡的宙斯團隊工作時，我們就是用電子束撞碎質子。打碎目標有時候的確很有效。一個星期日的早晨（在漫長的周六夜晚後），我的一位朋友到魚市場買了顆甜瓜、搭上計程車回家。結果他在車上愈看愈覺得自己不小心買到南瓜了。後來我朋友嫌棄這顆瓜、把它丟到人行道上摔成一塊塊，才明白這真的是顆甜瓜。

大家從強子電子環狀加速器與大型強子對撞機的實驗學到的一件事是，把質子撞碎可以讓我們了解質子內部的夸克分布。W玻色子在大型強子對撞機的生成途徑就是個例子：正電W玻色子（$W^+$）可以在一個上夸克和一個反下夸克相互湮滅產生，而負電W玻色子（$W^-$）則是在反上夸克和下夸克湮滅時出現。反上夸克和反下夸克是質子標度不變性違逆的其中兩個原因。不只是夸克會放出膠子、膠子本身也會分裂成夸克反夸克對。由此可見，質子內部除了有膠子，還包含了超過三個夸克、以及許許多多的反夸克。但如果你把所有的夸克和反夸克兩兩湮滅，總共還是只會留下三個夸克。而因為在這些夸克之中，上夸克的數量是下夸克的兩倍，我們可以透過分析$W^+$和$W^-$的分布圖和相對的生成率，算出夸克平常在質子內的分布情況。在接近二〇一〇年的尾聲時，超環面儀器和緊湊緲子線圈兩個團隊都發表了相關的研究成果，接著又進行一次比一次精準的量測實驗。這些成果、強子電子環狀加速器，以及其他實驗得到的數據，大幅提升我們對這個充滿驚奇的粒子——質子的內在組成與作用的認識。

量子色動力學豐富的現象學讓我覺得很吃驚。量子色動力學的物理方程式可以整理為一條簡潔的式子，我們稱為拉格朗日函數（Lagrangian），就是歐洲核子研究組織禮品店的紀念T恤和馬克杯上寫的式子。這是為了紀念法國數學家拉格朗日（Joseph-Louis Lagrange）——這位數學大師於義大利出生，原名是Guiseppe Lodovico Lagrangia。這個函數能用來描述物理系統，實際上，拉格朗日函數就是系統的動能減掉位能。但就我看來，這條式子沒什麼真正的線索可以預測出強子的質量、或是標度不變性違逆，這些事都藏在一條條等式的結構底層。有很多人在其職業生涯一直在研究、計算、並量測這條式子背後的意義。

我在強子電子環狀加速器做的工作，就是研究量子色動力學。其他人聽到我在漢堡工作時，大多不會想到我是在做這樣的事情。通常他們第一個想到的是：「所以你是在軍方工作嗎？」（推測這應該不會和我的髮型或繁重的工作內容有關。）而大家接下來會想到的，通常都像是：「那裡有繩索街（Reeperbahn）是吧？水喔！」*

我的確很喜歡繩索街，那裡有點像英國的黑潭（Blackpool），但比較露骨一點，我是認真的。我其實有很多年沒去黑潭了，或許那兒現在也已經變得很露骨了。每次有人來拜訪，我幾乎都要帶他們去體驗繩索街的夜生活。我對這些夜晚的回憶多少有點混在一起了，但我還清楚記得有個怪誕離奇的通宵活動，那一晚我留下了如夢似幻的經驗。

通常我和朋友到繩索街會跑好幾家酒吧、再去跳舞。實際上，色情行業只是繩索街的一部分特色而已；那裡可是有很多絕妙的夜生活。不過有天晚上我們三人決定去完整體驗看看幾家脫衣舞孃俱樂部，以及欣賞鋼管舞（但沒有包含妓院）。

我們在行前仔細挑選店家，確保酒吧只要收入場費就會「免費」提供一杯飲料，以免我在必須提早離場時吃虧。我非常享受幾家酒吧，但最後一家就不是這樣了。當時是周日清晨四點半左右，大家玩了通宵、我覺得沒有人真的還想再繼續待在那。我已經喝了好幾杯「免費」的飲料，有點昏昏沉沉，因此沒警覺到身旁有隻很大的赤裸腳掌逼近，就要貼上我們的鼻子了。一發覺事態不妙，我趕忙把一瓶喝沒幾口的酒塞到夾克的內襯口袋，和朋友匆忙離開酒吧。

在漢堡的周六夜晚可以期待一件很棒的事——周日早晨魚市場就會接著開門了（就是前面提到我朋友買甜瓜的那座市場）。清晨五點鐘市場開始營業，充滿活力，除了典型的周日早市攤販之外，市場內還會有些在前一晚狂歡後搖搖晃晃、摸不清東南西北的遊魂。就像我們三個人。這裡有幾個不怎麼樣的樂團，還有人販賣鮮魚、蔬果、甜瓜、咖啡、啤酒，以及最重要的——馬鈴薯煎蛋，這道料理就是一大盤炸薯塊配上三顆煎蛋。正好是我們現在需要的。

令人懊惱的是，當我轉身離開滿是馬鈴薯的平底鍋，小心翼翼、步履蹣跚地穿越鵝卵石街道走到餐桌旁邊時，發現有顆煎蛋不見了。回頭一瞧，那顆蛋就躺在鵝卵石上閃閃發光、蛋黃朝上，它沒有破損分毫、而且一塵未染。於是我往回走想把蛋撿起來。不幸的事情發生了，就在我彎下腰要去撿蛋的時候，不知哪來的蠢蛋把手上的啤酒潑到地上、剛好就在煎蛋旁邊。我直起身來往四周望了望，他卻早已不見蹤影。我只好再次彎下腰，啤酒又來了！

最後我放棄了，捧著剩下來的兩顆煎蛋朝向我的兩位夥伴走過去，他們見到了整個過程，現在正在捧腹大笑；我向他們抱怨啤酒的事，沒想到等到兩人終於喘過氣可以說話時，跟我說其實一切都是我夾克裡的那瓶酒在搞鬼。

這還不是我說的如夢的經驗。

事情大概發生在八個小時後，當時我吃了份鱔魚咖哩、稍微補個眠，接著便去游泳。（我當年年

---

＊譯注：繩索街位在聖保利區，是漢堡市的夜生活中心，也是德國最大的紅燈區。

輕力壯多了。）游完泳後，我坐在泳池邊像德國人一樣優雅地喝著解宿醉用的酒*；突然間，燈光暗了下來，所有人爬出泳池，一陣詭異的音樂響起。一列五到十歲的孩童整齊地走到池畔，都戴著奇怪的帽子。接著他們一個接著一個爬進泳池，同時旁邊有位大人點燃裝在小孩帽上的蠟燭。然後這些小孩沿著泳池游了一圈（如果我沒記錯的話，總共有四十位左右），年紀較小的孩子幾乎沒辦法把蠟燭保持在水面上。最後在孩童上岸的時候，大人把他們的蠟燭輪流吹熄。之後這群孩子列隊離去，音樂停止、燈光回復原樣，其他人繼續做原本在做的事，就像什麼都沒發生過似的。今天我還是沒有搞懂這是在做什麼。應該是鱈魚咖哩惹的禍吧！

我離題了。回到二〇一〇年，聖誕節就要來了，大型強子對撞機也為我們準備了新的禮物。

## 4.6 聖誕節禮物——對撞重離子

大型強子對撞機之所以會取這個名字，是因為這座儀器很龐大、又讓強子對撞。直到二〇一〇年十一月之前，對撞機只讓一種強子，也就是質子對撞，所以大可改名為大型質子對撞機。然而在二〇一〇年的實驗尾聲，大型強子對撞機展現出它的多功能性。工作人員把原子核中含有質子和中子的鉛離子注入隧道中對撞。大型強子對撞機在這幾天變成了重離子對撞機。

雖然鉛核子束的能量遠比質子束的還要高（五百七十五兆電子伏特比上七兆電子伏特），前者的單顆核子（nucleon，質子和中子的統稱）的平均能量還是比後者低，大概只有一．四三兆電子伏特。因此鉛核子束的夸克和膠子的平均能量比質子束的還要更少。由此可知，大型強子對撞機在進行鉛離子實驗時，其實不算是「最高能量」的對撞機。

就算如此，在科學上你還是可以說質子和重離子兩類的實驗計畫都是在「探索大霹靂後的太初宇宙」，這背後的理由、以及兩種實驗為什麼有區別，都很值得我們花時間思考。

如果你在現代觀測宇宙、發現它正在膨脹，就應該會推論說宇宙過去的體積比較小。按這個思路走下去，你很可能會想說（我自己偶爾也會犯這個錯，不好意思），既然能量守恆，過去比較小的宇宙含有的能量應該還是和現在的宇宙一樣，只不過是儲存在小一些的空間裡頭；因此以前宇宙的能量密度——基本上就是溫度，會比現在的還要高。然而，實情要更複雜一些，這個論述其實隱含著一個缺陷。回想看看，諾特定理（參見3.5節）把能量守恆，和物理定律不會隨時間而變這兩件事連結在一起；這實際上就是在說，從物理學的觀點來看，時間軸上的每一處都是相等的。但如果我們是在討論宇宙學，很容易就會發覺時間軸各點的樣貌並不相同。現在有個時間為零的點——大霹靂，所有的觀測者都有共識這個點存在。大家能以大霹靂為起點測量絕對時間；這就是科學家所談的宇宙壽命！這樣看來，物理定律並不一定要永遠保持相同的樣貌——所有的時間點實際上互不相同，還有個眾所公認的「時間原點」；有鑑於此，在研究整個宇宙的時候，我們是否還能倚賴能量守恆定律？

某方面來說這是可行的。根據廣義相對論導出的宇宙論主要方程式並不會隨時間而變，不論你怎

＊編注：西洋迷思認為少量喝酒可以解宿醉，其實不然。

麼移動時間原點，都不會改變這些式子的形式。因此你可以把某個量定義成能量、這是個恆定的值。不過想要這麼做，你就必須要把儲存在重力場中的能量也考慮進來，在廣義相對論這份能量就是時空的曲率。有些宇宙學家會選擇這個做法，好保住能量守恆定律，有些人則不接受。無論何者，其中的物理都還是一樣，這只不過是對同樣的等式做不同的詮釋罷了。

結果大家發現，如果用正確的方法研究宇宙論，得到的結論大致上都會相同。太初宇宙的平均溫度真的比現在的宇宙高。這是因為太初宇宙大多是被物質掌控；再早一些的話，就是由光子掌權。由此可知，在從前的宇宙中，所有粒子的平均移動速率比較高、因此粒子常會在高能量下彼此相撞。要是你從今天往回逐步接近大霹靂，粒子對撞的能量就會愈來愈高。

隨著粒子的對撞能量提升，不一樣的物理現象會逐漸浮現出來。舉例來說，如果原子擁有充足的能量，就可以把彼此的電子撞飛——原子會游離。要是宇宙的溫度很高、這種反應就會頻繁發生，最後整個宇宙都會布滿電漿。電漿是游離原子和電子的混合體，光線無法穿透電漿，因為它會不斷被帶電粒子散射掉。

一段時間後，宇宙的溫度降到了某個值，此時大部分粒子的對撞能量不足以讓原子游離。也就是說，這時不帶電的原子和分子已可以成形、並凝聚在一起。因此光線得以較為順暢地通行，畢竟現在它不會再一直和帶電粒子交互作用了。這些當時充滿整個宇宙的光子直到現在還穿梭於星際間，只是溫度已經低了很多——大約是凱氏二．七度，也就是攝氏負兩百七十度。六〇年代，彭齊亞斯（Arnold Penzias）和威爾遜（Robert Wilson）首次收集到這些光子（他們一開始以為這些訊號是鳥屎造成的）。

科學家設計了一些儀器來觀測、描繪宇宙微波背景輻射，好比宇宙背景探測者（Cosmic Background Explorer，COBE）、威爾金森微波各向異性探測器（Wilkinson Microwave Anisotropy Probe，WMAP），和最近的普朗克衛星，這些儀器的目光放在大霹靂四十萬年後的世界，當時宇宙的第一顆原子才剛剛成形。藉由觀測背景輻射光子的微小能量起伏與頻率，我們也許能獲得一些線索來推測宇宙在大霹靂後的四十萬年之間有什麼變化。而另一方面，科學家也可以透過大型強子對撞機的高能對撞實驗，直接研究當時主宰宇宙的物理過程。

現在來看大霹靂後幾分鐘內發生了什麼事。這個時候粒子間的撞擊力道極為猛烈，就連原子核內的核子都無法抓住彼此；因此宇宙間到處都是質子和中子。這麼高的能量可以用於核融合上，國際熱核融合實驗反應爐（International Thermonuclear Experimental Reactor，ITER）就是在這個能量級下嘗試核融合實驗的。

讓我們再往回走大大的一步（大霹靂後百萬分之一秒左右），此時連質子和中子都沒辦法維持形體了，組成核子的夸克和膠子充斥著整個宇宙（這時候的宇宙非常小）。我們稱這個新的物質形態作「夸克膠子電漿」（quark-gluon plasma），不過在布魯克海文實驗室的相對論性重離子對撞機實驗看來，這比較像是充滿夸克和膠子的液體。大型強子對撞機在二〇一〇年十一月進行的鉛離子實驗便可能會重現這種產物（相對論性重離子對撞機用的是金原子核，比較昂貴，但就物理研究來說沒有什麼差別）。超環面儀器和緊湊緲子線圈都可以量測這次的實驗結果，而大型離子對撞機的偵測器（在超環面儀器旁邊）更特別為了這次的離子對撞實驗而改良儀器。

回過頭來看大型強子對撞機的質子對撞實驗，此處的對撞能量密度還要更高一些。我們跨進了下一個能量級——電弱對稱破缺尺度（electroweak symmetry-breaking scale）。在能量高於這個門檻時，弱核力的大小會和電磁力不相上下。這大概發生在大霹靂後十的負十一次方秒，也就是小數點後十個零才會出現一。要是時間再往前一點，能量會更高一些，坦白說，目前沒人知道這時會發生什麼事。不過，還是有許多人提出了各種理論、並根據實驗數據設定一些限定條件。

稍後我會再解釋一下什麼是電弱對稱破缺。但我們現在還是先看夸克膠子電漿。

我們以驚人的速度分析完重離子對撞實驗的數據、並發表結果。十一月的某個星期二，我在超環面儀器控制室內輪值自己的第一班，一邊監控螢幕、一邊操作部分的偵測器；當時我們正在持續收集鉛核子對撞實驗的數據。在沒什麼事情要忙的時候，我試著要寫兩篇演講稿，但我更在乎的是要跟上一篇論文的協作審查進度，這篇文章發表了我們幾天前的鉛對撞實驗數據。

很快的這篇文章在幾天之後就公開發表、並登上期刊了*。它在講的是強子噴流的量測結果，但這回的噴流是在重離子對撞事件生成的。這些噴流有個很有趣的地方，和「消失的噴流」有關。

要記得，在一對夸克或膠子對撞時，有些夸克會被撞離質子，而產生一團粒子，這就是強子噴流；在這個實驗中，也可能是鉛原子核內的中子損失夸克。正常來說，粒子對撞至少會產生兩道噴流，彼此平衡好維持動量守恆：一道噴流往某個方向行進、而另一道相似的噴流則朝著相反的方向遠離。

在我們的紀錄中，有些事件的確擁有兩道噴流，但其中還有很多事件只出現一道噴流而已。在這些例子中動量照樣守恆，只不過平衡噴流的並不是另一道噴流，而是一團比較分散的低能量粒子雲。

看起來實際上發生的事情是這樣的：兩顆鉛核子對撞後，會一如預期在很短的時間內生成兩團夸克膠子電漿。這確實是在大霹靂後百萬分之一秒充滿整個宇宙的物質型態。也正是在這團電漿裡頭，來自兩方粒子的夸克和膠子以極高的能量撞擊彼此。

一般而言，如果雙方的粒子是在電漿團的邊緣地帶對撞，其中一顆夸克只須要穿過少量的漿體就能遠走高飛了——這會形成巨大的噴流。相對的，另一顆反方向的夸克卻須要通過大量高熱緻密的奇特漿體。在旅途中，這顆夸克會不斷地被彈飛、在經過周遭的介質時損失許多能量。這就是「消失的」第二道噴流。

過去在相對論性重離子對撞機中就有人見過類似的情況，但是超環面儀器團隊卻是第一次真正在實驗中觀測到這個現象。而且還不只是測到幾次偶發事件而已。我們確實測量出單次的對撞事件會產生幾團「電漿」（如果鉛原子核是迎頭撞上彼此，就會有很多團電漿；反之如果只是擦邊球，電漿團的數量就會很少）。此外，我們也見到在產生較多電漿的事件中，第二道噴流會損失比較多的能量，和大家原先預期的一樣。這證明了我們對電漿性質的測量結果十分正確。我們實際上是把夸克射入這團組成太初宇宙的物質中，來研究電漿的性質，夸克真是個好工具。

---

＊原注：參看網址 arxiv.org/abs/arXiv:1011.6182。

十一月得到首次的實驗結果後，大型離子對撞機、超環面儀器、緊湊緲子線圈持續深入分析更多的實驗數據、並發表了不少成果；大家也運用新的方法來研究這個奇異的新物質型態，裡頭的夸克和膠子都不再被束縛在強子內部。從現在起，我們可以依據夸克在行進時損失多少能量，以及能量的傳遞機制等詳細知識，來廣為探索強核力、夸克膠子電漿以及太初宇宙。

## 4.7 希格斯粒子的重要地位

二〇一一年一月三十一日，團隊決定不要讓大型強子對撞機按照原來的計畫在隔年夏天停機，而是持續運作到二〇一二年底。這個決策很合乎時宜，畢竟雖然在那之前還沒有任何人發表和搜尋希格斯粒子有關的論文，我們已經對七兆電子伏特的質子對撞物理有深入的認識，也很清楚偵測器的運作情形，以及大型強子對撞機提供數據的能耐。一切看來都很不錯，現在團隊預期只要我們延長對撞機的運作時間到二〇一二年底，就有很大的機會能找到希格斯粒子，或是證明這種粒子不存在。看來現在是個好時機，來多解釋一下為什麼這件事情會如此重要。

之前我已經說明了對稱在物理學的重要性、也有提過標準模型所有的基本作用力都是源於局域對稱性的規範理論（參見【科學解釋6】）。希格斯粒子的關鍵角色也和這件事相關，但實際上它是造成對稱「破缺」，或說婉轉一點，把對稱性「隱藏」起來，而不是外加其他的對稱性到物理系統上的始作俑者。我們要一步一步慢慢理解背後的原理。

回到二十世紀中期，最早提出與應用的標準模型理論是電磁交互作用的相對論性量子場論——量子電動力學（QED）。狄拉克（Paul Dirac）當年寫下的方程式在狹義相對論的框架下成功地描述電子的行為；日後費曼（Richard Feynman）、施溫格（Julian Schwinger）、朝永振一郎（Sin-Itiro Tomonaga）三人更證明了狄拉克的理論擁有邏輯一致的內蘊結構。這個性質特別和理論的「可重整性」有關。在狄拉克的理論中，電子的質量和電荷的量子修正項會生成很多無限大的值，這讓理論學家非常苦惱。

無限大的值從何而來？舉例來說，電子在行進時偶爾會放出一個光子、再把它吸收回自身，形成一個小小的封閉環，這是無限大值的一個來源。如果要用量子場論來計算這個反應的發生機率，我們必須加總這顆光子可擁有的所有能量。唯一的限制條件是，這顆電子在封閉環出現前後一定要完全相同。不幸的是，因為電子傳入封閉環的能量最後還是會被它拿回來、或是抵消掉，所以這項條件其實不是什麼有用的限制。實際上，**任何**大小的能量都可以在封閉環內流動！這是場大災難，因為封閉環的能量會讓電子擁有某種無限大的「自能」（self-energy），因此計算出來的電子質量也是無限大（$E = mc^2$）。就算你不是位實驗天才，也能注意到真正的電子根本就不可能會是這個樣子。我們其實已經量過電子的質量了，大概只比五十萬電子伏特高一點點*而已。

有個顯而易見的做法是直接拿實驗量測的結果替換掉無限大的值。費曼、施溫格和朝永振一郎，

*原注：精確的值是 0.510998910 +/- 0.000000013MeV。

各自用不同的方法*證明，如果你把無限大的電子質量改成我們量到的質量、也把無限大的電荷改成量到的電荷，那麼理論中**所有**無限大的項就會全部消失，而且這個調整過（代入兩個實驗值）的理論能極其精確地預測一切的電磁作用現象。拿質量和電荷的有限量測值去代替無限大值的這個做法，稱為「重整化」（renormalisation）。費曼不是很喜歡這樣做，他說：「這只是把電磁學的無限大問題掃到地毯下罷了。」但這句話其實是費曼在諾貝爾獎頒獎典禮上說的，看來重整化應該沒有像他講的那樣一無是處——費曼、施溫格和朝永振一郎因為他們在量子電動力學的貢獻，共同榮獲了一九六五年的諾貝爾物理獎。

可重整化顯然是個非常重要的性質，畢竟沒有人會希望在預測真實世界的物理現象時，不斷遇到無限大的值。同樣的性質也見於另一種基本作用力上。大家提出各式各樣的模型來描述強核力和弱核力，但要檢驗這些理論是否可重整化是項艱難的任務。其中有些模型很明顯無法重整化。胡夫特（Gerardus't Hooft）和韋爾特曼（Martinus Veltman）後來指出，如果理論描述的作用力源自規範對稱性，那麼這個理論就一定可以重整化；相反的，任何可重整化的理論之作用力都必須是從規範對稱性來的。這個結論至關重要，因為它說明了從對稱性找出作用力的技巧並不只是個建立有預測能力的理論的好方法，更是**唯**一的方法。除此之外，我們也發現費曼抱怨的「把問題掃到地毯下」的做法並不是個見不得光的伎倆，而是內建於理論的對稱性中。

這是個開創性的發現，胡夫特和韋爾特曼由於這項貢獻雙雙獲得一九九九年的諾貝爾物理獎。不過，標準模型可還沒有脫離險境呢！還有個問題出在玻色子，這種產自規範對稱性的粒子永遠都不會有質量。這對量子電動力學不是個問題，畢竟光子的質量本來就是零；量子色動力學也沒有這個困擾，因為膠子同樣不具有質量。然而，對任何描述弱核力的理論來說，玻色子沒有質量這件事卻是個棘手的大問題，因為傳遞弱核力的W和Z玻色子的質量可是很大的。粗略來講，如果你寫下弱核力的規範理論，就會得到無質量的玻色子，但要是你為了讓理論和觀測結果一致而手動把W和Z玻色子的質量代入，就會破壞規範對稱性，而得到不可重整化的理論。

現在大家知道把對稱性隱藏起來是個可行的做法。我的意思是，你可以建立一個完美對稱的理論，然後根據它導出不對稱的物理現象。有個很著名的例子是一顆在紅酒瓶內的彈珠。

如果你從一支空酒瓶的正上方往裡頭瞧，便可發現整個瓶子會呈現以瓶底中心為原點的圓對稱性。換句話說，以連結瓶口中心和瓶底中心的線為軸旋轉瓶身，並不會有任何事改變。

現在想像一下瓶子裡頭有顆彈珠，並假設這顆彈珠在裡面滾來滾去，也許是因為有人（很小心地）在搖瓶子。這個模型可以代表太初宇宙的樣貌，瓶中的彈珠則是大霹靂不久後出現的一顆高能粒子。長時間平均而言，這個系統還是對稱的，因為彈珠可以出現在瓶底各處，而不是傾向於待在某個地方。

現在把瓶子放到桌上，讓彈珠停下來。因為紅酒瓶底的中央處隆起，彈珠不能停在中間，會滾到邊緣處。一旦它選定了某個方向，靜止下來，整個系統就不再是圓對稱了。

---

＊原注：後來戴森（Freeman Dyson）證明三人的方法等價。

這就是個對稱性被隱藏起來的例子。所有掌控系統的物理——重力、彈珠的動能、瓶身的形狀，都以中心軸呈圓對稱。然而系統損失動能後的型態卻沒有圓對稱性。物理學家稱這個系統最後所處的低能量型態為「真空態」（vacuum state）或叫「基態」（ground state），意思就是這個態擁有最低的能量。

我們在保留標準模型必備的對稱性時，可以應用這個技巧來避免質量不為零的玻色子所帶來的問題。方法是保持系統的方程式對稱，但稍加調整，讓我們可以從等式導出不對稱的系統基態——今日宇宙選擇的基態便是如此；在這個基態中，基本粒子、尤其是W和Z玻色子，可以擁有質量，但弱核力模型仍然可以是個規範理論。

此外還有一步要完成。因為這個重頭戲是「六人幫」在一九六四年提出的，我們最好以此壓軸。六人幫的成員分別是布饒特（Robert Brout）、恩格勒（François Englert）、希格斯，以及古拉尼（Gerald Guralnik）、哈根（Carl Richard Hagen）、吉伯（Tom Kibble）。

以前就曾有人嘗試運用「自發對稱破缺」這個概念了，這在其他物理領域是個很有用的觀點。後來自發對稱破缺再次於「戈德斯通定理」（Goldstone Theorem）中現身，這是戈德斯通（Jeffrey Goldstone）提出的理論，其中有個小瑕疵。這個定理說如果對稱性自發性地破缺了，就會有新的無質量純量粒子誕生（純量粒子就是自旋為零的粒子），這種粒子是可能會出現在量子場中的激發。

（參見【科學解釋4】）

我們可以用紅酒瓶的比喻來了解這個定理。想像一顆已經靜止於瓶底邊緣處的彈珠，現在給系統一點能量、輕輕推彈珠一下。如果你把彈珠往瓶底中央推過去，讓它往上爬，最後彈珠還是會滾回來。但有些時候彈珠處於「激發」態，就可以翻過隆起處、從一側的凹槽爬到另一側。在量子尺度下，要讓彈珠辦到這件事，你給的能量必須高過某個最小值；如果是在討論量子場，這個最小的能量可能就是質量。因此，彈珠來回運動對應到的就是個具有質量的粒子。

然而，如果你是沿著溝槽推動彈珠，它就會繞著瓶底邊緣不斷前進、而不會滾回來。其實因為隱藏的對稱性，瓶底邊緣所有的點擁有的能量都相同，因此你只需要一丁點能量就可以讓彈珠繞行，不管能量多小都可以。不存在最小能量值的這件事代表彈珠繞行對應到無質量的激發——質量為零的粒子。無質量粒子會存在是歸因於系統破缺、也就是隱藏的對稱性，戈德斯通定理保證這種粒子一定會存在。

然而這是個很大的問題，因為自然界根本沒有這種無質量純量粒子。南部陽一郎（Yoichiro Nambu）過去已經證實自發對稱破缺可以讓強子（像是質子和中子）有質量。不過根據戈德斯通定理，自發對稱破缺也預測有質量為零的粒子存在。但真的沒有人見過這些粒子。

布饒特、恩格勒、希格斯三人和其他人的研究成果指出，如果系統同時擁有規範對稱性**以及**自發對稱破缺這兩種性質，無質量的純量粒子（對稱破缺）就會被規範玻色子（局域對稱）吸收。這會自動讓規範玻色子獲得質量、同時除掉讓人尷尬的無質量純量粒子。

這真的是個重大的突破，可惜在當時還沒有廣受世人認同。也許有部分原因是這個概念在標準模型中扮演的角色並不如當時眾人所預期。

當年「六人幫」在研究這個模型的時候，和南部一樣，心中想的主要是強子的質量。那是在六〇年代初期，W和Z玻色子還沒現身、而標準模型在當時也根本還沒建立完全。我們現在知道強子是透過另一個途徑得到質量的。強子不是基本粒子，而且它的質量來自於內部夸克之間的束縛能。因此，希格斯粒子只貢獻了一般物質百分之一左右的質量而已，絕大部分的質量來自於量子色動力學。

然而這百分之一的質量非常關鍵，因為這是基本粒子——特別是W、Z玻色子的質量。記得之前提過的，這兩種玻色子擁有質量，乍看之下和它們身為規範玻色子這件事互相矛盾。

二〇一一年四月，我到愛丁堡參加一場科學節，希格斯當時就住在這個城市（他在一九六〇年離開倫敦大學學院之後就搬到這了）。火車一在威瓦利站停下，我就深深愛上愛丁堡了。我喜歡這裡遍布黃色水仙花的山谷，位在中央谷地的軌道被花海環繞；相較之下，一般城市中央通過的會是條河流。我這次造訪的目的是要參加一場「大型強子對撞機的設計與建造」會議，主持人是喜劇演員因斯（Robin Ince），大型強子對撞機建造計畫的主席埃文斯也會登台演說；他在二〇〇八年偉大的對撞機啟動日主持倒數。而我待會的職責是在會議開始時解釋清楚為什麼我們要建造對撞機。

**其實搜尋希格斯粒子並不是我們打造大型強子對撞機的目的**。大家的初衷是想解釋為什麼在高能量下強度很相近的電磁力和弱核力，在日常生活的能量級下卻有非常大的差異。我們明白作用力的強度之所以會有不同，是因為W、Z玻色子有質量、但是光子沒有。由於光子沒有質量，物質比較容易輻射和交換光子；此外光子也不會衰變，所以它可以行進非常遠的距離（甚至能飛個幾十億年橫跨宇宙）。相反的，生成W、Z玻色子會消耗很多能量；就算你製造出這些玻色子，它還是會很快就衰變成其他的粒子，這說明弱核力不但是短距交互作用、強度也的確很低。然而，在交互作用的能量很高時，你便不用考慮光子和Z玻色子的質量差異了，這時兩種作用力的強度就會非常接近。電磁力和弱核力合為一體（如果能量愈來愈高）、或是漸行漸遠（能量愈來愈低，就和宇宙一樣）的門檻，就稱為「電弱對稱破缺尺度」。

宇宙溫度降低的過程就和彈珠在紅酒瓶底慢慢靜止下來一樣。在標準模型的實例中，酒瓶底部的隆起對應到一種特別的量子場，它會破壞模型的對稱性、並給予W和Z玻色子質量，同時使電磁力和弱核力變得有所不同。這個量子場就是希格斯場（Higgs field），更正確的稱呼是布饒特－恩格勒－希格斯場（Brout-Englert-Higgs field，BEH場）。宇宙的物理法則雖然是對稱的，但因為希格斯場，宇宙擁有不對稱的基態。

就算這個模型不正確，真實世界的W和Z玻色子的質量確實不為零；而且現在有了大型強子對撞機，我們可以進行史上首次能量高於電弱對稱破缺尺度的實驗。在這樣的能量級之上，如果沒有布饒特－恩格勒－希格斯場，標準模型就不會成立；如此我們就真的身處於完全未知的物理世界，繼續盼望著能否找到基本粒子質量的起源，有可能是希格斯粒子、也可能是其他原因。

在與埃文斯與因斯兩人參加愛丁堡的周日節慶後，我和《衛報》的科學記者桑普爾（Ian Sample）一同主持他出的書《偉大的物理史》（*Massive*）的一場講座；這本書介紹物理學家搜索希格斯粒子的歷史。一位觀眾在桑普爾演講完後提出了一個問題，內容大致上是這樣：「如果希格斯粒子真的這麼重要，而且是一切的基礎、又無所不在，為什麼它還是這麼難找？」

這是個很棒的問題。答案是，某種程度上，真正的關鍵並不在於這種玻色子本身。有實際影響的是遍布整個宇宙、賦予W、Z玻色子與其他基本粒子質量的布饒特－恩格勒－希格斯**場**。如果你相信這三人提出的機制正確無誤，那麼每一回你量測到任何東西的質量，都等於找到了這個機制的證據。

從另一種觀點來看，這單純是個詮釋角度的問題，因為布饒特、恩格勒和希格斯共同提出的理論雖然能解釋質量的起源，卻沒有提出任何實驗可測試、而且只有這個理論可預測的事物。因此不排除還有其他的理論可以說明質量從何而來。實際上，希格斯第二篇探討這個機制的論文草稿，就是因為這項原因而被期刊《物理快報》退件的。

希格斯為此在論文中加上了一條方程式，大意如下：「嗯，如果真的有這種量子場，你就可以在上頭製造波，看起來會像個新的純量粒子、也就是自旋為零的粒子。」這些波、或者說是量子激發，並不是戈德斯通定理中的無質量純量玻色子，而是在自發對稱破缺、規範玻色子吸收純量玻色子後，所留下來的粒子。這也是個純量玻色子，質量卻不是零；這就是著名的希格斯玻色子，也能解釋為什麼我們須要驗證這種粒子是否存在。除此之外，正是這項預測讓我們有辦法透過實驗來檢驗布饒特－恩格勒－希格斯機制，看看這個理論究竟只是個美妙的數學構想，還是真正的自然界法則。

二〇一一年四月二十二日，大型強子對撞機的質子對撞光度超越了世界紀錄，先前最高的對撞光度由二〇一〇年兆電子伏特加速器實驗創下。大型強子對撞機的光度是每平方公尺每秒 $4.67 \times 10^{32}$ 個質子，兆電子伏特加速器則是每平方公尺每秒 $4.024 \times 10^{32}$ 個質子。粒子對撞的強度、也就是光度，是表示大型強子對撞機中每秒質子撞擊次數的量值（參見【科學解釋5】）。這裡的單位是每平方公尺每秒的質子數。可見我們是以史無前例的高頻率讓質子對撞，也就是每秒 $4.67 \times 10^{-7}$ 飛邦反比，或者每天 0.03 飛邦反比（這是很粗略的估計，得看對撞機可以維持這樣的光度多久，還有團隊每次實驗後重新注入粒子束要花多長的時間）。

照這樣看來，如果希格斯粒子真的存在，大家應該很快就能發現它。對撞機的實驗數據不斷地輸入電腦軟體、轉成大量的分析結果；而我們在費心理解數據的意義時，內心緊繃的情緒也一天一天節節高升。

# 第五章　謠言與極限

二〇一一年四月到八月

## 5.1 為什麼峰值會代表玻色子？

大型強子對撞機進行高能實驗到目前為止剛滿一年，所有人都全心全意投入數據的分析，也渴望能在最短的時間內收集到最多的實驗結果。我想現在正是時候來介紹一些此刻眾人十分著迷的數據分布圖了。此外我確實也想稍微解釋我們是怎麼用超環面儀器這樣的設備量測對撞實驗結果的。

測量數據分布圖的方式基本上是這個樣子……

首先，你盡可能把所有自己感興趣的對撞事件記錄下來。我們通常會把「對撞事件」簡稱為「事件」。在這裡，事件代表在一個時間窗口內，於超環面儀器中心交錯而過的兩團質子產生的所有可量測數據。這裡說的「團」（bunch）並不只是個口語用詞，像是「嘿！這真是好大一團質子。」在這裡「團」是術語，我們是這樣說的：「大型強子對撞機現在以一千四百零四團質子進行實驗。」質子束其實不是一道均勻連續的質子流，而是接續不斷的一團一團粒子，和射頻加速場的時間結構相吻合。每一團粒子前後約幾公分長，含有一千億顆左右的質子。在大型強子對撞機至今的實驗中，只要隧道內粒子束流通，每五十奈秒就會有一次的交錯事件。也就是說，對撞機的實驗每秒都可能會有兩千萬次的交錯事件發生。

然而，絕大部分的交錯事件並不「有趣」，要不是兩團粒子經過彼此時沒有什麼質子迎面相撞、就是所有的事件都是我們已經徹底分析過的種類，後者的機會比較大。我們為此費心調整線上的「選擇算法」（前面提過，大家通常稱這個算法為「觸發」系統），試著從事件中揀選出數量稀少的有趣結果。有些演算法內嵌於硬體中，指的是特定應用積體電路（ＡＳＩＣ）和現場可程式閘陣列（ＦＰＧＡ）；也有些演算法是寫進軟體，由偵測器旁一座龐大的電腦叢集負責運算。

偵測器收集的單一粒子團交錯事件數據會在不同的時間點抵達；這主要是因為偵測器的體積很大，就算粒子以光速行進，從對撞點跑到超環面儀器外圍也要花上將近八十奈秒的時間。因此，在某個粒子團對撞產生的粒子快要離開偵測器的時候，其他的很多粒子還在半路上。此外大家也需要一些時間讀取偵測器的訊號、接著再透過纜線把數據傳給電腦叢集。因此所有的數據都要做上「時間標記」，我們之後會校正這些標記，好建構出單一事件的圖像，也就是單一粒子團交錯事件的所有粒子產物。在每秒可能出現的兩千萬次事件中，我們會儲存的大概只有其中的兩百個而已。

順帶一提，負責幫助超環面儀器追蹤粒子，以及保持儀器部分設備彼此之間同步、還有和對撞機同步的「時間介面模組」，是我們倫敦大學學院團隊的貢獻之一。

下一步要做的是「重建」事件。所有事件的數據都儲存在歐洲核子研究組織中，並傳送到遍布世界各地的電腦網絡——大型強子對撞機計算網格上運算以重建。

「重建」有個步驟是辨識出通過軌跡偵測器矽晶片的粒子位置，再以圖形辨識技術連結數據點、畫出粒子的軌跡。接著我們會對粒子的軌跡做曲線擬合運算，找出粒子的動量、並回推它的源頭。

重建的另一個部分是要識別量能器的能量脈衝位置，粒子就是在這些地方被量能器的材料擋下的。接著我們會分析能量脈衝，判斷這是強子、還是光子或電子造成的；強子的能量叢散布的範圍比較廣大，而光子和電子的能量叢則比較緻密。脈衝的大小為何？有沒有什麼軌跡通往這個脈衝點？如果脈衝是光子造成的，通常不會有這種軌跡，因為光子呈電中性；但是電子造成的脈衝便有跡可循了。大致上的研究過程便是如此。

線上選擇算法會先進行一些基本的重建過程，接著我們在這裡會用極為精密的校準技術重建事件全貌，這會花掉大家一些時間。

接下來要做的就是清理你已經記錄並重建完畢的數據樣本。在此之前你應該要很清楚自己在分析時想要量測的事件種類。畢竟只要用「觸發」程序挑選事件，任何被篩掉的數據都是救不回來的，因此我們寧可過於謹慎也不想要犯錯；不過到目前所有的數據都會儲存起來，所以你還有辦法嘗試不同的選擇算法，一而再、再而三的改良程序。假設我們正在尋找希格斯玻色子衰變為兩顆光子的事件；這是很罕見的希格斯粒子衰變通道*，根據標準模型，只有遠少於百分之一的希格斯粒子會這樣衰

＊譯注：之後的章節常常會談到希格斯粒子衰變成其他粒子的過程，物理學家依據不同的衰變產物為這些過程、也就是所謂的「衰變通道」（decay channel）命名。比如說，衰變成兩顆光子的過程就稱為「雙光子道」、衰變成四個輕子的就稱為「四輕子道」。

變，實際的數字和希格斯粒子的質量有關。好在我們很有把握能有效率地挑選出光子、並極其精準地量測它的性質；這大大彌補了數量方面的不足。

因此，我們想要辨認光子。大家根據重建的成果檢視對撞事件有沒有出現任何像是希格斯粒子衰變成的光子。不過，比起絕大多數的光子，這種光子擁有更高的能量；光子是光的量子，我們要觀測的光子能量比可見光的光子整整高出了大約十億倍。除此之外，這些光子也是「孤立的」，也就是說在偵測器中，不會有任何其他的粒子出現在它附近。這一點很重要，因為有一種很常生成的強子——電中性π介子在衰變時也會產生光子；在你尋找希格斯粒子時，π介子生成的光子正是背景的雜訊，所幸它幾乎只會出現在強子噴流中，被一堆強子包圍，所以我們可以排除掉這種光子。

然而還有件事需要擔心。在兩個質子團對撞時，很有可能（幾乎是一定）會有超過一對質子相撞。質子團的所有質子對相撞產生的粒子數據都會儲存在一起，可是我們只想關心有產生候選光子的質子對撞頂點。通常我們可以把不相干的質子對篩選掉，有時是利用統計方法（因為大家已經量測過其他類型質子對撞的性質了，大多是2.2節提到的最小偏差樣本）、有時則是因為我們發現了其他質子對撞作用頂點產生的粒子。然而，就算有了這些工具，找光子還是很困難，這是因為光子呈電中性、不會留下任何軌跡，我們通常沒辦法找到它對應的特定作用頂點。

先不管這些了。在選出所有包含兩個孤立光子的事件、並校準了光子的能量和方向的量測值後，下一步是什麼？

我們可以假設說，只有某種未知質量的新粒子可以衰變成這些孤立的光子。在這個假設的情境中，我們其實有辦法估計出它可能的質量大小。雖然兩顆光子分開來看皆沒有質量，衰變生成的「光子對」的總質量卻不是零，這怎麼會呢？因為兩者以極高的速度遠離彼此，所以不論你往哪個方向觀測，都會見到這對光子擁有很大的能量。這必須用相對論來解釋了。如果兩顆光子的行進方向相同，原則上你可以緊追在後；你的速率愈高、測到的光子對總能量就會愈低。這是因為「都卜勒頻移」（Doppler shift）效應。光子的能量和波長會隨之改變，不過它的速度還是不變——光速是恆定的。但如果光子的移動方向相反，追其中一顆光子、另一顆光子的能量測量值也會同時升高，因此不論你跑多快，量到的光子對總能量都不會是零。最後，由於能量等於質量乘上光速的平方，這就代表光子對也擁有質量。我們一般稱這種質量為「不變質量」（invariant mass），因為不論你的移動速率是多少，這個你可以量測、或是計算出來的質量都不會改變。換句話說，不管你是追著一顆光子跑、還是坐在控制室內喝著咖啡，光子對的不變質量都會維持原樣。更重要的，根據能量守恆定律，如果這對光子是從某個新粒子衰變來的，光子對的不變質量就會等於新粒子的不變質量。

接著我們可以依據這些數據畫出直方圖；直方圖的水平軸單位是光子對的質量，分割為一段一段，每一段代表一個小小的質量區間。每次收集到事件的數據，我們都會依據觀測到的光子對不變質量把該事件歸到對應的區間內。如此你就得到了一張數量分布圖，可以展示我們在每個質量區間收集到的事件數量。

就算在這些事件中真的有希格斯玻色子出現，絕大多數我們觀測到的光子還是其他反應造成的。舉例來說，有些不是希格斯粒子衰變的物理過程會生成兩對光子（比方說從夸克輻射出來）。有時候樣本中也會出現假的光子（被誤判為光子的其他少數訊號）。但一般而言，其他來源的光子對的質量分布曲線會很平滑——這些事件沒有理由會聚在某個質量附近。相反地，只要是希格斯粒子衰變而來的光子，擁有的質量都會差不多，所以會在緩慢降低的質量曲線上造出一個峰值。

隨著時間流逝，大家收集到愈來愈多個光子對的數據。分布圖中隨處可見假的「峰值」，在統計上這些結果都不算顯著。我們在這種時候要特別保持冷靜、繼續分析下去；但眾人的情緒都很緊繃、緊張萬分地等著新發現出爐；除了全世界的粒子物理學家，各地媒體也引頸企盼著實驗結果，過去鮮少有媒體會如此關注物理實驗。

在收集更多數據的時候，大家不斷嘗試各式各樣的方法，以確保能非常精確地量出光子對的質量——偵測器反覆校準了非常多次。如果見到了一個峰值，我們能多確定這個能量大小就是自己要的？也許我們會錯過這個峰值，因為可能會有太多的光子分布在錯誤的質量值附近，遮蔽了正確的峰值。現在真叫人捏把冷汗。

## 5.2 「狼來了」

大型強子對撞機現在用的隧道，在一九八九年到二〇〇〇年間是由大型電子正子對撞機使用。大型電子正子對撞機貢獻了豐富的量測成果，協助物理學家建立精準的標準模型理論；其中，科學家將部分的實驗結果輸入標準模型，以精密的方程式估算出模型的希格斯玻色子質量大概會是多少（如果它真的存在的話）。在大型電子正子對撞機中止運作前夕，粒子物理學界出現了好幾場激烈的辯論：大家應該要按照計畫停機，開始打造大型強子對撞機，還是我們應該繼續在儀器的最高能量下進行實驗一小段時間，看看這座儀器的靈敏度極限是否有機會讓希格斯玻色子現身。

延長大型電子正子對撞機的運作時間不但會耗費鉅額資金，還會延宕大型強子對撞機的施工時間。然而，當時有些徵兆（我真的很討厭徵兆）說也許在 115 GeV 質量附近，出現了希格斯粒子。所謂的徵兆不過是幾次似乎有跡可循的對撞事件，但上頭還是決議要多給一個月的時間，來看會不會有新的發現。結果什麼事情也沒發生，所以對撞機最後還是停止運作了。然而還是有些大型電子正子對撞機的物理學家深信他們已經見到了希格斯粒子，質量正是 115 GeV。我就有個同事為了這件事賭上了好幾瓶香檳，還有一位同事在對撞機收工一年後上台演講時，宣稱他們早就觀察到希格斯粒子了——他**不完全**是在開玩笑（後來這位同事成為大型強子對撞機的頂尖希格斯粒子專家，他後來公開承認錯誤了）。可見當時眾人的情緒多麼高漲。

當時我們不斷收集新的數據、每個人都在全心全意關注最新的質量分布圖，尤其是前一節提到的雙光子不變質量分布圖。有段時間質量分布圖中 115 GeV 處的事件數量一直比其他地方高一些些，這讓一群超環面儀器的物理學家全身的血液都衝上了大腦——或是身體的其他部位，其中有幾位本來就很堅信過去的大型電子正子對撞機確實在 115 GeV 處找到了希格斯粒子，可見他們的反應會這麼強烈其實沒什麼好驚訝的。這群人寫了篇內部筆記，誇大其詞宣揚這個新發現，傳遍了整個超環面儀器團隊。很顯然這是個過分誇飾的說法，我個人認為它不甚客觀。

雖然人人都有可能犯類似的錯誤，但是，急於把成果寄給數千名同事看的事，卻極少會發生。原本這個錯誤只有朋友之間會知情，而成員私底下交流正是超環面儀器團隊內部討論這類發現、並過濾不可靠說法的一種方式。不幸的是，有人還是選擇不顧團隊資訊的機密本質，把文件的標題和摘要刊上部落格。內容甚至包含內部作者筆記，上頭列出了幾位很有希望能拿到諾貝爾獎的人，因為他們比同事搶先一步發現成果……

最後的結果是，在復活節連假期間，包括我在內的許多同事，比預期中來得還要忙碌一些。

社會大眾和新聞媒體對希格斯粒子的搜索實驗非常感興趣。大家憂心如果有太多錯誤的消息登上頭版，世人的熱情便會逐漸轉變為冷漠，這樣的話在我們真的有新發現要公開時，眾人可能已經厭倦了再聽到這些消息。但另一方面，要是我們放著這件事情不管，就會讓外界覺得有疏離感；民眾不但會認為超環面儀器團隊是在遮遮掩掩，有些不清楚情況的人也能趁機濫用我們對外的溝通橋樑。在大家盡可能忽視這個錯誤一段時間後，第四新聞台打電話來，我才警覺到這個消息已經傳開了，自己應該要協助超環面儀器回應大眾。

我跟第四新聞台的格魯墨西說明情況，解釋說這件事真的不是在惡作劇，還有這個謠言的消息來源根本就不是通過重重科學審查關卡（參見3.3節）的實驗結果，眾人一點都不該為沒經過審核的結果感到興奮。這篇論文可能會在任何階段出錯，老實說，這項成果的發表方式讓我覺得它一定會有問題。畢竟要是能通過審查，文章應該要由超環面儀器團隊發表、並提交給正式的期刊才是。

當時，大家只清楚作者過分誇大了這些結果的意義。希格斯玻色子的質量的確可能是 115 GeV，但就算是這樣，這些數據並沒有展示顯著的相關徵兆。這次錯誤使文章作者尷尬不已，而且洩密者理應感到羞愧。此外，我認為這次的經驗可能也是個教育媒體和大眾的好機會，讓大家了解「官方結果」和「謠言」的差異。當然這兩者都可能會出錯，但是某個結果蓋上了「官方結果」的戳印，並不代表它取得政策許可、商業認證，或是在政黨和公司行號其他類似的憑證。「官方結果」表示的是，有許多物理學家協力合作、竭盡所能確保這項成果正確，且敘述的方式也沒有問題；這些物理學家隨時都準備好出面為這項成果發聲。這是對複雜的研究成果的真實考驗；這是科學方法的應用。而雖然蓋上「官方結果」並不表示研究成果萬無一失，還是遠比謠言可信得多。

我覺得大家在面對媒體處理這件事的時候愈來愈有自信了。科學家有時對新聞記者的評語太苛刻了。事實是，歐洲核子研究組織現在是個令人振奮的機構，與當年一樣。隨時都有新的數據傳到這裡來，而且處處可見團隊間的合作與競爭，規模可大可小。由此可見，想要保持理性、冷靜研究有時是很困難的。如果連我們都沒辦法一直保持神智清醒，外界大眾會對謠言有很激動的反應看來也在預期之中。我想，或許大家應該要體諒一些煽動人心的標題，不過要是內容有誤導之嫌、還是不該推波助瀾。

在大型研究團隊的職業生活中，論文審查是個必經的艱苦過程。靈感發想通往成果發表的路途舉步維艱，道上滿布凹坑、暗門，還有人會爭論哪裡要用逗號、哪裡要加連字號；通常負責標點符號的是一群又疲累、又憤怒的人，裡頭沒半個成員的母語是英文，每每是在高分貝下討論，結束時總會元氣大傷。但就算困難重重，還有逗號、連字號等問題要處理，論文審查仍是必不可缺的。

與此同時，五月份還有另一場「推進」會議，這次的地點是美國的普林斯頓。一切現況都很美好，而最棒的是在開會的時候大家手上已經有很多實驗數據了。目前我們已經完成噴流次結構中某些新的參數的首次量測實驗。會議上戴維森和阿貢國家實驗室的博士後研究艾偲葵負責報告超環面儀器的首批結果。而西班牙瓦倫西亞大學的博士生維拉普拉納甚至秀出首次出現的極高速重粒子候選人——兩個頂夸克的圖像。

【科學解釋7】

## $\sigma$、機率、可信度

想要客觀判斷自己是否須要認真看待手上數據中的某個峰值，就要利用統計分析方法、並訂定統一的標準。在粒子物理學界，我們通常會用$\sigma$（sigma。讀作「西格瑪」）這個值做為量化標準的方式。

這裡所談的$\sigma$是個參數，表示高斯分布（Gaussian distribution）、又稱常態分布（Normal distribution）的寬度。高斯分布是個鐘型曲線，時常出現在各式各樣的實驗結果中，這是因為在測量的過程很可能會有一些獨立的誤差來源。如果你重複量測某個目標很多次，因為數據包含了很多獨立且隨機的誤差值，最後得到的結果會接近高斯分布。這就是機率學中的「中央極限定理」（central limit theorem）。高斯分布有個以$\sigma$值決定的特徵寬度，稱為標準差（standard deviation）。

現在我們來討論一個理論模型。就拿前幾節提到的雙光子質量分布圖來舉例好了。假設你手上有實驗量測到的數據，散布在理論曲線附近。如果實驗結果的分布圖出現了一個明顯的峰值，你可以用$\sigma$來量化它的顯著程度。我們預期在多次量測結果構成的高斯曲線下，有百分之六十八的結果會落在中央值左右一個$\sigma$的區間內、百分之九十五的結果在兩個$\sigma$區間內、百分之九十九．七的結果在三個$\sigma$區間內。也就是說，如果我們估計出了$\sigma$值，也就是誤差分布的寬度，並見到某個實驗數據落在背景模型預測值三個$\sigma$的距離外，那麼乍看之下，假使這個數據是背景誤差造成的，就一定是不在平均值左右三個$\sigma$範圍內的結果，只占所有可能數據的千分之三而已。換句話說，在理論模型的預測下，這個結果只有千分之三的機率會出現。

這樣的結果可能就會讓你雀躍不已了，傳統上大家的確會把「三個標準差」視為顯著的結果，已經可以做為正式的證據。但你還是要很謹慎。畢竟如果你重複量測某個目標一千次，就可能會有三次的結果是在平均值的三個$\sigma$之外，可能沒有特殊原因、而只是背景誤差造成的。這就是所謂的「旁視效應」＊。你可以估計這項影響，並納入實驗的可信水準（confidence level）中。簡而言之，最後大家同意「五標準差」才是能宣稱自己找到新發現的檢驗標準。也就是說你的「發現」只有兩百萬分之一左右的機率是背景誤差造成的。

---

＊譯注：旁視效應（look elsewhere effect）指的是實驗者要是沒有見到預期的統計顯著結果，常常不死心，想多實驗幾次，於是可能就在某一次歪打正著，得到顯著的結果；這個人為漏洞可以用統計學方法補正。

在其他的科學領域，大家比較習慣直接用機率、或是「p值」（p-value）做為判定標準，我們也很常這麼做。但看來粒子物理學家還是對 $\sigma$ 值比較有感情*。

## 5.3 兆電子伏特加速器出現的峰值

談到在數據分布圖中尋找峰值，物理學家能運用的儀器並不只有大型強子對撞機而已。在兆電子伏特加速器的質子反質子對撞機實驗中，費米實驗室對撞機偵測器收集結果也出現了一個峰值，他們很確實地審查後發表成果[†]、刊登在期刊上。這篇論文在物理學界激起了一陣波瀾、大家還為此特別召開一場研討會。比起未經授權洩漏資訊，這在科學研究界是比較常見的事。這項結果如果真的被證實，會是個很重大的發現；而在說服所有人之前，我們還須要認真辨別它的真偽。

費米實驗室對撞機偵測器團隊量測的是有產生一個W玻色子和兩道強子噴流的事件，W玻色子會再衰變為一個電子或緲子、以及一個微中子。接著他們計算這對噴流的不變質量。結果在 150 GeV 質量範圍附近，團隊觀測到了不在標準模型預測之中的超額事件。

這次出現的峰值可能是一種新的粒子在生成後衰變為兩道噴流的訊號，這種粒子有點像W玻色子、不過重了一倍左右。科學界沒有人認識這種粒子，這可能是值得慶祝的一件事。大家抱持期待的幾個理論並沒有半個能完美解釋這個粒子，不過在一天之內就已經有幾篇新的理論文章試圖說明為何它會存在。如果這項結果正確，就會是基礎物理知識的重大進展，但是大家還要花好些時間來透徹理解它。

基於很多原因，我們真的要步步為營才是。首先，這有機會只是個統計上的偶發事件而已。該篇論文宣稱這個峰值只有萬分之一的機率會是誤差造成的。機率的確很小。然而，相同的分布圖其實還不少見。如果你得到一千張不同的分布圖，就有十分之一的機會能在其中找到一幅有這種特別徵象的分布圖。不過這個機率仍是不大。而且我也不清楚是否真的會有一千張圖和這次的結果一樣有趣。

還有一件要顧慮的事情，這次和統計誤差（statistical uncertainty）不太相干了：實驗數據和理論預測兩者其實都沒有很精確。舉例來說，噴流能量大小平均的誤差大約有百分之三。這屬於系統誤差（systematic uncertainty）。系統誤差比統計誤差更難用機率方法來評估。如果我們知道噴流能量大小的誤差大概是百分之三，就表示實際上有可能每道噴流的能量都和預期值差百分之三。

如果這個誤差屬於統計誤差，百分之三的誤差也許會對到一個 $\sigma$ 的範圍，代表我們預期量測結果會有百分之六十八．二的值，落在正確值上下三個百分比的範圍內。（參見【科學解釋7】）不過要是誤差屬於系統誤差，就不一定會這樣了。有可能所有的量測結果都同樣比預期值高出百分之三。想

---

＊編注：換句話說，資料中一再出現的「異常值」等於潛在的新發現。而 $\sigma$ 值告訴我們這發現有多異常、多不可能只是誤會一場。就是所謂「統計顯著」的程度。$\sigma$ 值對應的機率就是p值，$\sigma$ 愈大愈好，p則愈小愈好。

†原注：參閱連結 arxiv.org/abs/1104.0699。

要估計這種情況發生的可能性也不容易。在統計誤差的例子中，如果「百分之三」對應到「一個σ」，每次量測結果便會有百分之六十八．二的機率落在正確值上下三個百分比的範圍內。假設誤差值呈常態分布，那麼兩個σ的範圍，也就是百分之九十五的結果就會落在兩倍誤差區間——上下百分之六的範圍內。但是在系統誤差的例子中，誤差不太可能是常態分布，所以我們很難幫結果附上對應的機率大小。費米實驗室對撞機偵測器團隊在考量很多這類的因素後，估計出峰值為假訊號的機率是原先的八倍（當然，那也不過是萬分之八）。

後來兆電子伏特加速器的另一個團隊D－零，繼續進行這項實驗，卻沒有得到類似的訊號；超環面儀器和緊湊緲子線圈的實驗結果也一樣。最後就連費米實驗室對撞機偵測器用新的方法分析更多數據後，也沒見到和之前相同的峰值。因此這次的發現就像上回宣稱找到希格斯粒子的謠傳一樣，看來是某種失誤。不過上次的謠言在事前並沒有經過有關領域的實驗學家審查（我和其他超環面儀器的同事），後來經過檢驗後也的確以悲劇收場。相反的，費米實驗室對撞機偵測器的成果不但經過實驗團隊和期刊審核，分析的品質也好上許多。但就算如此，這項成果因為**無法重現**，應該得歸類為「假訊號」了。

然而，我還是覺得在實驗初期有這些失敗的經驗很值得。這些經驗說明大家內心有多麼焦慮、又是承受了多麼大的壓力。此外，這些的教訓也讓交叉比對和檢查實驗成果等工作變得很重要，大家也不再覺得枯燥了；超環面儀器和緊湊緲子線圈無時不刻都在比對、討論結果，盡力確保在未來某一天我們發表任何希格斯粒子的搜尋結果時，不會被人撤回、或和其他的結果相衝突。但或許最重要的還是，人人自此之後更強調誠信和可重現性這兩件事了。

請一兩位旁人分別檢查你的結果，會找出自己看不到的問題。誤差的原因有很多，像是疏漏掉某個細節、自己癡心妄想亂解釋結果，或只是因為你用的根本是粗製濫造的程式。粒子物理學的研究很少會具有營利目的（雖然我們的職業生涯和這些實驗息息相關）；然而在其他科學領域，好比探討新療法或新藥療效等研究，就會攸關生死了。老實說我很訝異，許多和醫療保健有關的決策（像是決定要不要給某個新藥許可證）參考的研究結果竟然從未公諸於世。我想說的是，就算決策是基於優質、可信的分析結果，還是有機會出錯，所以沒有人可以毫無保留地相信它。研究成果應該要由不同的科學家獨立審查，理想上更要能在別的實驗中重現。我們這麼做甚至不是因為完成實驗的科學家可能在說謊（不過要是某項研究牽扯到大筆財富，不考慮這點也許就太天真了），而是因為如果科學家不讓外面的人仔細檢查自己的實驗，可能就會在不知情的情況下發表錯誤的結果，而世人將永遠不會察覺到有什麼問題。在有人濫用誹謗法，來打壓科學家對研究結論或分析方式的批評時，我們擔心會出現類似的問題，而且情節可能更為嚴重。不論原因為何，只要犯了這樣的錯誤，就會浪費掉很多錢、大家都會嘗到苦果。

論文審查者也保障我能安心睡個好覺。早年我有一篇論文在討論質子對撞的強子噴流生成速率測量實驗，參考的數據是宙斯團隊收集的。我用自己寫的程式畫出論文中的數據圖，同時也注意到要完成非常多道手續才能把原始的數據導為結論。此外，我十分清楚之後也許會有別的團隊——H1實驗的物理學家會重複這次的實驗，並在大家得到更多數據後，量到更精準的結果。所以我此時犯的任何錯誤最後都一定會被人發現。但我們終究是最先做這個實驗的人，在我們測量結果之前不會有任何人知道答案。

我在分析數據前期不時發現一些可能會大幅改變結果的錯誤。後來情況終於穩定下來，誤差的範圍變得愈來愈小。後期我只是在追查誤差槓*上微小的不一致處，這些都很微不足道，就算其中有些真的是某些錯誤造成的，基本上也不會影響到分析的結論。

就算如此，在發表論文的前一到二周，我還是會在半夜驚醒好幾次，擔心自己還沒檢查到的部分是否出錯。唯一能讓我（相對上）平靜下來的，是我知道論文最後結論的數據圖是我和另一個人各自獨立完成的。這是宙斯團隊的規定，每一項成果都要由兩位以上的物理學家獨立分析才可以發表。實際上，「第二名分析者」和我在不同階段比較彼此結果的時候，都有發現對方分析中的幾個小缺陷。不過，我們兩人會一起犯相同的重大錯誤、而把原先結論翻盤的機會真的非常小。想到這裡我就能安心躺回床上了——但是在我起床後還是會繼續檢查。

無論如何，我們的結論是正確的，而且我很以這篇論文†自豪，這項成果大大增進了大家對光子、質子，以及強核力的認識。

大家是否會用心反覆檢驗結果，要看我們有多麼渴望獲得答案、還有多麼想要以自己的觀點詮釋萬物運行的法則。在所有的科學研究中，你的答案最好是正確的，工程師甚至比我們更在乎這件事。畢竟大自然才不會理會人類犯的錯誤，有人甚至可能因此而死。也許看起來，找到一個不討喜但正確的答案算是個挫敗，但依循廣受歡迎卻錯誤的結論行事，卻是非常致命的。

我認為科學和政治間有個斷層是：上述的因果關聯在政治界比較不明顯。不管政治人物持有怎樣的成見，都沒辦法改變碳排放、強姦、施打疫苗會造成的結果，因為背後機制是客觀科學的。但是講到經濟和社會的變動，或許他們真的有幾把刷子。說服大眾存更多錢、或大量消費，你就可以影響經濟；說服大眾支持、或抵制全民健保，你就能改變整個社會。可以理解為什麼政治人物、遊說團體，以及藥廠的經理，有時候會搞不清楚到底分界在哪裡。

甚至在面對一些於法有據的結果時，政治人物還是可以用三寸不爛之舌或多或少改變現實情況。然而，這種政治界的伎倆在物理界可不太能行得通。不論量子力學、或是觀測者造成的影響給你的困擾有多大，不要想說自己可以拜託重力給你放一天假。

【科學解釋8】

## 費曼圖

費曼圖是物理學家很好的夥伴，卻也是個十分難纏的對手。我在本書描述物理現象時，腦海中幾

＊編注：圖表上的成對標記，標示出該筆資料的統計誤差範圍。

†原注：參閱連結 arxiv.org/abs/hep-ex/9502008。

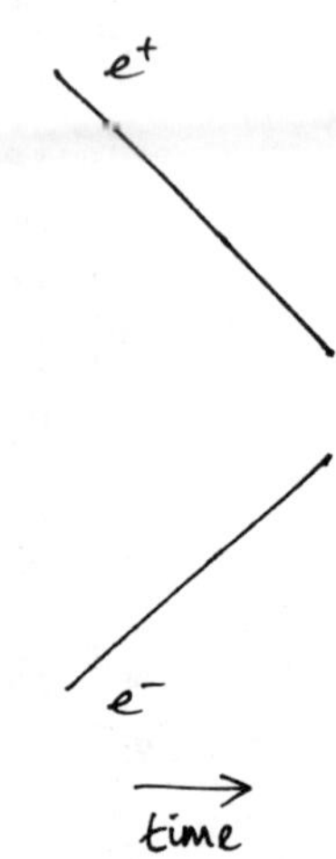


乎都會浮現出費曼圖的影像。很快的（其實就在下一節）我就得實際畫下一些費曼圖，並解釋其中的奧妙了。因此現在我應該要來說明為什麼這項發明如此傑出，還有為何大家在運用費曼圖時須要很謹慎。

物理學家利用量子力學的振幅（參見3.3節）來描述一個、或多個粒子從某個態轉變為另一個態的過程，而用來計算振幅的物理方程式有個很像是漫畫的表示法，那就是費曼圖。系統的初態可能是大型強子對撞機的質子中的一對夸克，而終態幾乎可以是任何東西。現在我來做個簡單的示範：假設我的初態是在大型電子正子對撞機中對撞的一個電子和一個正子（這座對撞機和大型強子對撞機使用同一條隧道，但早了十年），另外我拿一個緲子和一個反緲子做為終態。

上面這張圖就是電子（$e^-$）和正子（$e^+$）。下方箭頭，左到右代表時間方向。

每一個入射的粒子都用費曼圖上的一條線來代表，而每條線都對應到計算反應過程的方程式中的某一項

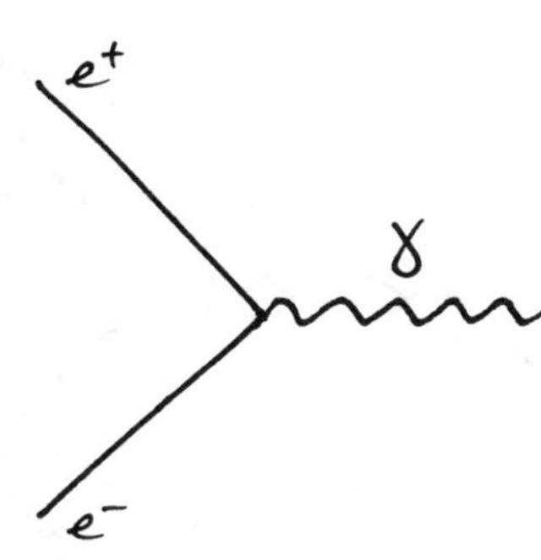


（我不會把這些項寫出來）。接著我們讓電子和正子對撞，相互湮滅成一個光子（$\gamma$），如上圖。

這三個粒子相遇的作用頂點，在方程式中也有對應的項。在現在的例子中，這是個很單純的項，只是一個數字——電子的電荷。作用頂點代表電磁交互作用，而這項作用發生的機率大小決定於電子的電荷值。

接下來，光子行進了一段時間後、透過另一個作用頂點衰變，現在這項作用的機率大小由緲子的電荷值決定（剛好和電子的電荷一樣大），如二〇八頁圖所示。

終態的兩個粒子為緲子（$\mu^-$）和反緲子（$\mu^+$）、還有代表光子的彎曲線條，在方程式中也都有各自對應的項。這條內部波浪狀的線就是所謂的「傳播子」（propagator），物理學家稱它為一個「虛粒子」（virtual particle）。這是因為雖然這個粒子在計算振幅的時候扮演重要的角色，卻永遠不會在終態現身，科學家無法直接觀測到它，所以從這個角度看來這並不是個真實的粒子。此外，這種粒子「虛」的特性讓它可以擁有一些怪異的性質。舉例來說，虛粒子的質量不一定要和它對應的真實粒子一樣。像這裡虛光子的質

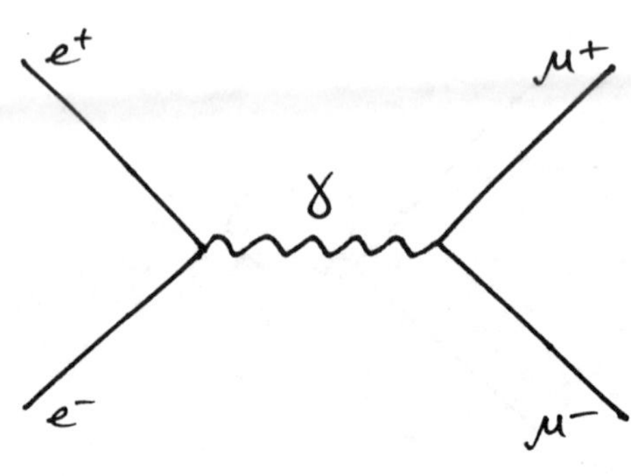


量就不一定為零——事實上，大型電子正子對撞機的虛光子不能沒有質量，因為它須要保持靜止，還要攜帶大量的能量，所以根據你已經很熟悉的著名公式 $E = mc^2$，這個虛光子的質量會大於零。

要計算這個反應過程的發生機率，你只要把振幅平方，再把結果和粒子通量（flux）以及相空間（phase space）這兩項因素整合，就可以了；粒子通量表示入射電子和正子的數量，相空間則代表有多少可能的終態形式。這沒有很複雜。費曼圖賦予物理過程一個十分直觀、看起來又像是撞球的描述方式。

先停一下！現在開始就要步步為營了。費曼圖只是代表振幅而已，在把振幅平方轉換成機率之前，你必須加總所有可行過程的振幅。我們還漏掉了另一個反應過程。原本圖中的彎曲線除了能表示光子，其實也可以是個Z玻色子，變成二〇九頁圖所示。

因為這張圖的初態與終態和原本的過程一樣，我們必須把它對應的振幅和之前光子的振幅相加，才能得到總體的振幅。而實際在大型電子正子對撞機的實驗中，我們把電子和正子的對撞能量調整為Z玻色子的質量（因此Z傳播子可以有正確的質量），所以Z玻色子的振幅會比光子的振幅還要大上許多。

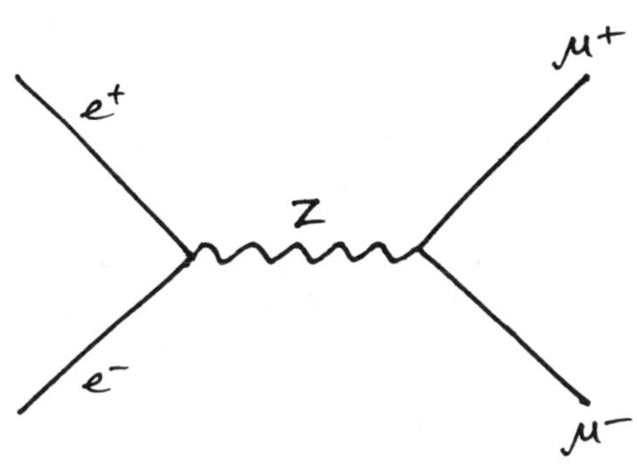


接著我們把兩種振幅加總的結果平方，就能得到最後的機率值。注意，兩個步驟的順序很重要——先相加、再平方，倒過來就不一樣了。因為量子力學正是在此處展現出與「波」相似的性質。

我用光子（photon）的P來代表第一個振幅，Z玻色子的Z表示第二個振幅。兩者相加會得到總振幅$T$，寫下來會是$P + Z = T$。因此機率值$T^2$就是$(P + Z)^2$。如果我搞錯了運算的順序，就會得到不同的結果：先各自平方兩個振幅再加總會得到$T^2 = P^2 + Z^2$。只要你明白振幅不一定是正值，就能很快看出兩種答案差在哪裡了。假設現在$P = 2$，$Z = -2$。用正確的順序算會得到$T^2 = (2 - 2)^2 = 0$，這是兩個振幅相消性干涉的例子。而如果是用錯的順序，就會得到$T^2 = 2^2 + 2^2 = 8$。

如果你真的把費曼圖想成和撞球相似、能代表實際反應的一種物理圖像，就應該永遠不會得到干涉效應，你得到的答案永遠不會是零。這麼想就忽視了粒子交互作用內蘊的量子性質，而無法描述真實的數據。

最後，這些令人讚嘆不已的費曼圖有個你意料不到之處……。除了上述的反應過程，其實還有一些振幅是理應考慮進來的。舉例

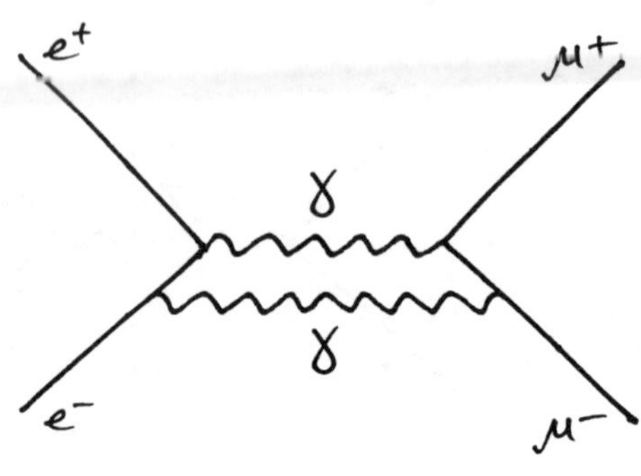


來說，沒有什麼理由不可以交換兩顆光子，像是上圖這樣。

所以我們應該也要加上這項振幅才是。現實世界有無窮多種可能的圖像，一個比一個還複雜，原則上全都應該要考慮進來。好在新加入方程式的作用頂點，也就是三、四個粒子相遇的點，伴隨的數字會愈來愈小。這幫物理學家解了套，我們實際上只須要計算幾張圖就行了。費曼圖變得愈複雜，就愈不重要。這代表你只要計算頭幾張費曼圖，就可以得到非常精準的答案；比較複雜的費曼圖都只是微小的修正項而已。這就是微擾理論（perturbation theory），我在6.2節還會有更多說明。而且微擾理論也並不總是這麼好用

這就是費曼圖：優雅的重要工具、直觀的好幫手，但要是沒有謹慎運用，你就有可能會被它欺騙。就連最優秀的物理學家有時也會被費曼圖誤導。

## 5.4 W玻色子和W玻色子對

二〇一一年夏天，大型強子對撞機的實驗數據開始浮現出一些徵象，有可能是暗示希格斯玻色子存在的第一批線索，也可能不是。大多數的徵象源自於質子對撞產生的W玻色子對數量。實驗結果的W玻色子對比預期的還要多一些，這可能是因為在粒子生成的過程中有出現希格斯玻色子。示意圖如下頁。

在腦中想像有發生這種反應的確會讓人喜不自禁，但可想而知的，我們還要考慮不少統計上、以及系統的限制條件。

如果希格斯粒子擁有夠大的質量（因為 $E = mc^2$，能量對應到靜止質量），它就會在極短的時間內衰變成一對W玻色子。因此要是實驗真的有出現希格斯粒子，W玻色子對的超額數量會是我們可能見到的第一個徵兆。

可惜和衰變成光子的情況不同的是，希格斯粒子衰變成雙W玻色子的事件並不會造成類似的峰值。一般來說，如果你可以測量衰變產物的能量和動量，就能回推原始粒子的質量（這裡就是希格斯粒子）。很可惜的，這邊談的W玻色子會進一步衰變為電子、緲子，以及微中子。我們雖然可以很精確地測量電子與緲子的性質（利用內層的粒子軌跡偵測器、量能器和緲子系統），卻沒有辦法觀測微中子。微中子幾乎不與其他物質交互作用，包括我們的偵測器在內。想要見到一個微中子，你需要一個比超環面儀器大上許多、而且更緻密的偵測器，以及數十億個微中子才行。因此我們團隊是見不到微中子的。微中子帶走的動量總是有跡可循，但我們還是沒辦法藉此重建出質量分布圖的希格斯粒子

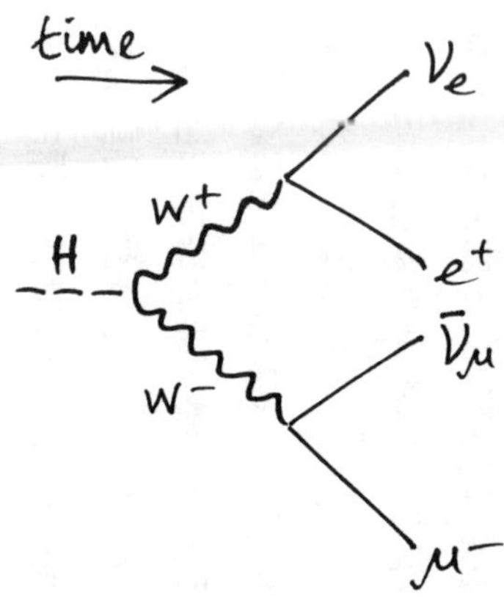


一個希格斯玻色子（以H表示）衰變為$W^+$和$W^-$的費曼圖，這對W玻色子接下來又衰變成幾個輕子。

峰值。

這是為什麼我們觀測到的W玻色子對超額數量很容易受到不穩定理論模型影響的原因之一。你不用懂得大部分的理論，就能知道手上的數據圖有沒有出現峰值。畢竟要是你見到一個統計上顯著的峰值，就表示很可能有什麼新的東西，不管理論學家怎麼說都一樣。然而，大家現在沒有辦法重建出峰值，因此我們只能實際去算W玻色子對的總數量，看看是否有比預期的多。理論模型決定預測值，可惜這些模型可是有很多誤差的。

六月十四日午夜，超環面儀器和緊湊緲子線圈跨過了一個重大的里程碑，這比大家原先預期的整整早了六個月。加速器團隊成員在年初為自己設了這個目標，希望能在二〇一一年的實驗中提供偵測器總光度一飛邦反比的數據。總光度決定了偵測器可以量測到的質子對撞事件的總數量。粒子物理學家為了表達內心的激動之情，在隔天會議的進度簡報上放了幅香檳的插畫來慶祝。

這個數目的里程碑其實沒有什麼特別的。然而，前一年有很多的研究成果和預測都是用一飛邦反比做為「預測值的底線」，可見人人都很清楚這麼大的數據量可以用來做相當多的物理研究，也有信心我們的加速器能以理想的步調持續不斷產出實驗結果。

很碰巧的，超環面儀器第一篇關於希格斯粒子搜尋結果的論文*，也在同一天提交給期刊。目前還沒有希格斯粒子的跡象，但不難看出，我們在不久之後就會抵達終點了，在旅途中含有W玻色子對的衰變通道也會扮演舉足輕重的角色。

## 5.5 微中子界在同一時間的進展

就連在二〇一一年，粒子物理學家的心思也不是全被大強子對撞機占據。

在日本仙台市（Sendai）南方大約兩百公里處，有兩座大型的粒子物理實驗室。其中一座是位在茨城縣的東海村（Tokai）海邊的高功率質子加速器實驗設施（Japan Proton Accelerator Research Complex，J－PARC），它提供微中子束給遠在兩百九十五公里外，岐阜縣飛驒市神岡町（Kamioka）一座礦山底部的超級神岡探測器。這就是T2K長基線微中子實驗†。

---

*原注：參閱連結 arxiv.org/abs/1106.2748。

†譯注：T2K是 Tokai to Kamioka，東海到神岡之意。

首先，微中子束在高功率質子加速器實驗設施內的標靶生成後，研究人員會先在標靶附近量測它的性質（方法是讓質子猛烈撞擊標靶，實際的情況更複雜一點，但基本原理就是這樣）。接著微中子束會走過兩百九十五公里的旅程，幾乎完全不會受到途中的岩石干擾，最後抵達超級神岡探測器。這座探測器是顆深埋地底的巨型球狀容器，裝滿了五萬公噸的純水，球面內側則布滿一萬三千具光子偵測器。在這裡有一些微中子會和純水交互作用。

根據標準模型，微中子會和一個反輕子同時生成，這個反輕子有可能是反微中子、或是帶電的反輕子——像是正子、反緲子、反濤子。科學家在微中子與帶電反輕子一起出現的時候，以反輕子的種類標記微中子，比方說電子微中子、緲子微中子，或是濤子微中子。這個標記稱為「風味」（flavor）。相同的，一旦微中子和超級神岡探測器中的純水反應，大多數的時候也會產生電子、緲子、或是濤子，所以你也可以在微中子的旅途終點幫它取名字。

不過有一點要注意，微中子也擁有質量。在微中子行進時，質量實際上才是關鍵的角色，因為它決定了微中子的能量和動量之間的關係。如果你把微中子想成一種波，質量就會決定它的波長，這其實才是正確的觀點。

奇怪的事情在於，這些質量標誌（稱為$m_1$、$m_2$、$m_3$）並沒有和風味標誌（電子、緲子、$\tau$）一一對應。每一個風味都由幾種質量標誌組成，而微中子在行進時，各項質量對應的不同波長的波有時同相、有時不同相，因此微中子會在不同的風味之間震盪。有鑑於此，你在超級神岡探測器見到的風味標誌，不一定會和你在高功率質子加速器實驗設施見到的一樣。

之前已經有人觀測到微中子震盪（neutrino oscillation）這個現象了；大家就是據此證明微中子具有質量的。在一九九八年之前的上一代標準模型中，微中子的質量為零。當時物理界有個未解的著名難題「太陽微中子問題」，這源於六〇年代一個頂尖的測量實驗——戴維斯（Ray Davis）和貝寇（John Bahcall）帶領的霍姆斯代克實驗（Homestake experiment）。這項實驗所用的偵測器位在美國南達科他州的一座礦場，科學家用這具儀器來測量太陽微中子到訪的頻率，並拿太陽核反應理論預測的數值來比較。最後他們觀測到的微中子數量比預期的還要少。當時眾人拋出了各式各樣的解釋，有的人說實驗可能做錯了（因此這項實驗後來又用其他的方法獨立實驗了好幾次），有的人則說是我們描述太陽的理論出了問題。沒有人可以在貝寇的模型中挑出任何毛病，不過也有一個駭人聽聞的可能性。微中子和光子都是在太陽內部生成的，太陽中心的核反應頻率決定了這兩種粒子的數量。從中心生成的光子會在太陽的電漿中一而再、再而三的被帶電粒子散射，要足足花上幾千年才能離開表面；相反的，微中子因為幾乎不和物質作用，馬上就會遠走高飛。因此，微中子的數量不如預期可能是因為太陽的核心正在老化；我們今日見到的陽光其實是數千年前的核反應產生的，這代表核反應現在可能已經減弱許多、甚至是完全停止了。要是真的如此，現在的太陽應該不穩定如風中殘燭，全人類其實是靠借來的時間苟延殘喘著。

後來大家發現真正的原因其實是別的因素，鬆了好大一口氣。霍姆斯代克實驗量測到的只有電子微中子而已。因此，如果微中子從太陽飛來地球的時候轉變為緲子微中子、或是濤子微中子，原本的電子微中子在抵達偵測器時因為變成了其他的兩種微中子而不被偵測到，這就是微中子數量短缺的原因。這些微中子至少要有部分具有質量，才會出現這種風味震盪現象。有此可知，戴維斯和貝寇是對的、太陽物理學也是對的，出錯的是標準模型。

這項重大的突破是在一九九八年出現的，超級神岡探測器在宇宙射線撞擊高層大氣分子所產生的微中子身上，見到了風味震盪現象。後來加拿大安大略省的薩德柏里微中子觀測站得到了更直接的證據；這座觀測站是一座裝滿重水的水槽，用的是另一種技術，可以量測到來自太陽全部的微中子，不論風味。實驗結果指出微中子的觀測數量和太陽模型的預測值相吻合。

在那之後，科學家利用加速器和核反應爐產生微中子束來研究微中子震盪現象，精密度更勝以往。鳴響第一槍的是主入射器微中子震盪搜尋實驗（Main Injector Neutrino Oscillation Search），簡稱為米諾斯實驗（ＭＩＮＯＳ）＊。這個名字取得很好，不過明尼蘇達–伊利諾微中子震盪搜尋實驗（Minnesota-Illinois Neutrino Oscillation Search）也有同樣的簡稱；這項實驗的微中子束從伊利諾州的費米實驗室飛往明尼蘇達州的蘇丹礦區。Ｔ２Ｋ實驗就屬於這類型實驗的下一代計畫。

現在回到巴黎的國際高能物理大會上。科羅拉多大學的茲莫曼在會議中報告了Ｔ２Ｋ實驗首次量測到的一部分微中子事件。研究人員在收集更多的數據時一邊分析第一批結果，人人都很期待成果出爐；不幸的是，二〇一一年三月的駭人大地震摧毀了仙台市，時間點剛好在一場研討會前夕，Ｔ２Ｋ原本要在這場會議上報告微中子震盪現象的首次觀測結果。實際上，當時世界各地接連計畫了好幾個相關的研討會。Ｔ２Ｋ實驗室因為地震嚴重受損；在情況最糟的時候，高能加速器機構和高功率質子加速器實驗設施的所有網站、以及電郵地址全都連不上線。Ｔ２Ｋ的微中子實驗大樓全員安全撤離，不過全世界的研討會還是全都同步延期了，要等到日本的團隊首先發表成果之後再舉辦。終於，團隊在六月份公開發表了這批結果——T2K觀測到緲子微中子轉變為電子微中子的徵兆。

一直以來，標準模型其實都有修改的空間可以讓微中子擁有質量，有些人的確這樣做過；不過這次的更動程度非常大。「舊的標準模型已死——新一代的標準模型萬歲！」雖說如此，因為這次改變造成的影響真的很廣，大家花了很長的一段時間才透徹了解新的架構。直到現在，有時我在審閱博士生的畢業論文時還會在介紹章節讀到：「根據標準模型，微中子的質量為零……。」

一九九八年之後的標準模型中，微中子震盪現象可以用內含三種角度參數的矩陣來定義。至二〇一一年之前，已經有幾個實驗團隊量測到其中兩種角度的值，米諾斯實驗就是其中一個團隊。不過大家還是不清楚剩下第三種角度為何，實際上，它本來有可能是零。然而T2K的實驗結果指出這個角度應該不為零（可信度為兩個標準差）。如果這項成果獲得證實，就會是個影響深遠的新發現。

其實這個問題牽涉到的領域不只是微中子而已。自然界所有的基本物質粒子都擁有三種版本、或說是三個「代」（generation）[†]。夸克和微中子一樣，也有三個不同的版本。一代的粒子會比上一代還要重，所以緲子基本上是比電子重的下一代粒子、濤子又比緲子更重。同樣的，頂夸克比奇夸克

---

*譯注：米諾斯（Minos）是希臘神話中的克里特之王，冥界三判官之一。

†譯注：「代」是基本粒子的分類方法，不同代之間粒子的風味量子數（又叫「味荷」）以及質量不同。特別強調，作者提到的三種風味的粒子其實就是粒子的三種「代」。

重、奇夸克又比上夸克重。

此外，我們藉由觀測大型電子正子對撞機的Z玻色子衰變現象，得知如果有超過三種以上的代，後代粒子的質量就會大上許多——就算是微中子也會如此。要不然這些代的粒子就會其他方面有更詭異的區別。目前看起來，自然界的基本粒子擁有三種不同的版本、而且應該只有三種。不過，標準模型並沒有預測這個性質，這只是看來是對的而已。

這件事非常奇怪，而且和物理界一個重要的開放性問題有所關聯：「反物質都到哪裡去了？」日常所見的物質以及所有的原子基本上都是由第一代基本粒子組成（上夸克、下夸克、電子），另外兩種版本，或說是其餘兩代粒子，似乎有點是多餘的。然而，這項事實隱含了引人深思的意義，說明背後應該有更為深刻的理論：三個代**剛好**可以讓物質和反物質有所區別——物質和反物質的差異只會在你混合三種、或三種以上版本的粒子時出現；如果只混合兩種、甚至只有一種版本的粒子，就不會有差。實驗證明，不同代的夸克之間確實會互相混合、而夸克和反夸克的差異也是源自於有三代的夸克會混合*這個性質。

大家不確定的是，微中子是否也擁有一樣的性質？這要回頭談混合的角度這件事：如果第三種角度參數是零，微中子和反微中子就不會有差別，原因是我們只能混合兩個代的粒子。反之，如果（唯有）要第三種參數不為零，物質和反物質就會不一樣；不論輕子或是夸克都是如此。既然我們是由物質、而不是由反物質組成的，兩者間是否有差別當然非常重要。整個宇宙，或至少在我們可見的範圍中的所有事物，為何都是由物質、卻不是由反物質構成的？在物理學和宇宙論中，這是個不同凡響的問題。我們有實際觀測到夸克、反夸克各別的交互作用之間有微小的差異，卻似乎不足以解答這個問題。因此，要是未來有人發現微中子和反微中子也有類似的區別，除了能為物理學添上一筆嶄新的重要知識，或許也有辦法讓大家了解在我們目前對物質和反物質差異的認知中，還缺少了哪一塊拼圖。

無論如何，第一步都是要先確認微中子是以三種角度參數混合、還是只有兩兩成對混合；畢竟如果我們要用標準模型說明為何物質與反物質會不對稱，這是不可或缺的一項條件。目前為止，T2K的成果說明微中子震盪應該有三種角度參數，不過現在的誤差還太大，眾人不是很篤定。與此同時，中國、韓國的物理學家正在努力用核反應爐進行類似的研究……稍後我會回來介紹這個部分。

## 5.6 量子場和遺失的引言

六月七日，我受邀到歐洲核子研究組織主持一場以超環面儀器噴流量測結果為主題的研討會。每次我主持研討會都會學到一些東西，就算聽眾可能什麼也沒吸收到。這回我學到的是，不是所有的事

＊譯注：在弱核力的作用下，三個代的上型夸克（上、魅、頂）和下型夸克（下、奇、底）會互相轉變，共有九種組合，而每種途徑會疊加在一起。好比上夸克便混合了「下↓上」、「奇↓上」、「底↓上」三種可能，這就是作者說的「夸克混合」的意思。只有在三個以上的代互相混合的情況下，弱核力對普通夸克和反夸克的作用才有所區別。作者在第七章和第九章會有更詳盡的介紹。

物都可以在網路上找得到。這我早就明白了，但還是需要提醒。

噴流量測實驗帶給我們許多有關強核力、也就是量子色動力學的知識；強核力就是將核子束縛在一起的作用力。眾人確實花了不少時間討論大型強子對撞機有機會能找到「新的物理」的方式，「新的物理」就是新的粒子、或作用力，甚至也有可能是額外時空維度這種更奇異的事物。然而，就算是我們熟悉的基本作用力，好比強核力，也還有許多新的知識等著大家發掘。

整體而言，強核力是一門很艱深的學問。有些強核力的效應是不可能（至少很難）用現今的技術去預測的。強子的質量、以及強子內部夸克與膠子的組成分布……大多的資訊都可以用量子色動力學不同的方法計算出來，但就算原則上只要用理論就可以導出所有的結果，我們還是須要參考實驗的觀測值才行。正是因為交互作用很強，這類的計算非常困難。強交互作用下的量子場會顯現出非常複雜的性質、相關的理論十分引人入勝，值得好好研究。

先不談這些。我記得十年前自己在一場演講引述韋爾特曼的話。韋爾特曼和胡夫特因為在基本作用力的研究中有所斬獲，共享一九九九年的諾貝爾物理獎。他的話大概是這個意思：

> 如果大型強子對撞機找到希格斯玻色子、或是超對稱的證據，大自然就會損失了一個寶貴的機會，可以促使人類去深入理解強交互作用量子場的理論。
>
> ——諾貝爾物理獎得主韋爾特曼（**他應該是這麼說的**）

韋爾特曼想說明的是，假使大型強子對撞機有能力找出希格斯粒子、或是超對稱性的證據，就表示物理學家目前分析量子場論的技術已經「足夠」用來處理這些問題了。相反的，如果希格斯粒子不存在，在大型強子對撞機的能量級下，就連弱核力與電磁力的作用強度都很有可能會大幅提升，這樣大家對兩種作用力的了解便會變得十分有限了。一般而言，在這種情況下想要透徹理解任何事物，就應該要先增進我們自己對強作用力的認識。

想當然耳，我在那場演講要呼籲的，就是大家無論如何都應該要這麼做才對，畢竟我們已經知道有一種基本作用力是強作用力了。

因為想要再引用一次這段話，我上網找這句引言的出處，你應該也會這麼做。我知道自己印象中的字句應該和原來的引言有所出入，於是在 Google 嘗試了幾種常見的關鍵字組合查詢方式，如此這般。我失敗了。

在絕望中，我搜尋自己當年的演講內容，因為我知道當時有引用過這段話。我好不容易挖出陳年的密碼，進到自己的網站，最後卻只查到演講的簡報——裡面只有引言的大意而已，內容如下：

（和前面我寫的句子意思差不多……最後是一句：「今天早上我找不到原本的引言」。）

——喬恩．巴特沃斯（大概十年前）

該死的。

我知道自己在當年那場演講的幾個月之前，曾在荷蘭的核子與高能物理研究機構見過韋爾特曼，這個機構是荷蘭的國家級次原子物理實驗室，位在阿姆斯特丹。因為韋爾特曼和該機構合作，當時實驗室的成員正在慶祝他得到諾貝爾獎，而我碰巧也在那主持一場研討會；時逢周休，蘇珊娜也陪我一同前往。我們兩人受邀參加慶祝派對，喝過幾杯香檳後，我自己有點想追星，便在蘇珊娜的鼓勵下請這位偉大的物理學家在我的《簡明指南——阿姆斯特丹》（*Rough Guide to Amsterdam*）上頭簽名。我推測這段引言有微乎其微的可能是我在派對上直接從他本人口中聽來的。若是如此，真希望我的詮釋正確無誤。無論如何，這項觀點仍是對的，我在歐洲核子研究組織的研討會上又引用了一次。

## 5.7 排除極限：玻色子大反擊

二〇一一年夏天，在高能物理會議如火如荼地展開時，大型強子對撞機還是持續出產大量的實驗數據（也可以說很多「邦反比」）。同時，我們也不斷呼籲大眾不要去理會未經正式授權的傳言，因為這些謠傳並沒有經過同儕審查。不過這也表示大家肩頭累積的壓力愈來愈大了，人人都很希望能儘快獲得真正的數據、並儘快完成審查與認證程序，以發表正式的結果。大夥兒二十四小時接力（和字面上的意思一樣，因為超環面儀器這個團隊的合作成員橫跨了許多時區）亂中有序地分析、交叉比對實驗數據，以及討論、查證研究結果。希格斯粒子並不是大家唯一的焦點，我們也致力於搜尋其他可能在對撞事件中出現的過程、以及觀測實際上有發生的現象。最後一項工作占據了我絕大多數的時間，因為這正是我主持的團隊的主要工作。

然而，就算我如此沉浸於實驗觀測工作，還是無法忽視搜尋希格斯粒子的進度。實際上，我的團隊量測的部分結果（像是W玻色子對的生成過程），正是大家搜尋希格斯粒子時用來交叉比對的數據、也是他們在實驗時參考的重要數據。終於，大家整理好實驗結果，準備參加下一場大型會議——歐洲物理學會（European Physics Society，EPS）在法國格勒諾勃舉行的會議。

然而我很擔心樣本偏誤，這常常是科學家的困擾。我們盡一切心力建設實驗來尋找解答，卻也擔心可能因為主觀偏誤而得到錯誤的答案，這件事對我們來說是一場夢魘。任何實驗都有可能會出錯，但對於大型強子對撞機這類的大規模實驗，以及希格斯玻色子是否會現身等重要問題，偏誤造成的差異更是顯著。

我一得知超環面儀器的結果，便寫了篇文章來討論，那時他們還沒公開發表成果，我等到論文發表後才刊登了這篇文章。我之所以要先寫下文章，是因為在同一時間，緊湊緲子線圈獨立研究的成果也會出爐；我希望自己在介紹我的團隊的數據時，不會因為有緊湊緲子線圈的結果當參考而左右原來的觀點。我寫的內容如下：

「現在是星期三的傍晚，一整天下來，我出席很多場討論會、和大家一起驗證超環面儀器的最後一批結果，準備要在歐洲物理學會發表。這其中有包含希格斯粒子搜尋實驗的數據。但星期五之前我是不能公開這些結果的，這是為什麼你要等到那時才能讀到本文。不過，我還是預先把它寫下來，這是有原因的，我會在文末解釋。

……就大家完成分析的數據量來看，我們原本預期能排除掉的希格斯粒子質量範圍大概是 130 GeV 到 200 GeV，以及 320 GeV 到 460 GeV 兩個區間。如果結果屬實，便會大幅擴展了先前的排除極限、壓縮希格斯粒子可躲藏的空間……這麼說的前提當然是希格斯粒子不存在。

……實際的數據顯示，我們在百分之九十五的可信水準下，排除掉 155 GeV 到 190 GeV 的質量區間；在相同的可信水準下，295 GeV 到 450 GeV 的區間也被我們排除*了。雖然兆電子伏特加速器先前已經排除掉其中部分的區間，這次的成果仍然是重大進展。實際上，大家在 290 GeV 附近的分析結果比原先預料的「更好」，當然，這仍有可能只是數據的漲落造成的偶然假象。

155 GeV 就更有意思了——大家在這個值之下得到的結果不如預期。

可能的原因是以下三者之一：

一、我們運氣不好，背景隨機漲落的非零部分降低了分析的敏銳度。

二、我們有什麼地方做錯了，因此沒能得到確切的結果（雖然這些結果已經由超環面儀器團隊認證過，卻還只是初步的結論）。

三、希格斯玻色子，或是很相像的粒子，藏身於這個值以下的某個地方，準備要現身、在陽光底下閃閃發光了。

我之所以要現在寫這些內容，是想在兆電子伏特加速器，或是大型強子對撞機與緊湊緲子線圈的一些朋友發表結果之前，說明我自己對團隊數據的看法。在你讀這個段落的時候，我應該已經得知別的團隊的見解了。不過，你現在可以知道我個人認為自己團隊的成果背後有什麼意義，完全不會因為其他實驗的結果而有偏見。

如果由其他實驗團隊在歐洲物理學會發表的結果指出，排除極限比 155 GeV 還低，就表示超環面儀器運氣不佳，或是根本做錯了，希格斯粒子可以生存的空間也因此更少。

如果其他實驗團隊不預期他們的排除極限會低於 155 GeV，就表示這些實驗不夠敏銳，完全無法探討超環面儀器在這個值附近的結果。

如果其他實驗和我們一樣，**預期**排除極限會比 155 GeV 低，但實際結果卻**不是**如此的話，這就更有可能是希格斯粒子即將現身的徵兆。

雖然結果沒有很明確，但如果只看超環面儀器的數據，機會是站在希格斯粒子這一邊

＊編／譯注：參閱3.8節之譯注。排除極限的概念和〈科學解釋：σ、機率、可信度〉中以σ值尋找異常訊號恰好相反，代表在這個質量區間內觀測到的事件大部分都能用背景模型解釋，因此有一定信心，在此是百分之九十五，可說希格斯粒子的質量並不落在此區間。

的，它就躲在這個質量附近；在緊湊緲子線圈與兆電子伏特加速器發表結果之後，機會之神可能會再次遠離希格斯粒子、也可能比原先更近一些。我現在還不清楚結果為何。然而和以前幾次的經驗相比，現在的情況真的是愈來愈有意思了。

歐洲中部夏令時間午後三點鐘（我會在那之後刊登本文），紐約大學的克蘭麥會報告超環面儀器的希格斯粒子實驗結果，正好在緊湊緲子線圈發表成果之前。而大型強子對撞機所有的希格斯粒子成果，隨後會在全體大會上由英國科學技術基礎設施委員會的拉塞福－阿普頓實驗室的莫瑞總結。這些成果都是集結大型強子對撞機和超環面儀器數百名成員的心血完成的結晶。」

我在這裡引用這段文章，是因為我覺得這些字句真誠流露出當時大家心中的猶疑——小心翼翼，卻也雀躍不已。

正如我之前談過的，不論某些黑洞世界末日說的造謠者再怎麼胡言亂語，粒子物理學的研究結果一般而言並不會危害到我們的性命。相反的，好比統計可信水準、系統偏誤、雙盲實驗……等許多相似的議題，如果是應用在藥物試驗或氣候變遷等領域，就會攸關人類的存亡。然而，無論何者都時常會牽涉到許多人強大的自尊心以及既得利益。萬物運行的真實道理，是在謠言、個人主張、反對聲浪、與誠實的懷疑之中慢慢浮現出來的。

現在回來談我在歐洲物理學會的大會之前寫的文章——真正的結果是什麼呢？三種選項，最後到底是誰勝出？嗯，在相關的質量範圍，兆電子伏特加速器的儀器偵測標準模型希格斯粒子的靈敏度還不夠，當時在 148 GeV 就無法繼續搜尋下去了。但是緊湊緲子線圈十分靈敏，得到和超環面儀器相似的結果（和我們一樣，他們事前也沒有見過我們的結果）。有鑑於此，希格斯粒子就在左近的機率提升了。

大家下一步須要降低不確定性。

首先要處理的是統計誤差。超額事件有可能只是機率不為零的背景漲落造成的。想像你在扔一個銅板，測試它是否公正。要是前四次的結果都是正面，你可能會起疑心，畢竟你期待的應該是兩次正面兩次反面。不過這並不是個很顯著的結果。就算是用一個公正的銅板，連續出現四次正面的機率也有二的四次方分之一，或是說 2×2×2×2 = 16，十六分之一。而出現四次相同面（四次正面或四次反面）的機率則是兩倍大（八分之一）。可見你應該繼續花更長的時間扔銅板，才比較能說服自己說這個銅板並不公正，達到只有千分之一的機率它是公正的，或者說有了百分之九十九．九的可信度。這就是你在表示某項結論的可信度時，會考慮到一種統計誤差——這裡的結論是「銅板有偏誤」。而只要你丟愈多次銅板，得到更多數據，統計誤差就會愈低。由此可見，我們應該要繼續收集、並分析大型強子對撞機質子對撞實驗的數據（和丟銅板一樣），才有辦法判斷是否有希格斯粒子出現，才造成結果的偏差。

第二類的不確定性與系統相關。系統誤差可能和我們有多麼了解（或多麼不了解）自己的偵測器有關。舉例來說，當一個電子擊中偵測器時，我們能確實觀測到它的機會有多大？而電子能量的量測值又有多準確？

超環面儀器和緊湊緲子線圈是完全獨立的兩座偵測器。因此，兩者不但讓統計數據量加倍（縮減第一類不確定性），此外因為雙方對各自的偵測科技有不同的見解，所以擁有差別極大、且相互獨立的系統誤差。可見要是兩座偵測器都見到相同的結果，大家的信心真的會提升不少。而只要我們得到愈多數據、就能進行愈多控制實驗來測試、增進自己對偵測器的認識。

不幸的是，並不是所有的系統誤差都互不相關。其中最重要的例子就是理論計算結果的不確定性。標準模型預測某個質量的希格斯玻色子可能的樣貌，以及背景——沒有產生希格斯粒子的事件看起來應該是什麼樣子。緊湊緲子線圈和超環面儀器都很依賴這個模型。當我們說「有超額事件」時，就是表示實驗結果的事件數量比假設希格斯玻色子不存在的理論值還要大。兩個團隊都是用同一個理論來判定事件數量。因此，要是標準模型不正確，我們得到的全都會變成錯誤的訊號。

當前的理論真的非常傑出。不過，這終究只是個理論。降低理論不確定性的方法，就和降低偵測器系統誤差的方式一樣，只不過這次要出動理論學家了。我們須要進行更多次的控制實驗，在大型強子對撞機的能量級下觀測不同種類粒子的生成過程，看看理論符合實際結果的程度。要是有不吻合的地方，我們就要找出原因、並修正問題。就這一點來說，大家特別應該要量測W玻色子對的生成事件，因為當時數量超額的絕大部分都是有W玻色子對生成的事件。

進到下一回合，下一場會議就要來了。那是在二〇一一年八月，每一場大型會議都在談論希格斯粒子大搜索的最新進展。我那時有點想念格勒諾勃，卻在前往印度孟買的路上。

## 5.8 孟買

飛機上的茶真的很好喝。

我從沒想過自己會寫下這句話，但如果你想在九公里的高空嘗到一杯絕世好茶，就一定得搭英國航空飛往印度的航班。在我搭嘟嘟車穿越郊區的時候，司機一路上都在談論著印度和英國的板球比賽，雖然當時印度的板球隊已經要輸了，他還是講得口沫橫飛。嘟嘟車在當地是個很合適的交通工具：小小的三輪車在城市近郊的大街小巷穿梭，卻不被禁止行駛於孟買市中心；我懷疑嘟嘟車應該也不能開到機場。

身為一位粒子物理學家，我算是很常在旅行了，但是足跡並沒有遍布很廣。我大多的旅程都是往返於日內瓦，不過我在為了大型強子對撞機工作而近乎規律的通勤之前，多數的時候也都待在歐洲，偶爾才會飛到北美或日本。歐洲、日本，以及美國基本上都是世界上比較富有且工業化的國度，我是這麼認為的。這也許沒那麼讓人意外，畢竟在發展經濟的初步階段，甚至連我自己都不會把大型粒子物理研究機構放在建設名單的第一位了。

儘管如此，粒子物理研究在經濟發展前期扮演的角色還是很亮眼。這個研究領域帶來許多經濟效益，更是部分國家基礎研究設施的基石；這些設施致力於解決重要的問題、探討人類所居的物理世界之本質。除此之外，粒子物理研究也必須由多國協力合作。歐洲核子研究組織（CERN）的主席霍耶爾（Rolf Heuer）在他於歐洲物理學會大會的最後一場演講上，說CERN中的E現在代表「所有人」（Everyone），而不只是「歐洲」（European）而已。今天，如果你想要研究世上最高能量的物理現象，便得到歐洲核子研究組織，不論你來自何方。而唯有世界各國攜手共同努力，我們才能在未來繼續研究這個前沿領域。

印度身為前沿物理研究的一員有很長一段時間了。著名的印度物理學家玻色（Satyendra Nath Bose）便貢獻出自己的名字，變成一整類粒子的通名——自旋為整數者，稱作「玻色子」*；行文至此，希格斯粒子還只是個理論上的玻色子，而W玻色子、Z玻色子（以及光子）則是我們已經透徹理解的玻色子。孟買的塔塔基礎科學研究所投身於基礎科學研究的歷史非常久遠。二〇一一年，這間研究所主辦輕子光子大會。講到孟買，就我想起繁瑣的簽證手續、打疫苗、飲茶、嘟嘟車；還有我當時在飛機上醒過來，突然意識到自己過去幾個小時都身在機艙內飛行的那份感覺。

輕子光子大會的議程沒有同步進行的小會議。所有的內容都是全體參與的「大會講者」的演說——是個很適合綜觀這個研究領域的場合。一九九九年，我在美國史丹佛大學的輕子光子大會上演講，內容是關於光子的結構（光子實際上沒什麼結構可言，細節更有趣一點，但不適合在本書展開）。然而那場會議我記得最清楚的部分，其實是珀爾馬特（Saul Perlmutter）的演說，他介紹超新星亮度的觀測結果，當時有愈來愈多證據支持標準宇宙論模型的暗能量存在，超新星光度便是其中一項新的成果。珀爾馬特、施密特（Brian Schmidt）、里斯（Adam Riess）三人因為這項成就，共同榮獲二〇一一年的諾貝爾物理獎。

老實說，我還記得遊覽加州納帕郡的時光，以及大家在史丹佛校園用午、晚餐時，滋味絕妙的餐酒；我想這應該也是海薇特（參見3.5節）和其他會議籌備人員的功勞。

我參加過的另一場輕子光子大會是在瑞典的烏普薩拉，那是在二〇〇五年。我給了一場量子色動力學實驗方面的演說。薩拉姆（他出現在《高速撞擊的粒子》中）的演講主題和我相同，不過是偏向理論層面。還記得當時有很多人問我是不是和歐洲核子研究組織的前研究主任伊恩．巴特沃斯（Ian Butterworth）有親屬關係，我覺得很奇怪，為什麼大家不去問薩拉姆他是不是理論學家阿卜杜勒．薩拉姆（Abdus Salam）這位諾貝爾物理獎得主的親戚？就我們兩人所知，我和薩拉姆都和另外兩位顯赫的科學家一點血緣關係也沒有，反正就是這樣。不過我後來發現伊恩．巴特沃斯是我博士論文指導教授的指導教授的指導教授，也就是我的曾祖父級的指導教授。

除此之外，我也記得自己在酒吧廁所外長長的人龍中排隊，顯然（某些）瑞典人不相信廁所有男女之分，持著令我佩服的平等主義信念要男生和女生一起慢慢等廁所，卻沒有實際提供多一點如廁空間。他們其實應該要這樣告示：**親愛的男士，請和女士平常必須做的一樣，在三十分鐘前做好自己上廁所的計畫，以免除自身的不適**。這些事情之外還有……瑞典的魚肉十分美味，特別適合在早餐的時候享用。就我看來，一頓鯡魚早餐甚至可以擊敗英國的培根加蛋。

根據以上我分析文化差異的深度來看——紅酒、廁所、鯡魚，我會在提到印度時講到茶以及板球，看來也沒什麼好意外了。

回到孟買的輕子光子大會，會議進行到希格斯粒子最新的進度時，氣氛有一點掃興，這是可以理

＊編注：玻色子由物理學家狄拉克命名，以紀念玻色。

解的。在一個月之前的歐洲物理學會大會上，超環面儀器和緊湊緲子線圈的數據有一些統計上不太顯著的徵兆，但都有潛力在這次會議討論時升級為可信的訊號。可惜在我們分析更多的數據後，結果不但沒有比較可信，實際上顯著性還些微降低了一點。不過還是一樣，這個效應在統計上仍是不顯著的。不論結果的變動方向為何，都還在統計背景雜訊的解釋範圍內。

在歐洲物理學會的大會上，希格斯粒子的質量看來比較可能落在 130 GeV 到 150 GeV 之間。但在輕子光子大會上，機會反而些微下降；百分之九十五可信水準的排除範圍上限現在降為 145 GeV 了。希格斯粒子愈來愈不可能存在於這個值以上的質量區間了。不過，我們還說不準 115 GeV 到 125 GeV 這個範圍的情況如何。

但大家很快就會達成這個目標了。

## 5.9 理論、實驗，由誰領軍？

當你在大眾面前談論科學時，常常會發覺外界認為基礎物理太過於理論導向；我們著迷於證明美麗的化約理論，卻忘了直接探索真實世界是更好的做法。此外，我們似乎花太多時間在討論些無法實證的事物。對於這樣的批評，我們一點都不該視而不見；即使有時候，對某些物理學家而言，這種評語其實還滿公道的。不過，就算「搜索希格斯粒子」確實是大家建造大型強子對撞機的主要原因，我還是想提供三個理由，來反駁基礎物理太理論導向的說法。

## 一、思想實驗

針對當前無法實證的問題進行思辨性討論，有時能幫助大家發掘出我們認知中矛盾、與不一致的地方。舉例來說，黑洞，在某一方面可以說是一項「極端的思想實驗」，它凸顯出三種極為成功的理論、或「物理定律」（你想這麼說的話）之間的衝突。量子力學、重力論、熱力學各自擁有不同的定律，以及描述宇宙萬物的圖像。三種理論都十分可信，能貼切地描述包羅萬象的物理現象：從蒸汽引擎、行星、以至電腦的中央處理器。然而在黑洞內部，這些定律顯然會相互衝突。三個偉大的理論描述的範疇在此交疊。我們研究不同理論在黑洞內浮現的矛盾之處，找出彼此的代溝，並以嶄新的角度詮釋物理，最後也期待能推導出可觀測的預測結果，好讓大家用來實證新的論點。這是個非常值得大家費心努力的目標，除非你對了解事物如何運行、或從物理知識獲取好處完全沒有一點興致。

## 二、電弱對稱破缺

有人認為，我們在大型強子對撞機投入的大量時間、金錢及專業技能很不合乎比例，不過是想追尋某些理論學家的夢想罷了。我當然不同意這個說法。在希格斯粒子成為鎂光燈的寵兒時，大型強子對撞機正在一步一腳印地探索全新的世界，搜尋未知的新發現。當代最高的實驗能量（或你也可以說是當代最短的距離——我們研究自然界最微小的尺度，至今無人能及）仍然是物理知識的前沿，不論希格斯本人是否這麼認為。此外，單從實驗的角度來看，我們也有強而有力的理由可說對撞機的前沿物理研究是獨一無二的。請看下頁圖：

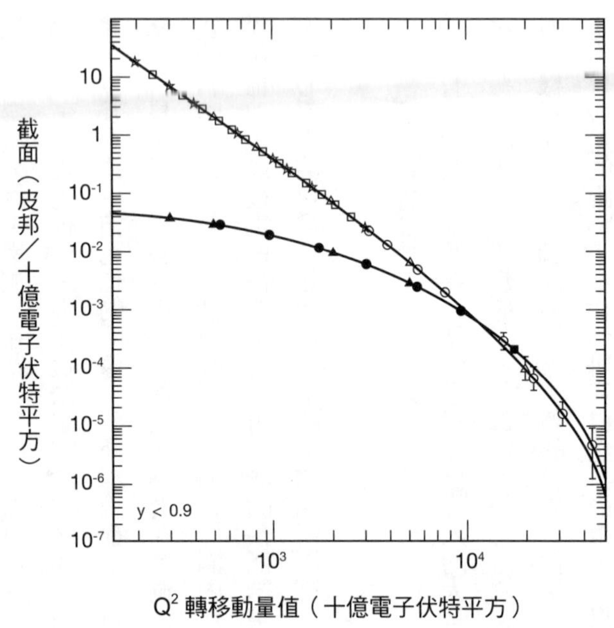


數據來自漢堡德國電子加速器的宙斯和H1實驗。

這張圖基本上是在講一個電子被質子彈開的機率。由左到右，反彈的能量愈來愈高。空心的數據點代表電子因為自身電荷，也就是**電磁力**而反彈的事件。實心的數據點則表示電子和質子交換一個W玻色子，也就是因為**弱核力**而反彈的事件。你可以從圖中發現電子在低能量時比較可能因為電磁力而反彈；但是在高能量下，弱核力的貢獻就和電磁力差不多了。在這個能量級之上，兩種作用力的對稱性會浮現出來。這些都是強子電子環狀加速器的數據，是實際量測的結果、而不是理論預測圖（不過，圖中的曲線的確是趨勢預測圖，你可以忽略它無妨）。

大型強子對撞機帶領我們正式探索電弱對稱破缺尺度之上的物理現象，並深入電磁力和弱核力彼此對稱的疆域，它是科學史上第一座有此能耐的儀器。我們的理論指出希格斯粒子會破壞電弱對稱。然而，就算拋開理論，你應該仍會覺得探索這個重要的能量尺度之上的世界，確實是件令人相當振奮的事；此外，相關的研究或許也能幫助世人理解這些作用力的機制、並解答為什麼不同的力會有時相似、有時卻相異。

## 三、幸災樂禍

最後一點，雖然大型強子對撞機僅僅運作了一年，它的成果已經在理論界掀起了巨大的風暴。雖然超對稱、額外維度等重要的假說目前尚未被完全否證，已經有不少可能的相關理論被排除掉了。

在輕子光子大會的最後一天，孟買的雨季開始發威了。午餐時間的落雨聲實在太大了，害你幾乎聽不見超對稱理論學家的淚水滴到咖哩上的聲音。這是他們早上聽了大型強子對撞機b實驗（LHCb）團隊報告成果後的反應。LHCb實驗是大型強子對撞機主要的四項實驗之一，但我在這本書卻極少提到它，主要是因為這個實驗是設計來觀測罕見的粒子衰變過程，特別是含有底夸克（bottom quark）的粒子，它名稱中的字母b就是這麼來的，而這些研究並沒有涉足希格斯粒子的搜尋實驗。然而，LHCb實驗對超越標準模型解釋範圍的物理現象擁有非常敏銳的觀測能力。其實說超對稱理論學家在流淚是有些誇張，但是那天由雷文發表的LHCb實驗結果，確實讓他們最喜愛的理論候選希望破滅。雷文報告了$B_s$介子某個特別衰變過程的量測結果，所謂$B_s$介子是含有一個底夸克和一個奇夸克的強子。這個成果非常漂亮，和標準模型的預測相當吻合，但這對超對稱理論來說反說法根本言過其實。

而是壞消息。原本有些理論學家可是信心滿滿，相信在此之前一個較不精準的實驗結果，稍微偏離了標準模型的預測，而他們認為，超對稱或可用以解釋這個落差，進而獲得證實。可惜最後的結果不如人願，粉碎了許多人的美夢。雖說如此，和希格斯粒子比起來，超對稱還是狡兔三窟，超對稱已死的說法根本言過其實。

此外，我的朋友托瑪絲在這場會議上報告了長基線微中子實驗近期的結果、以及未來的展望，T2K也在其中。根據托瑪絲的報告內容，居然又有某個「新物理的徵兆」宣告完蛋了。這次是她的實驗——米諾斯實驗之前的成果，在前一年巴黎的國際高能物理大會中首次公開發表，指出微中子與反微中子各自的行為之間有出人意料之外的顯著差異。雖然這個量測結果很有意思，卻不是十分精確。最後就和LHCb實驗的例子一樣，更為精確的實驗結果再一次鞏固了標準模型的地位，也掃了大家的興。

托瑪絲指出，我們常常太快就過度認真看待這類的異常現象。大家拿可信水準百分之九十的排除極限來討論，也就是說，這些數據有百分之十的機會可以用標準模型來解釋。但是，百分之十並不是個小數目。只要你做過很多科學實驗，就會常常出現機率百分之十的可能結果。此外，就如我們在孟買見到的，無時不刻都有大量的新數據產生，不只是從大型強子對撞機而來、更是源自其他地方。因為可能的新發現而興致高昂、甚至有些亢奮都是沒問題的，不過我們還是得實事求是才行。大家在希格斯粒子搜尋實驗討論的排除數據至少都有百分之九十五的可信水準。然而按照慣例，站得住腳的證據應該要有「三個標準差」的可信度，也就是可信水準為百分之九十九．七。（參見【科學解釋

7】）如果要證實結果的確是個新發現，通常要求五個標準差，也就是百分之九十九・九九九九四的可信水準。慣例之所以會是這個樣子，都是有很好的理由的。而且就連這麼精確的結果都還是有可能出問題，我們仍有機會出錯。

每個人的確都有自己喜愛的理論，但最後能下決定的只有真實的數據；身為一位實驗學家，讓許多絕妙的理論面對現實是我十分享受的工作。大家已經花很長的時間在思考理論與猜測結果了。現在，終於有更多的答案展現在我們眼前。

# 第六章 第一個希格斯粒子徵兆與瘋狂的微中子

二〇一一年九月到十二月

## 6.1 個案研究：超越光速的微中子之謎

大家現在正為了歐洲核子研究組織理事會十二月的會議做準備。屆時我們須要報告大型強子對撞機的年度成果，尤其（當然）是希格斯玻色子搜索實驗的進展。

歐洲核子研究組織的理事會是這個組織的管理機構。一九五四年，比利時、丹麥、法國、德國、希臘、義大利、荷蘭、挪威、瑞典、瑞士、英國、南斯拉夫等十二個國家成立歐洲核子研究組織，志在重建二戰後歐洲的物理研究實力；戰時許多世界頂尖的物理學家逃離歐洲，起初大家逃到英國，緊接著大多數的人受到鼓舞想轉至美國*，後來也這麼做了。日後這群科學家當中有許多人協助打造核彈，也就是投射到日本長崎和廣島的原子彈。

歐洲核子研究組織很顯然不是為了軍事目的而建的。創辦組織的幾個國家在冷戰時甚至不屬於同

*原注：好在現在英國已經沒那麼笨了，當然不會不歡迎尋求政治庇護，可能移民的人才。大概吧？

一陣營（其中也有像是瑞士這樣的中立國家）；甚至在國際情勢緊張到最高點時，組織還是照常與蘇聯和華沙公約各國合作。一九九一年我參加的夏季學院，是由歐洲核子研究組織與在蘇聯的對等機構「聯合原子核研究所」共同籌辦的。除了拜訪莫斯科旁杜布納市的大型實驗室之外，我們還在克里米亞的阿盧什塔遊覽了兩個星期，這是個在黑海海岸的城市。幾個星期後發生了一場政變，戈巴契夫入住我們下榻處附近的一間飯店；這場政變就是蘇聯在當年年底瓦解的肇因。

歐洲核子研究組織的理事會除了每一位成員國會派出兩位代表外，還有一位主席與他的貼身團隊。此外，不時也會有觀察國以及申請入會的國家派代表參加理事會。英國的會議代表分別為一位主責部門的資深公務員（現在是商業創新及技能部），以及相關領域研究委員會的執行長（現在是英國科學技術基礎設施委員會）。如果其中一位代表無法出席，我通常會頂替他的位置。除了要監督日內瓦的對撞機運作情形，歐洲核子研究組織的理事會也有義務要「組織並贊助相關研究領域的國際合作」。

就在我們如火如荼準備著十二月份可能攸關希格斯粒子存亡的成果報告時，另一個與歐洲核子研究組織相關的實驗團隊拜訪理事會主席霍耶爾，希望能舉行一場研討會來報告他們最近的成果：他們測到了一個比光速還快的粒子。我不難想像霍耶爾當時的表情會是怎樣。

這顆粒子是微中子，而這個團隊是歐普拉實驗。（ＯＰＥＲＡ，全稱為核乳膠追蹤儀器微中子震盪實驗〔Oscillation Project with Emulsion-tRacking Apparatus〕。簡寫為ＯＰＥＲＡ有點不老實，所以實驗也不太可靠？）在該場研討會進行的時候，他們把論文提交給 arXiv 以及一本期刊＊。所以我們可以閱讀並審查這項非凡主張背後的證據。

歐普拉實驗測量的微中子是由「超級質子同步加速器」製造的。這座加速器屬於歐洲核子研究組織的加速器群。超級質子同步加速器的前身是「超級質子反質子同步加速器」，著名的UA1、UA2對撞實驗，在一九八三年發現W和Z玻色子時所用的粒子就是這座加速器製造的。魯比亞和范德梅爾因為這項貢獻，於隔年共同榮獲諾貝爾物理學獎。回顧歷史，雖然歐洲核子研究組織在此之前也有重大的突破，看來它還是在這次成就之後，才真正成為世界頂尖的實驗機構。超級質子同步加速器現在也是大型強子對撞機的粒子注射器。可見它是一座用途很廣的儀器。

加速器製造的微中子束通常會在地殼中行進七百三十二公里、穿越阿爾卑斯山脈地底後，抵達義大利的大薩索國家實驗室，在這裡歐普拉實驗會偵測其中一些微中子。歐普拉實驗專門設計來觀測微中子行進時的性質變化。實際上，他們想觀測的是濤子微中子的跡象，但這個團隊也擁有幾具非常精準的全球定位系統儀器，可以測量位置及時間；因此他們可以得知微中子束在多少時間內行進多長的距離，而算出微中子的速率。而因為微中子的質量非常小，它的速率理論上會很接近光速。然而，歐普拉實驗發現微中子比預期的還要早抵達實驗室——也就是說，它跑得比光還要快。

要是這個結果正確無誤，就會是一項非常驚人的重大突破。光的速率，是萬物速率的上限，這個數值蘊含在人類理解宇宙的基本數學架構中（參見2.2節）。光速是相對論的基石之一；相對論精確地

＊原注：參閱網址 arxiv.org/abs/1109.4897。

描述所有類型的物理，好比ＧＰＳ系統量測時間地點的技術原理、以及加速器製造粒子束的理論，都和它有關。可見我們不能輕易揚棄相對論。未來如果有更優秀的理論，就應該要內含相對論、並延伸愛因斯坦的不凡成就才對。

也許要想像出更好的理論不太容易，但很快的「額外維度」理論的粉絲便提出見解，說這些微中子應該是穿越了在另一個空間維度的捷徑。有個類比是這樣的，想像地表有位二維的倫敦居民，像影子一樣沒有厚度，而他可以穿過一條通過地球核心的隧道，抵達澳洲的雪梨。

這樣想還挺好玩的，卻還是稍嫌不成熟。說到底這只是個單一案例，就連歐普拉團隊的成員自己都很難接受這個成果。看起來團隊是在深思熟慮後才發表這篇文章的，眾人多少有審查過結果；不過部分的成員還是公開聲明說，審查過程並沒有像這些人預期的一樣徹底。九月二十三日，歐普拉實驗的物理部門召集人奧帝耶羅在歐洲核子研究組織舉行了一場研討會，與會人士提出很多問題，而他們也一一回覆。這就是科學，我不會因為歐普拉團隊向媒體說明這個發現，或是為了這些數據可能的意義而雀躍不已，便責怪他們。他們應該要怎麼做，難道要保密到家嗎？想像一下要是這麼做可能會出現什麼陰謀論：「歐洲核子研究組織不讓我們知道愛因斯坦是錯的，他們試圖抹除證據！」我已經收到許多怪人寫的信件以及電郵，他們都發出這樣的怒吼。如果大家阻止歐普拉團隊公開他們想要發表的結果，應該就會正當化其中一些人的想法。

除此之外，我不想、也不會譴責被這個消息煽動的媒體。難道他們應該對這個新聞視而不見嗎？值得高興的是，群眾因此對物理大感興趣，而且這真的是個很棒的故事。雖然有點過度曝光、或是有淪於炒作之嫌，這讓大眾見到一場真正的、針對這項引人深思的成果的科學辯論直播。這項爭議並不是人為捏造來的。只要社會大眾喜愛，觀賞科學家在公眾目光下做研究的這件事，會成為一種富有教育意義的新類型熱門運動賽事。理想上群眾甚至也可以參與。這會是件很棒的事，真的嗎？

現在的重要問題當然是：「這個結果正確嗎？」有沒有什麼地方可能會出錯？這個研究看起來很嚴謹，是一個大型團隊數年心血的結晶，所以不假思索就斷言說「這一定是錯的」應該不太公平；不過我得承認自己當下的反應確是如此。物理學家卡利里則完全沒有這樣的疑慮，他打賭說要是這個結果正確，就要把自己的四角褲吃下去。但我抱持著在大眾面前研究科學該有的精神，想要說明自己對於這項實驗結果主要的顧慮為何。

問題和質子在同步加速器撞擊標靶的分布時間點有關；質子在撞擊標靶後會產生微中子。此外，歐普拉也會量測微中子抵達大薩索實驗室的時間分布。接著他們把兩個分布圖疊在一起，對齊後便能算出微中子束行進的時間，進而推算出速率。這個方式主要參考的是訊號脈衝的前沿與尾端的測量值——也就是脈衝內第一個與最後一個微中子抵達的時間。

他們宣稱這個方法的精確度高達十奈秒（有六．九奈秒的統計誤差、以及七．四奈秒的系統誤差）。我覺得這麼說有點太有自信了。不過我真正擔心的是，歐普拉團隊似乎假設兩個時間分布圖會彼此完美吻合。在估計系統誤差時，他們沒有想過這個假設可能會出錯；大薩索實驗室的微中子脈衝曲線是個時間函數曲線，不難想像它的形狀可能會因為某些因素而和同步加速器「開啟」、「關閉」微中子束的脈衝曲線有所出入。他們竟然會忽視這個可能性，就我看來這不但不尋常，甚至會是很嚴重的問題。舉例來說，在製造微中子的同步加速器中，所有質子出現的時間都是在預設好的曲線內，微中子最初也是在此量測的。然而在抵達大薩索實驗室之前，微中子束會散開，涵蓋的範圍甚至比歐普拉的偵測器還要大，可見歐普拉實際上只能觀測到的微中子束的部分粒子。事實就是如此，微中子生成的時間與角度（決定它是否能進入偵測器）之間的任何關聯，都會改變時間分布曲線的形狀，降低圖形重疊與速率計算的準確度。

在歐普拉團隊最初的結果出爐後，牛津大學數學教授索托伊馬上拍攝了一部BBC的紀錄片，速度真是驚人。我在索托伊採訪我的時候，把這些想法寫在餐巾上給他看。當時我只覺得這是很有趣的討論點，但我並未宣稱這就是歐普拉實驗結果出錯的原因。

幸好我沒有在電視上說溜嘴。幾個星期後，歐普拉團隊提交了新版本的論文。比起原來的文章，最重大的改變是他們完成了一項新的測試。現在同步加速器不再是發射長長的一條微中子束，而是極短的脈衝，每道脈衝的時間只有十億分之三秒。因此歐普拉的物理學家在量測時間時不再須要知道脈衝的形狀，而只要清楚微中子是從哪一道脈衝來的就行了。重複實驗後，他們只計算了二十道微中子脈衝，便下了一樣的結論：微中子的速率應該還是比光速高一點點。

這個說法已經通過一個實驗的考驗，但大家還是須要進行其他實驗來測試。老實說，這項成果很引人注目，可能會有深遠的影響，因此要是歐普拉的實驗完全沒有問題，我們勢必得另外做一個以上的獨立實驗來檢查結果。其他的長基線實驗，像是美國的米諾斯實驗以及日本的T2K實驗，已經為此著手準備了。

外界針對此事的科學討論仍持續不斷。科學家因為自身的偏好，假設這個結果一定不對，想找出哪裡可能出了問題，也思索著要如何檢查實驗。此外，也有人猜想假如結果正確，可能會造成什麼樣的後果（對物理學的影響、或是卡利里的四角褲會有什麼下場）。

一點都不令人意外，我們現在知道這個結果是錯的。然而出乎大家意料之外的是，最後找到的問題竟然是團隊外的人無法在論文中察覺到的，這有點尷尬。原來在電訊號傳輸系統與光訊號傳輸系統之間，有個負責訊號轉換的纜線連接器，有點鬆脫了。這個問題一修正好，微中子的速率就和光速一致了。這個美好的故事的結尾真讓人掃興。歐普拉的物理學家本來就有辦法找到這個單點故障問題；他們在公開發表結果之前，早就應該先仔細檢查儀器才對。後來實驗召集人因為錯誤的決策下台了。

基於三個理由，我認為繼續討論這件事還是有價值的，不過這有點像是個長毛狗的故事*。

第一個理由是，我覺得大家可以想想相反的情況。如果實驗結果和預期的相同，微中子的速率和光速一樣、或低一點的話，我們還會這麼小心地審視實驗的不定變數嗎？會有人檢查纜線連接器嗎？我又會花多久的時間來讀這篇論文呢？假使結果如大家所預期，卻是錯誤的，是否會有人察覺？這是個科學研究驗證性偏誤（confirmation bias）的例子——只要出現符合預期的結果，你就會採納並信任它，而不繼續尋找問題。我自己曾見過很多和標準模型「吻合」的結果；我也曾得到不少和標準模型不合的量測值，但我總是對後者心存疑慮，而想要找出錯誤。而我也真的都能找到問題——不是我自

*譯注：shaggy-dog story 是一種英語笑話，特點是冗長、沒意義，結局也不好笑。

己的測量實驗有錯，就是我們用理論來比較結果的方法有瑕疵。我們總是小心翼翼地檢查所有的實驗數據，但捫心自問，我仍無法保證大家對符合標準模型、和不合預期的兩種結果，都持有同樣謹慎的態度。當然，只要有人誠實重複實驗幾次，最後還是能修正這種偏誤，但是這種偏差效應不易察覺，要花上不少時間檢驗。

現在來談第二項理由。在有需要的前提下，我想再次點出一件事：科學研究的進程並不如後見之明那樣的井然有序。我在本書談的是科學史上的一個真實故事。如果不說出真正的結局，我得說乍看之下，這個故事彷彿一定會朝向勝利的結局發展。但回到當年來看並不是這樣的。科學研究可是有很多的死胡同與失誤的。只不過在最後的結果明朗化之後，失敗的例子卻都變得微不足道、而被世人遺忘。如果我們只記得正確的實驗結果，不但是在欺騙自己，也是對研究過程、或整段歷史，毫無感激之心。

還有第三個理由。

外面有好些人熱中於「顛覆現有的物理學」（通常是職業物理學家與記者），不然他們至少也渴望能證明愛因斯坦是錯的（業餘物理學家，常常寫想法極端的文章）；此外有些人純粹只是很不滿大眾視科學為客觀的真相、擁有特別的地位（大多都是比較平庸的哲學家或社會學家，有時候則是一些人基於政治或宗教的動機，而反對數據呈現的真相）。新的數據可以在科學界掀起波瀾，是一件非常棒的事；而就算實驗結果有許多我談過的驗證性偏誤，還是辦得到這件事，就更難能可貴了。實際上，科學家有大量的動機會想要得到具有破壞性、或是典範轉移*的數據。你會因此而成名——如果你和歐普拉團隊一樣是錯的，便只是曇花一現；反之要是你是對的，就能流芳百世。不過，這並不表示我們在找到新的事物時，就應該拋棄原本的知識。

你可以在大眾媒體上找到許多大型強子對撞機的簡介，介紹我們希望能從這個實驗得到的新知，其中有許多文章列出大家有機會驗證、或否證的理論。像是超對稱、額外維度……諸如此類的理論，通常是提出來解決標準模型中的問題、或是補足疏漏之處。一般而言，這些理論假設新的事物存在——整體來說就是可能會在大型強子對撞機現身的粒子，或是作用力。一張新理論的清單能為像我這樣的實驗學家提供捷徑。如果你參考某些理論而釐清了自己的目標，就能限定搜索的範圍、並提升實驗的效率。然而，要是你找不到預期的事物，這項實驗的價值就要視大家原先對其理論重視之程度而定了。這多少算是個比較主觀的判定標準。舉例來說，一直以來大家都對於能排除某些形式的超對稱理論的結果很感興趣，希望能得到相關的證據，因為有非常多位科學家很認真看待超對稱性，認為它是能擴展標準模型的候選人。某種程度上，如果你真的發表相關的結果，你的論文必定會被許多人引用。

然而，身為一位實驗學家，如果只有這條道路並不會讓我很滿意，這只是我們工作的一小部分罷了。我不認為自己的職業生涯純粹是在追尋特定新理論的證據；同樣的，我也不只是為了證明標準模

＊譯注：paradigm shift，這個概念是美國哲學家孔恩（Thomas Kuhn）提出的，代表科學法則中基本概念的巨大變動；孔恩認為科學的演進不是漸進變化，而是打破舊制的革命。

型而努力。最重要的是，我想要觀測在大型強子對撞機開拓的新能量級下，實際發生的物理現象，並用量測結果來挑戰與提升人類對大自然的認知。在這個過程中我當然也要拿結果來和理論預測比較，但是方法卻不太相同。這類的量測實驗通常不會和理論相干，實驗結果就是對的，並不會因為是否有特定的理論因此被證實而有絲毫動搖。

有很多大型強子對撞機相關的論文，其實數量有點太多了，都是想要尋找某種超越標準模型理論的證據，卻徒勞無功。不過，有不少文章的實驗結果較為獨立於理論之外。兩種研究途徑能互通有無，之間也有個灰色區域，此區的實驗是為了研究比較尋常、而沒那麼依賴理論的新現象。

如果有人能找到支持某一個新理論的證據、或是標準模型無法解釋的現象，我們就可以說標準模型是錯誤的。不過，這樣的轉折反而可能會廣受粒子物理學家青睞，大眾有時會覺得我們的反應很奇妙吧。

作家、同時也是科學家的艾西莫夫，寫過一篇極好的短文（其實是一封信），解釋科學如何完善我們理解自然的知識體系。不斷有人提出理論，舊有的理論被新的取代，而且這個進程不會循環：科學理論可不只是知性時尚。科學史上，每一個成功的新理論都涵括了更廣泛的自然現象，增進了人類對宇宙的認識，因此更為實用；從這點來看，新的理論又貼近真實一些。艾西莫夫提出了十分有趣的論點，探討描述地球形狀的不同理論各自的優劣：地球是平的？球狀？扁球體？水梨？他在某個段落這麼說：

有些人以為地球是平的，他們錯了。有些人以為地球是正球形，他們也錯了。但如果你覺得地球是正球體的想法，和地球是平的想法兩者的錯誤程度相仿，那麼你的觀點更是錯得離譜，比這兩種錯誤的總合還要更糟。

從幾公里的尺度來看，地球還滿平坦的，你只須要把山巒和谷地的高低平均一下。這的確是一項很堪用的觀察。然而這個說法還是有小瑕疵——地表仍有些微的起伏，這顯然是個很重要的變因。同樣的，要是希格斯玻色子沒有在近期內現身，標準模型應該就是錯的。但是就算大家真的找到了希格斯粒子，最後我們還是有可能（機會很大）發現模型其他「錯誤」的地方。不過在我們至今探索過的範圍與能量尺度下，標準模型應該只會有一絲絲的錯誤，畢竟這個理論和現有的數據是如此的吻合。

而就如同地球表面微小的高低起伏，任何我們發現與標準模型不符的小地方，都有可能徹底改變人類的科學知識。這些不合之處最終也許會讓標準模型被範圍更大、更好的理論取代。

要是真的如此，標準模型也不會是在浪費大家的時間。和過去的理論相比，我們現在的模型顯然更為正確。而未來新提出的理論也會精益求精。就像艾西莫夫說的，比起「錯誤」，也許用「不完整」來描述在過去成功、但今日被世人揚棄的理論，會比較恰當一些。我們期待新的理論可以做到標準模型能辦到的所有事情——解釋現有的觀測結果、也要能描述新的現象。這樣的理論會更完善，或用艾西莫夫的話來說，更為真實，也因此為人類帶來更多的樂趣。

一樣的邏輯，任何人如果要「證明愛因斯坦錯誤」，那麼他提出的理論不但要包含愛因斯坦理論與實驗數據吻合的結論，還要能找出新舊模型歧異之處、並進一步完善。這和時尚沒有關係。我也有點年紀了，經歷過紫色喇叭褲在曼徹斯特大流行的時代，大眾一陣子之後便對這款樣式感到厭煩，但過不久這股風潮再次復甦，接著又退流行。但科學不是這樣的。科學總是不斷進步，和時尚流行不同，也不像哲學。令我訝異的是，許多學者只把科學當成某種現象來研究，卻無法認識、理解科學這個人類活動最為引人入勝、且獨一無二的性質。

之前有人邀請我到卓特咸科學節，討論微中子速度的爭議，這是一場專家小組會議，由卡利里主持（他保住自己的四角褲了）。結果在科學節登場之前，這場爭議已經落幕，原先的實驗結果無疑是錯誤的。不過這場會議還是在一座人山人海的演講廳中舉行了，主題涵蓋很多微中子相關領域的議題。我想，就算是錯的物理理論，也還是可以很有趣。

## 6.2 微擾理論：我們是否遮蔽了新的物理？

物理學家想用大型強子對撞機來解答的重要問題，可以總結如下：在大型強子對撞機的能量級下，粒子物理的標準模型是否有效？「對撞機能量級」是個大大的躍進，因為其能量大小超越了電弱對稱破缺尺度；在這個尺度之上，兩種基本作用力相互統一，而W和Z玻色子、甚至所有其他基本粒子的質量，也許都是起源於此。

如果標準模型可以成功描述新能量範疇的現象，希格斯粒子應該就會存在，但看來不會有什麼其他的新發現；反之，如果標準模型失效，也許就沒有希格斯粒子了，不過背後一定會藏著稀奇古怪的事物。其實有個不易察覺的問題會左右這件事：我們究竟有多了解標準模型在此能量級下預測的現象？這並不容易回答。一般而言我們並沒有能耐百分之百準確地解出標準模型。所有人都是用**近似法**。而絕大多數的近似方法之所以可行，是因為基本作用力的「耦合」，也就是強度，沒有很大。「耦合」就是在物理過程對應的費曼圖中，每個作用頂點帶有的值。（參見【科學解釋8】）

作用力的強度可以用一個數值來表示。如果說這個數值是〇．一，那麼兩個粒子交互作用的機率就會和〇．一乘上〇．一，也就是〇．〇一成正比。要是有三個粒子，機率就變成〇．一的三次方，〇．〇〇一，四個粒子的話就是〇．〇〇〇一，如此這般。由此可知，如果耦合值很小，你就可以忽略比方說四個粒子以上的粒子交互作用——超過這個臨界值的項對於主要結果都只是極小的微擾罷了，因為前面至少會乘上〇．一的五次方，也就是〇．〇〇〇〇一。可見更多粒子的反應項只會些微改變原本的結果而已。這就是「微擾理論」的例子，微擾理論廣泛運用於解決物理界和化學界中許多的問題。只要耦合值很小、也就是作用力很弱，這個理論就十分準確。

然而，這種近似法並不是永遠有效。微擾理論失效的地方大多涉及強核力、也就是量子色動力學。這就是為何大家要把這種作用力稱為強核力。我們不是故意要混淆視聽的，強核力的確和它的名字一樣難以應付。

舉例來說，在我們對撞質子，想一探其內部夸克及膠子的種類分布時，某些方面的資訊其實無法從先前所提的原則計算得到（參見4.5節）。除此之外，我們也無法算出夸克和膠子最後是如何結合成新的強子的。雖然大家手上有量子色動力學的限制條件，也有一些基本的能量守恆、及動量守恆定律，以及不少從其他地方得到的數據，卻無法用微擾理論。原因在於強核力的耦合值非常接近一，不論幾次方都還是一。因此，不管你計算的對象是幾個粒子，得到的結果都不會收斂到某個可信的值。最終我們只好依據自己的經驗來猜測結果、或建立模型。而這樣的結論一直都有調整空間。

因此我們要嚴肅看待一個問題：大家在調整模型的時候，實際上可能會遮蔽了令人興奮的新物理。要避免這個問題，你得拿自己熟悉、以微擾理論計算的結果，連結上自己還不太明白、有調整空間的模型。我想像出一個比較毛骨悚然的情景來譬喻這件事——一具以精準預測架構的骨架，嵌在以最佳猜想組成的濕軟肉體內。肉體的形狀可以改變。你可以重搥它的肚子，或捏它的臉頰（相對來說比較不痛）；但是它有兩隻手兩隻腳，如果你打斷了某根骨頭，自己一定會知道。

無論如何，大家利用電腦程式來把可塑的模型、與不易動搖的微擾理論整合在一起，而且絕大部分的工作都已經完成了；這種程式就是蒙地卡羅事件產生器（Monte Carlo event generator）。程式不但能編譯大部分我們擁有的粒子對撞現象的相關知識，同時也是個珍貴的工具，能協助物理學家設計新的實驗，並釐清既有的實驗對不同模擬數據會如何反應與解讀。「蒙地卡羅」這個名字有其典故*，因為就和俄羅斯輪盤賭注一樣，這種事件產生器用上了很多隨機的數字。

這一切其實都牽涉到一點有趣的科學社會學。身為一位理論學家，有時你會因為投入某類蒙地卡羅事件產生器相關的研究而吃虧。你的一篇論文可能已經被引用了數千次，大家還是會說：「不過是電腦軟體罷了。」或是「這只是蒙地卡羅那類的玩意兒。」反之，要是你是發表一篇弦論的論文，又被引用這麼多次的話，你就能像個巨人般橫行全世界了。但說到底，弦論努力想預測的現象距離實證還是很遙遠，蒙地卡羅事件產生器卻可以實際解釋數據。

蒙地卡羅事件產生器雖然不是唯一的辦法，大致上仍是物理學家在理解標準模型的意義、與儘量試著利用模型精確預測現象時，所付出的一份心血。雖然和大型強子對撞機的學界相比，蒙地卡羅事件產生器的研究社群規模較小，但相對來說，這個領域的成員盡的心力甚至不會比大家建造對撞機的付出還要少。美國物理學會也許是考量到了這一點，將二〇一一年的櫻井獎（J.J. Sakurai Prize）頒給在這個領域工作的三位理論學家，分別是韋伯（Bryan Webber）、阿塔瑞利（Guido Altarelli）、斯舍斯特蘭（Torbjörn Sjöstrand）。頒獎典禮的引言如下：

> 因為三位物理學家的洞見，我們得以縝密驗證粒子物理的標準模型，實現高能物理實驗的目標、並從中學習量子色動力學、電弱交互作用、與可能的新物理的確切知識。

我很開心他們獲獎，因為其中兩位是我很親近的朋友，也更是因為三人所寫的計算方法及程式對大型強子對撞機幾乎所有的研究都十分重要，像是確保大家不會在不知情的情況下遮蔽任何新的物

---

*編注：蒙地卡羅為摩納哥大公國著名的賭城。蒙地卡羅亂數模擬法是烏拉姆、馮諾伊曼等科學家在曼哈頓計畫期間開發出來的。

理。當前，我們正在嘗試確認希格斯粒子搜尋實驗的不定變數大小，並縮減其數量；人人都在尋找關鍵的三標準差證據、甚至是五標準差的大發現。為了這個目標，許多人夜以繼日持續比對新的數據和蒙地卡羅事件產生器的結果。

## 6.3 幾個標準差？

終於在二〇一一年十二月十三日，我們團隊向歐洲核子研究組織的理事會提交年終報告，世界各地數量可觀的媒體也是這場報告的聽眾。在我看時間差不多，想走進排隊的人龍時，歐洲核子研究組織的大禮堂已經擠得水泄不通了。在中午的演講開始前，大家都已在裡頭用了早餐。因此，我只好到預備用的會議室「濾水場」了，這裡也是為了媒體準備的房間。歐洲核子研究組織的每一間房間都有自己專屬的編號，少數比較幸運的則會有名字。「濾水場」（現在）真的是間很棒的會議室；相較之下，「幫浦室」則是一座寬敞、但冷冰冰的車庫，裡頭有幾張摺疊椅，角落擺了一具投影機。如果你在歐洲核子研究組織主持工作小組，這些都是必備的知識，因為會議室預約系統預設的房間是「幫浦室」。

但就連「濾水場」也坐滿了人，一半是記者，一半是和我一樣起床太晚、擠不進大禮堂的物理學家。我們美麗的團隊領袖吉亞諾蒂、以及緊湊緲子線圈的團隊召集人圖內利，待會將登台演講；整段內容都會透過網路直播，我所在的會議室內也有直播螢幕。氣氛非常緊張，記者虎視眈眈準備寫下評論和錄下演講摘要，此外在場的每一位科學家也都引頸企盼著即將出爐的結果。

當然，我很清楚吉亞諾蒂稍後要發表的內容為何。我們似乎得到了帶有暗示的訊號，大多出現於雙光子的質量分布數據（參見5.1節），不過這個訊號的可信度小於三個標準差（慣例上要超過此門檻才能宣稱「這是……的證據」），距離五個標準差這個慣例上用來判定結果是大發現的標準，更還有很長的一段路。不過這個結果的確很振奮人心，我自己也開始覺得這最後可能真的是個希格斯粒子。但是我真正期待的是緊湊緲子線圈的結果。過去一段時間已經有了不少謠傳，勢不可擋，我們認為他們也找到了類似的訊號，一樣有啟發性、但尚未定論。事情應該會是這個樣子，在大家見到雙方的詳細成果時，彼此的訊號要不是互相矛盾（這會很掃興，甚至讓我們憂心）、就是會完美吻合，如此一來兩個結果合體的可信度至少會更接近、或是超過三個標準差。由此可見，今天世人有機會聽到官方首次聲明說「找到希格斯粒子的證據了」。

然而沒有人料到，演講居然出了嚴重差錯。吉亞諾蒂的報告一開始，就讓眾人倒抽一口氣——她用了聲名狼藉的 Comic Sans 字體*。也許比起簡報的內容，字體端莊與否對於媒體更好懂吧？推特上出現了一陣騷動。但更重要的是，緊湊緲子線圈的結果雖沒有完全支持、卻也沒有牴觸我們的成果。這讓物理學家，和試圖挖掘報導，並找出當日頭條的記者（如果真的有東西好寫），都有點挫折。

嗯，無論如何，還是有個故事。在房間內其他人都離去後，我站在「濾水場」接受第四新聞台雪

---

*編注：Comic sans 字體常用於漫畫，被認為難登大雅之堂。

諾（Jon Snow）的直播訪問，同時，派特森為了《高速撞擊的粒子》在一旁記錄這場訪談，有拍攝「後設電影」的味道。雪諾看來對我們研究如此曲折的進展很感興趣。我不確定大家是否真是如此沒有頭緒，反倒是認為我們還是走在直直的道路上，只不過步伐有時快、有時慢罷了。然而，當然沒有人能保證說這是條正確的道路，我也希望之前談到的謠傳、費米實驗室對撞機偵測器的峰值，以及微中子實驗的謬誤，已可以讓你明白為什麼大家還是要如此謹慎，甚至是守口如瓶。

第四新聞台的訪談並不是這天的結尾。我和幾位朋友回到梅蘭市的倫敦大學學院公寓慶祝，順道和考克斯開場視訊會議；他正在漢默史密斯阿波羅劇場的舞台上，與因斯一起表演他們的《逃離牢籠的猴子》（*Uncaged Monkeys*）。視訊的聲音品質不太好，我覺得另一端的人應該只會見到幾位開心的物理學家在喝酒，雖然我們有時會打幾個嗝（有時是設備問題，有時是因為喝下肚的飲料），但觀眾絲毫不以為意，回應還是很熱情。到了傍晚通訊情況好了一點，英國科學技術基礎設施委員會的執行長沃默斯利此時也加入我們，他講話比其他人清楚一點。在歷經了先前的實驗設備問題，並和考克斯、沃默斯利兩人共同為了研究資金奮鬥後，有點難相信考克斯現在正站在舞台上，一邊向四千多名觀眾介紹規範理論、一邊和歐洲核子研究組織各形各色的科學家視訊，其中一人還是我們研究委員會的領袖，所有的人都在歡呼著。雖然我們目前還沒有任何新的發現。這就像是場夢，不過是很美的夢。

同一天我們也舉行了超環面儀器的聖誕晚宴。地點選在「幫浦室」，這裡還算適合晚宴這類的活動。我當時已經筋疲力竭，沒法再幫《衛報》寫任何條理清晰的文章了，只好寫了一首五行打油詩來整合我主要的心得：

物理學家看到怪象摸摸腦子
打給他母親說：「有飛天猴子，媽！」
媽媽回答：「飛天猴子？
下次你就見到希格斯粒子！」
物理學家說：「不，要等到五個西格瑪！」

認真說來，在此之前我是一位堅定的希格斯懷疑論者。我是在這天之後才開始覺得可能真的有這種粒子存在。想當然耳，在這種時刻，你行事得如履薄冰，每次做判斷都要格外謹慎。

## 6.4 驚奇、峰值、愚蠢交織出的希格斯玻色子

聽起來這次的情況和前一年夏天似乎並沒有差多少。然而，我們的結果雖然還未定案，卻比上次的更有說服力，因為這回的訊號出現在雙光子質量分布圖中，大家預期會有個峰值。而去年夏天的「跡象」則是在希格斯粒子含有雙W玻色子的衰變通道找到的。就如我先前解釋過的（參見4.3節），這種衰變通道不太理想，沒有辦法讓大家知道任何可能出現的希格斯候選粒子的確切質量。W玻色子

進一步衰變時產生的微中子帶走了太多資訊，我們卻無法見到它。不過在超環面儀器和緊湊緲子線圈，含有雙W玻色子的衰變通道仍占有一席之地，貢獻了不少線索。但無論如何，現在眾人的目光都聚焦於希格斯粒子的另外兩種衰變通道，我們的偵測器也許能藉此找到期待已久的目標。

如果真的有希格斯粒子，這兩種衰變通道都可以告訴我們它的質量。兩種結果的圖中應該都會有峰值，因此比較不會受到理論與系統誤差的干擾。就是這個原因，讓我現在認真看待這次的統計證據（可能有希格斯粒子，但還不確定）。統計誤差比系統誤差還要好估計許多。

然而，我們現在關注的兩種衰變通道都有點古怪，各有各的原因。

第一個衰變通道是希格斯粒子的雙光子道，我已經提過了（參見5.1節）。奇怪之處是這樣的：希格斯粒子因為質量而出名，看個人喜好，你也可以說希格斯粒子是從質量推導出來、或是為了解釋質量而發明的粒子。基本粒子與布饒特－恩格勒－希格斯場交互作用而得到質量，而希格斯玻色子就是這個場的激發。基於同樣的理由，希格斯粒子通常會衰變成大質量的粒子。粒子愈重，就愈可能是希格斯粒子衰變的產物，因為兩者的交互作用較為強烈。相反的，質量為零的粒子是無法和希格斯粒子交互作用的。

既然如此，為什麼是光子呢？光子是光的量子。它沒有質量，應該不會和希格斯玻色子作用才對！

的確，希格斯粒子極少會衰變成雙光子。現在假設希格斯玻色子的質量是 125 GeV，如果你製造出一千顆，就只會有少於十顆會衰變成雙光子。絕大多數的希格斯粒子會衰變成底夸克、藏身於強子

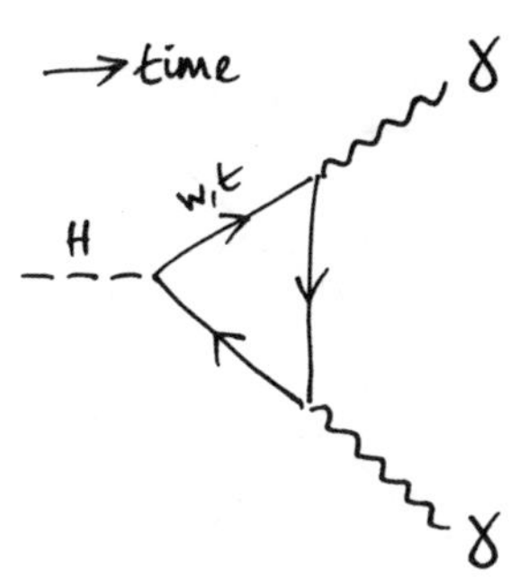


希格斯粒子衰變成兩顆光子的費曼圖。

噴流中（含有底夸克的噴流稱為底夸克噴流）。然而，想把這些噴流從其他和希格斯粒子無關的產物中分離出來，簡直難如登天，因為大型強子對撞機隨便一個反應都會產生強子噴流、連底夸克噴流都很常見。在對撞機開始實驗前夕，我、薩拉姆、戴維森、魯賓四人合作完成一篇論文，目標是想在數據中找出希格斯粒子的底夸克道（參見1.7節）；而在我寫這本書的此刻，我們還沒有完成這項任務。這還要等更高能的實驗數據出爐才能見分曉。

和底夸克噴流相反的是，沒有被其他物質包圍的高能光子對十分少見，我們可以很準確的量測這個過程。但是光子終究還是沒有質量，希格斯粒子根本不應該衰變成光子才對。是的，它沒有「直接」衰變成光子，而是要透過某些粒子的環圈反應才行。像是上面這張漫畫。

這就是為何希格斯粒子衰變成光子的機率會很低。回頭思考一下微擾理論，三顆粒子相遇的任何作用頂點都帶有小於一的值，也就是耦合值；而圖中的環圈有三個耦合值，比起直接衰變的作用頂點（只有一個耦合值）還要多。因此，希格斯粒子衰變

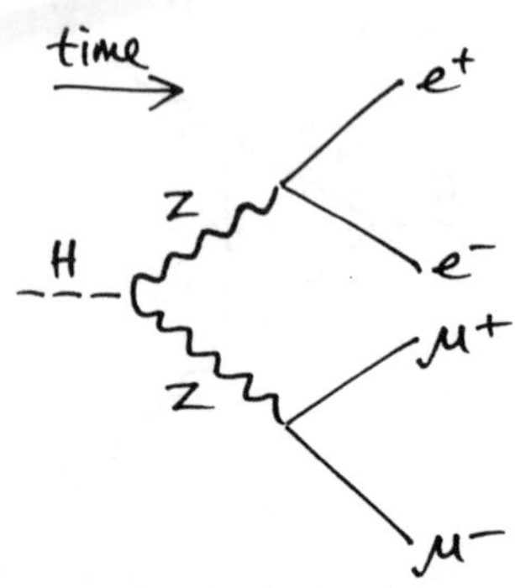


希格斯粒子衰變成雙Z玻色子，兩個Z玻色子再衰變成四顆輕子的費曼圖。

成雙光子的機會很小，但還是個可行的衰變通道。這沒有關係。根據量子力學，你要在計算時考慮所有可以發生的過程。在這個三角形環圈上，甚至可能會出現其他我們從未見過的新粒子；不過在標準模型中，這通常會是一個W玻色子，或是一個頂夸克。

在現階段，另一個很重要的是含有雙Z玻色子的衰變通道*。如果兩個Z玻色子又各自衰變成帶電的輕子對，像是電子正子對、或是緲子反緲子對的話，這就會是個引人注目的徵兆、說明有異常事件發生。我們可以準確測量四顆輕子，以回推出希格斯「候選粒子」的質量。

一切都很理想與美好，除了一件事……我們見到的跡象顯示，希格斯粒子的質量可能是 125 GeV。要記住，質量就是物體靜止時的能量。Z玻色子的質量是 91.2 GeV 上下，所以要產生兩個真正的Z玻色子，我們就需要大約 182.4 GeV 的能量。顯然希格斯粒子質量並不夠，少了 57 GeV 左右。

解決這個難題的關鍵在於前面句子中的「真正」兩個

字。一個「真正」的粒子要能在我們實驗的量尺之下存活很長的一段時間。就這個角度來看，這裡談的Z玻色子對並不是「真的」；它在十的負二十三次方秒（一奈秒的百兆分之一）後就衰變了，而且只會在輕子對的質量分布圖暴露出自己的行蹤。真正的粒子是輕子才對。（參見【科學解釋8】）

上頁圖是希格斯粒子這種衰變過程的主要示意圖：

在費曼圖中，只有入射和產出的粒子是「真的」。所有內部的線條，包括這個例子中的Z玻色子、希格斯粒子，以及前一張圖中環繞環圈的粒子，都是「虛的」粒子。虛粒子具有影響力，它的貢獻隱身在真正粒子的量測結果中，卻沒辦法被唯一決定，虛粒子因此比較不受限制，這一點在這裡非常重要。說明白一點，意思就是虛粒子的質量**不用**和它對應的真正粒子一模一樣。

現在看看下頁那張圖，它總結了我們對Z玻色子大多的認識。

記住，一個峰值可能代表一個玻色子（參見5.1節）。而圖中的峰值就是個Z玻色子，這些實驗數據來自好幾種電子正子對撞機，一直到最近的大型電子正子二代對撞機（LEP2）；這座對撞機使用歐洲核子研究組織的地下隧道至二〇〇〇年，現在由大型強子對撞機接手。數據圖的水平座標是對撞的電子正子對的總能量，等同於兩者湮滅時產生的虛粒子的質量，在二六三頁費曼圖中標示為$Z/\gamma$。

---

＊譯注：補充5.1節的譯注。通常以最後產物命名衰變通道。例如，若希格斯粒子衰變後的Z玻色子對變成四個輕子，就是「四輕子道」。不過我們有時須要考量中間產物，因此會用「含有……的衰變通道」來進一步分類。這裡「含有雙W玻色子的衰變通道」也是一例（屬於四輕子道）。

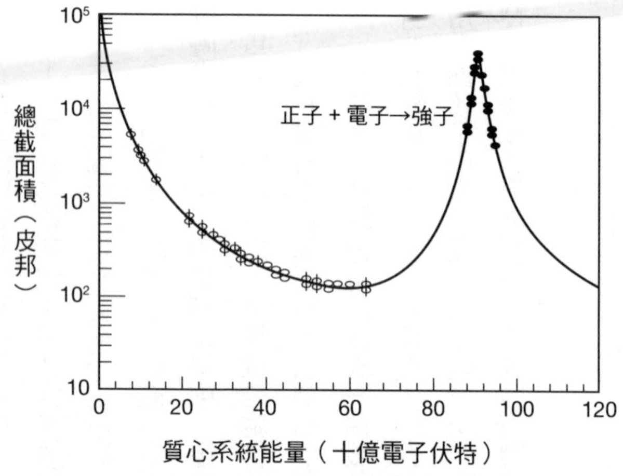


數據來自康乃爾電子儲存環、雙儲存環、正子電子計畫、正子電子串聯環型加速器、可轉移對撞型儲存環加速器、大型電子正子對撞機（位在美國康乃爾大學）、德國電子加速器、日本高能加速器研究機構、美國 SLAC 加速器實驗室，以及瑞士的歐洲核子研究組織。

而上圖中左手邊的垂直軸則是截面值，代表在給定的入射電子、正子光度下，兩者碰撞湮滅的次數多寡。可以見到在 91 GeV 附近有個峰值，除上光速平方後就是質量。這是Z玻色子造成的。某種程度上，你可以直接說這就是個Z玻色子。

這張數據圖蘊含了豐富的物理知識。電子和正子主要的交互作用都濃縮在這張費曼圖中——兩者湮滅後要不是產生一個光子、就是一個Z玻色子。一個真正的光子質量為零。如果一張費曼圖中的虛粒子擁有的質量和對應的真實粒子相同，這張圖發生的機率就會大幅增加；因此在數據圖左側、質心系統能量接近零的地方，碰撞發生的機率（總截面值）非常高。沿著水平軸向右走，隨著能量不斷升高，虛光子的質量愈來愈偏離正確的值，截面值便會快速降低。如此直到

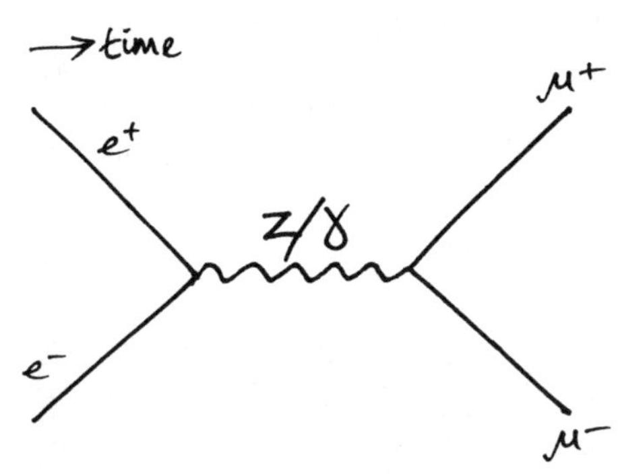


60 GeV 左右時，截面值不再下降，開始爬升。這是因為Z玻色子現在可以在正確的質量附近生成了，這讓對撞的機率提升，最後在 91 GeV 處達到高峰。接下來隨著能量繼續增加，費曼圖中間的虛粒子擁有的質量比真正的Z玻色子還要大，所以截面值會再次下降。

雖然希格斯粒子的質量比兩個Z玻色子的總和還要小，含有雙Z玻色子的衰變通道還是不容忽視。這張數據圖可以解釋原因。想像一下有顆Z玻色子出現在 91 GeV 處，擁有正確的質量，那麼另一顆Z玻色子的質量理當是 34 GeV，兩者加總才會和希格斯粒子一樣。不過在數據圖中，第二顆Z玻色子有可能很快就衰變成輕子對，大型強子對撞機的情況也是如此。從數據來看，34 GeV 處的電子正子對撞產物應該大多都是光子，但我們當然知道希格斯粒子並不會直接衰變成光子。相反的，希格斯粒子會衰變為一個真正的Z玻色子，因為它的質量很大；此外甚至也會有些「虛」Z玻色子會在 34 GeV 處生成。關鍵在於這個Z玻色子的峰值並不是個在 95 GeV 的尖峰，而有個寬度，這使質量 125 GeV 的希格斯玻色子有機會衰變成兩個Z玻色子，只是其中一個的質量不會是真正粒子應有的值。有鑑於此，就算希格斯粒子的質量不足以產生兩顆真正的Z玻色子，含有雙Z玻色子的衰變通道還是不容忽視的。

這真的有點難以捉摸，所以留意自己究竟在測量什麼是很重要的。我們測量的是輕子。實際上，想要辨別一個電子正子對是從光子、還是Z玻色子生成，是幾乎不可能的。其實就像我在科學解釋中提過的，費曼圖這種漫畫很容易會沖昏我們的腦袋。費曼圖非常符合直覺、以優雅的符號表示物理過程，卻不是縮時攝影、或是撞球比賽的鏡頭。這種圖例並沒有代表某個對撞事件獨一無二的歷史。

這就是標準模型的基石——量子力學與量子場論的一個既深刻、又古怪的性質。粒子物理學其實取錯名字了，不然至少我們也得說，這些粒子並不是如大眾想像的那樣。

費曼圖表示的是振幅、而不是機率。如果你明白這件事，就可說是已經透徹理解世界運行的部分根本法則。很有趣的是，雖然所有的粒子物理學家（先不管名字有沒有取錯）原則上都清楚這個性質，許多人平常在工作時還是會忘記；這樣很危險，至少從科學的角度來看的話。

想要釐清振幅和機率的意義，最好的方式就是從費曼解釋量子力學古怪之處的開章——雙狹縫實驗說起。假使你朝一個有兩道狹縫的屏幕發射波（水波、聲波、光波……都可以），而且狹縫各自的寬度與彼此的間距沒有和波長差太多的話，穿過狹縫的波就會形成一種規律的圖樣。舉例來說，如果是水波的話，狹縫另一側水面上的某些地方會幾乎靜止不動、另一些地方則有劇烈的起伏。

這就是我們稱作「干涉」的現象，和振幅的本質大有關係。所謂的波就是在某個平均值上下振盪的東西——振幅則是波所經之處的介質起伏離平均值最遠的距離。所以如果一道海浪的波峰在海平面上方十公尺處，且平均值是零（海平面）的話，那麼海浪的振幅就是十公尺。同樣的道理也用於最小值上。波浪的低谷會在海平面下十公尺處，也就是負十公尺。

干涉效應會在幾道波的步調不一致時出現。假設現在有兩組海浪，分別通過屏幕上的兩道狹縫，兩道波有可能同時抵達海面上的某些地點。在波峰重疊之處，一道波把海面向上提十公尺、另一道同時也做一樣的事，於是你會得到 10 + 10 = 20、也就是二十公尺高的波峰——兩道波加在一起了；而在波谷重疊之處，則是 -10 + -10 = -20，負二十公尺。這就是相長性干涉（constructive interference）。相反的，在海面上的其他地方，有可能一道波的波谷剛好和另一道波的波峰同時抵達。在這個情況下，兩道波會互相抵消：10 – 10 = 0；所有東西都會靜止在海平面高度——這是相消性干涉（destructive interference）。由此可見，雖然每道海浪的振幅都一樣是十公尺，海面真正的起伏其實是振幅的總和，從最高二十公尺、到最低零公尺都有可能，這決定於兩道波是怎麼結合在一起的。

同樣的，量子場也具有這個性質。雙狹縫實驗的奇特現象不僅在水波、聲波，或是光波身上展現（大家已經知道光波其實就是光子，有時候它會擁有像粒子的行為），也適用於電子。如果你朝一面有雙狹縫的障礙物發射電子，每次一顆，就會在電子抵達另一側的屏幕時偵測到訊號：嗶-嗶-嗶，這是粒子該有的樣子（我得把它想成非常小顆的撞球）。然而，這些電子最後卻像波一樣，會在屏幕上形成規律的圖樣——有些區域有電子、有些區域沒有。這正是干涉效應。

電子出現在某處的機率不是和個別波的振幅、而是和每道波的振幅的總和成正比。更正確的說法是，機率和振幅總和的平方成正比，所以機率永遠是正值（負二十的平方是 -20 × -20 = 400，和二十的平方一樣）。費曼圖的運作原理就是如此。如果你想了解能生成某些粒子的反應過程（好比我們對撞實驗的產物，四個輕子），就要把每一個可能的費曼圖都算出來。你須要先把所有的圖加總在一起，再平方後才能得到截面值（參見【科學解釋8】）。有時候加上的另一張圖因為與原來的圖有相消性干涉效應、反而會降低截面值。有時截面值則會增加。因此，在量測到一組粒子產物後，你沒辦法說出**到底是哪一張費曼圖產生這些粒子的**，因為實際上每一張可能的圖都有貢獻。有些會提高機率、有些則會降低。

然而，這並不是說我們無法從量測結果學到任何東西；質量分布圖的峰值就等同於雙狹縫實驗中波的規律圖案。我們可以找出狹縫的位置，實際上，在X射線結晶學的領域，科學家利用這種規律圖樣分析晶體分子的結構。傑出的女科學家富蘭克林（Rosalind Franklin）拍攝的圖樣更是解析DNA構造的關鍵。同樣的，物理學家也可以推論有關的費曼圖中是否有希格斯粒子、或是Z玻色子出現，不過大家無法明確找出哪一張圖對應到哪個事件。我們能做的只有測量最後產生的粒子，這些粒子活得夠久，可以飛離碰撞點、在偵測器上留下數據的曲線。讓人不敢置信的是，有不少專業的粒子物理學家竟然會忘記這件事，而過度認真看待這些漫畫。

所以別像他們一樣。回頭想一下，我們在找的產物是四顆輕子，總共有三種組合——電子＋正子＋緲子＋反緲子／電子＋正子＋電子＋正子／緲子＋反緲子＋緲子＋反緲子——我們根據這些粒子重建出總質量，並尋找峰值。這無異於希格斯粒子雙光子道的研究過程。

## 6.5 緲子：洋蔥的最後一層

緲子在日常生活中並沒有很常見。至少和光子、電子、強子相比，緲子是少見許多的。因此，如果你目睹一個緲子穿越偵測器，出現有趣事件的可能性就會相對提升。實際上，緲子是我們在搜尋含有雙Z玻色子的希格斯粒子衰變通道時的得力助手——搜尋四個緲子的終態是找出這個通道最靈敏的方式，也就是兩個Z玻色子都衰變成緲子反緲子對的事件。此外通常在量測Z和W玻色子、以及搜索許多超越標準模型的物理時，緲子也十分有用。

也許你會想說緲子應該不難觀測。粒子在偵測器中心的對撞點生成後，會先穿過內層的追蹤儀器與量能器，最後才抵達緲子追蹤系統，這是偵測器最外層的高科技結構體。所有的帶電粒子，包括緲子，此時理當都已在內層的軌跡偵測器上留下了足跡，而除了緲子（以及不和其他粒子作用的微中子），所有的粒子都該被量能器擋下。到此看來，這系統萬事俱備，毫無困難。

從某些方面來看，的確如此，不過還有其他的挑戰。因為緲子的地位舉足輕重，緲子偵測器是任何實驗的優先考量對象。緊湊緲子線圈（CMS）中的「M」代表「緲子」（muon），還有超環面儀器（ATLAS）的「T」表示「環面」（toroidal），取自緲子系統中的環面磁鐵……這些名字不可能只是巧合而已。好吧！這兩座偵測器的緲子系統都裝在儀器表層，的確是體積最大的東西、你又會一眼就見到它，但這只是在暗示它的重要性，不是嗎？

有個挑戰是這樣子的：雖然偵測器都深埋在地底下，宇宙射線或環境背景輻射中的一些粒子還是有機會穿過地層，從外側撞上超環面儀器的表層，干擾我們的緲子偵測訊號。然而，真正的挑戰應該是偵測器巨大的面積，它要能夠包覆所有的內層軌跡偵測器與量能器。技術上我們可以像粒子偵測器的內層儀器一樣，用半導體來打造緲子偵測器，然而這樣的花費過於昂貴、大家負擔不起；此外，這種做法也沒什麼意義，畢竟絕大多數的時候半導體什麼都偵測不到。

我們需要的是反應快速且精確的科技，而且要能在合理的成本下，覆蓋非常巨大的面積。超環面儀器大部分的緲子系統都是使用「監測漂移管」（Monitored Drift Tube），基本上就是接地的長金屬管，直徑約三公分，中空處通有一條帶正電的電線。金屬管內注入了某種氣體，緲子經過的時候可能會把氣體分子的電子撞飛，讓分子游離。接著，電子和帶正電的游離分子會分別朝正極和負極漂移過去，產生電脈衝，我們讀取脈衝數據就能知道緲子在哪裡了。緲子系統的有些部分則是使用稱為「陰極金屬帶腔體」的不同工具，但背後的原理還是一樣——氣體游離後，外加的電位差會加速電子和離子。緊湊緲子線圈的緲子系統也用了好幾種科技，但運作的原理仍然相同。除此之外，超環面儀器和緊湊緲子線圈都用巨大的磁鐵來彎曲帶電的緲子（要記住緲子老早就通過環繞內層軌跡偵測器的螺線管了），讓我們能獨立量測它的動量。

如果偵測器內部的追蹤器測到了一個高動量緲子的軌跡，而且在穿過量能器後和緲子系統的軌跡一致，這就是個清楚、明確的訊號，指出大型強子對撞機出現了某個有趣的對撞事件。而就如我提過的，在搜尋希格斯粒子的四輕子道這個重要的實驗中，緲子會扮演關鍵的角色。

## 6.6 這是什麼？

量子場論的確有些棘手，我們要先十分謹慎地說明實際觀測到的事物、再詳加探討所有可能的詮釋。由此可見，我們在確定見到了某些新的東西時，總是會不斷地問自己：「這是什麼？」或是明確一點的：「這是不是標準模型的希格斯玻色子？」而大家在回答的時候，多半是諱莫如深。

想用實驗確切證明某件事終究還是不可能的。這裡的「確切」兩字代表百分之百的準確度，如果這是你所追求的，數學家這份工作應該會比較適合你，而不是科學家。你永遠都無法知道一段繩子的確切長度為何。比較符合科學的問法應該是這樣：「這個結果的性質是否和希格斯玻色子一致？」此外你還得決定要有幾項條件全都吻合才算是一致，此外數據又要多麼精確，你才能稱呼這個結果是個希格斯粒子。這端看你的判斷方式了。

談到希格斯粒子，標準模型的預測能力可說是令人嘆為觀止。首先，模型預測希格斯粒子會存在。此外這種粒子的電荷一定要是零，也沒有「自旋」（意思就是它沒攜帶內蘊的角動量，是個純量玻色子）。標準模型還是無法提供希格斯粒子的精確質量，不過一旦質量確定下來，其他一切的性質也都決定了，像是明確預測希格斯粒子衰變的產物有哪些。希格斯粒子最重要的用途就是要賦予其他粒子質量，這就表示只要反應可行、而且能量也守恆，一般來說粒子愈重就愈有可能是希格斯粒子衰變的產物。

當然，我們在二〇一一年的時候還沒得到任何顯著的訊號。然而實驗的目標範圍縮小了：現在大家**預期**希格斯粒子的排除質量下限，降到了 130 GeV，不過實際的結果仍和模型的預測一致。我們主要是透過比對事件實際的發生率和預測值得到這個結論的。此外我們也得到這些事件質量分布圖的部分資訊，上頭可能有個峰值，但還不是很篤定。

要稱呼這個峰值為「希格斯玻色子」，而不是某個「超額」或是「候選」事件，我們除了要能擔保它足夠可信，還得測量更多的性質。主要的做法是觀測這個東西（假設它的確是某種粒子）至少兩種以上的衰變通道，愈多種愈好。要是不同衰變通道的相對比率和希格斯粒子應有的一樣，就會是個非常有說服力的結果；收集愈多種衰變通道，便會愈可信。我們量測的數據愈多，大家討論的對象就會從「可能的超額事件」變成「希格斯候選粒子」，再提升為「希格斯玻色子」，最後就是「標準模型的希格斯玻色子」。

然而，就算我們真的有新的發現，還是永遠沒有辦法拿出某個事件的數據圖，然後說：「這個事件中一定有出現希格斯玻色子。」這有點讓人汗顏，然而背後的理由卻能幫助父母從兩難的處境中解脫，並說明為什麼我有時候其實是在扮演牙仙子*。請有點耐心等我解釋。

其中一個有前景的希格斯粒子證據是雙光子質量分布圖中的一個小小的峰值。我當然可以給你看一個對撞事件，裡頭的光子對剛好擁有「希格斯粒子的質量」，也就是位在峰值的頂點。然而，這樣還是不能夠確定說這對光子的確是希格斯粒子衰變而來的。粗略估計一下，假設現在有七十個左右（實際上的數量遠大於此）的事件位在峰值尖端，可能只會有十個上下的事件是新的玻色子產生的。大家沒辦法用我們的偵測器來區分這十個事件與其他六十個背景事件。實際上，就算有完美的偵測器，還是會有一部分的背景事件和訊號混合在一起，這是量子力學的效應。我們能確實掌握的只有反應前後的粒子。這才是你可以測量的東西。

入射的粒子也許會透過幾種可能的路徑來生成一組粒子，但是只要產物相同，要說哪條路徑才是實際的過程其實不具有任何物理意義。想要計算這組產物出現的機率的話，你就得用特定的方式來加總所有可能的路徑。

現在回來談父母的兩難問題。這在聖誕節前後特別嚴重，不過假使你的孩子正在換乳牙，這個問題就一直都在。聖誕老人真的存在嗎？那麼牙仙子呢？

你是要掃孩子的興呢，還是願意撒個謊？有一部分的我不喜歡對自己的孩子說謊，動搖他們對我的信任。另一方面，我也不想要當個討人厭的傢伙。這是我的解決辦法。

在任何擁有相同初態（牙齒）和終態（金錢）的反應過程中，實際上都可能會出現一位牙仙子。換個說法，所有能拿走牙齒並留下金錢的人事物，都擁有和牙仙子一樣的本質，所以我們多少可以說它就是牙仙子。

想當然耳，我的兒子現在已經完全不相信牙仙子的傳說了。但當年這仍是**真相**。我們試圖不讓牙齒變成錢的過程中有任何謊言、背叛、淚水；因為實際上，在我手中拿著一枚閃亮亮的一英鎊硬幣、躡手躡腳地走入兒子房間的時候，我真的就是那位牙仙子。當然，我同時也是一位父親。這個方法看

*譯注：英美文化裡，父母在小孩換乳牙的時候，會跟他們說只要把牙齒放到枕頭下，牙仙子就會把牙齒取走，並留下一點錢當作謝禮。

來很奏效，雖然我兒子現在也長大了，還是很好玩。

同樣的道理用在聖誕老人身上也不會太誇張，也能解釋為什麼聖誕老人有時候會和你的父母用相同的包裝紙——某方面來說，聖誕老人和父母都是送禮物過程不可區分的量子途徑。

也許真是如此。但不論對錯，物理界：「這是什麼？」的答案永遠都是：「這是個行為和某個東西很相像的事物。」大家現在愈來愈有把握，相信我們就快要找到某個行為很像是希格斯粒子的新發現了。

# 第七章 步步逼近

二〇一二年一月到六月

## 7.1 八兆電子伏特

在得到這些振奮人心、卻尚未定論的線索後，人人心中的壓力顯然愈來愈大，大家都希望能儘快進行下一階段的研究、得到最終解答，不論結果為何都好。BBC團隊此時現身，拍攝《地平線》系列紀實節目；一開始這部片主要是在介紹粒子物理學的概觀，之後漸漸轉為關注希格斯粒子的搜尋實驗，因為大家愈來愈明白這方面的研究會有不容忽視的成果。

二〇一二年二月七日，我們把前一年十二月份的希格斯粒子搜尋結果提交給期刊以及arXiv*。在十二月的會議之後，大家利用提交報告之前的空檔交叉比對大量的數據、並完成許多工作（還有過聖誕），沒見到結果有多少須要更動的地方。於是在同儕審查後，超環面儀器與緊湊緲子線圈的論文都公開發表了，這些文章基本上證實了我們先前尚未定論的成果。

*原注：參閱網址 arxiv.org/abs/1202.1408。arxiv.org/abs/1201.1487。

就在論文刊登的同一天，我前往倫敦的 Google 總部用早餐，並出席一部介紹歐洲核子研究組織的電影的首映會。此行有兩件很棒的事。我遇到了格林尼斯，他曾經擔任英國科學技術基礎設施委員會的委員，此外他也在英國政府斟酌預算的關鍵時期，擔任英國皇家工程院的執行長，當時就是皇家工程院建議政府應該要讓粒子物理學界承受預算縮減的後果。格林尼斯這次出席以大型強子對撞機為主題的電影首映會，言談間更釋出善意，看來物理界和工程界先前兄弟鬩牆的劇碼已漸漸落幕了。除此之外，我也很喜愛影片中我的美國同事馬歇爾在超環面儀器烤肉大會上受訪的橋段。馬歇爾說理論學家是在創造出古怪的、而且可能在大型強子對撞機現身的新物理：

> 我們身邊的理論學家只想要預測現象，盡可能想出五花八門的新奇事物。這是因為如果有件事講對了，他們就會變成大紅人。而就算所有的理論都錯了，也不過是和一般人沒兩樣而已。

馬歇爾是對的。現在你就懂了：**實驗學家就算做對事情，也會被大眾忽視（好比測量微中子的速率），但如果做錯了，卻會有一大堆人引用你的結果。反之，理論學家說錯話，不會有人理睬，但只要說對了，就能拿到諾貝爾獎。**

這個說法不是百分之百正確，但也不全然是錯的。

四月五日，大型強子對撞機再次開工、為物理學家產出實驗數據。大家要花費許多心力來準備新

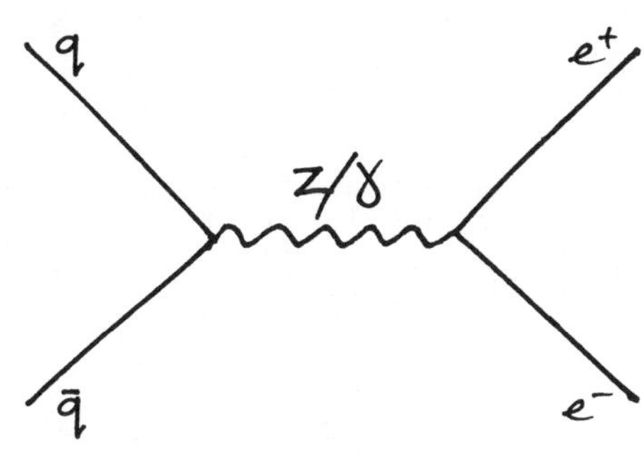


的對撞實驗，因為這回實驗的質心系統能量是八兆電子伏特（兩道粒子束各自擁有四兆電子伏特），相較於二〇一一年的七兆電子伏特要高一些。這大致上是件好事——比方說在較高的對撞能量下，大家更有機會能造出新的粒子，這是因為我們能製造的最重粒子的質量為 $m = E/c^2$，$E$是能量，$c$是光速。另一方面，因為對撞能量改變了，我們也得重新檢視所有的電腦模擬軟體，準備好要測試程式，看看在新的能量級下，它是否能像以前一樣順利運作。

二月份我到英國物理學會「物理研究的展望」系列課程上，為十六到十九歲的學生講課。在其中的一堂課上，有人問說為什麼我們質子對撞實驗的質心系統能量須要到七兆電子伏特這麼高，畢竟新的粒子（包括希格斯粒子）所及的能量遠比這個值還要低。

我來舉希格斯粒子做為具體的例子（到目前為止大多數的有關現象都暗示它的質量低於 130 GeV），雖然對撞的能量十分充足，主要的難題還是在於要如何從背景雜訊中找出希格斯玻色子。不過，這裡有個比較一般的解釋。回頭看一下6.4節的數據圖，超環面儀器和緊湊緲子線圈也可以得到類似的結果。在這些實驗中，反應過程不再是電子和正子湮滅後形成光子或Z玻色子，再衰變成其他粒子；現在入射的粒子是夸克與反夸克，如上頁圖示。

就像你早就知道的（參見4.5節），質子內部有很多的反夸克和膠子，以及夸克；圖中的反夸克就是從這來的。在超環面儀器與緊湊緲子線圈的數據圖中，91 GeV 處一樣有個峰值，和電子正子對撞數據的峰值一樣，這也是Z玻色子造成的。然而大型強子對撞機的能量帶我們探索的能量超越了大型電子正子對撞機——高達是一．五兆電子伏特，但後者只有 100 GeV。雖然大型電子正子二代對撞機的能量最終提升至 210 GeV，這也就是它的極限了。電子束和正子束的對撞能量最高只能到這裡。然而，就算我們利用大型強子對撞機尋找峰值的對撞能量已高達八兆電子伏特，卻還未逼近理論的上限。原因是什麼呢？

想當然耳，這是因為質子並不是個基本粒子。真正極小尺度下的超高能物理現象只會在比質子直徑小上許多的空間中出現；從這個觀點來看，大型強子對撞機實際上是個夸克與膠子的對撞機，而不是強子對撞機。可惜的是，就算兩道質子束各自的能量有四兆電子伏特（也就是可用的總能量為八兆電子伏特），任何一個夸克或膠子只會攜帶質子總能量的一小部分而已，所以能產生新粒子的能量通常是質子可能擁有的能量的五分之一至十分之一而已。

## 7.2 會議的詛咒

人家都明白今年夏天的會議將攸關希格斯粒子搜尋實驗的成敗。因此開會的次數愈來愈頻繁、遠遠超出我們的預期。

因為團隊成員散布在各個時區，基本上每一個歐洲工作日中的每個小時、和幾乎整個夜晚，都會有超環面儀器的人在開會。此外由於大多數的會議都能以遠距的形式進行，所以只要你的網路夠快，就可以一整天不間斷地同步參加六個會議。想當然這會讓你忙得焦頭爛額。

還有個火上加油的詭異現象逐漸浮出檯面。每當一場會議快要進行到有趣的部分時，總會有某位與會者（通常是主席）建議大家說：「這個我們之後再談。」然後大家就會換到下個話題。

有幾種情況會導致這件事：

## 一、突然冒出來的傻子

某個人，也許是位資深的物理學家（有時是我）完全在狀況外，沒有搞清楚別人在報告或是討論的重點。這種人根本摸不著頭緒，提出的問題和當前進行的主題八竿子打不著邊，這讓其他的與會者十分尷尬，只能盯著自己的鞋子、或是朝天花板猛瞧。有些天兵則是會問出很傻的問題，像是：「我們在實驗中對撞的粒子是什麼？」旁人聽到只能想說他應該是不小心跑錯房間了。不論是哪種情形，一位稱職的主席總能把握時機結束離題的討論，讓大家免於尷尬。

## 二、和你有嫌隙的對手

世界上高能物理的實驗機構其實並不多。假使你是一位博士生，在某個場合碰巧遇到一位自命不凡、深受達克效應*所害的假學究，就可能會在往後的職業生涯時不時便遇到他。要是這種人在開會時問你某個愚蠢、無聊，而且帶有敵意的問題，也許能讓其他的與會者有一場餘興節目可觀賞，大家會因此分心；但主席通常會打斷這場秀。你理當認同他的做法。或許你可以找幾位凶神惡煞的朋友，把對方逼到暗廊，跟他說：「哼。喬恩要我們來找你談事情。他說，你問了他一個問題……」

## 三、專業上的漏洞

老實講，真正的進展會在這種時候出現。大家剛開始談一個議題，而場內有某位與會者對這個題目有非常深入的了解。當然，有位知識淵博的成員參與討論頗有助益，但別人在報告自己的成果時，常常很快就會發覺自己還須要再仔細檢查一下結果；報告者當然會希望能在私底下找幾個人一起研討，而不是繼續講下去，這可能會害他在同事面前大大出糗。重新審視結果通常要花上好幾天。還是中止話題吧！

## 四、不可靠的網路

遠端會議時有人講話的聲音會突然變得很古怪，也許他像吸了氦氣、變成了賽博人（Cyberman）†、或是頭浸在一桶水中似的。這類的問題都要歸咎於網路訊號不良或是麥克風品質不佳；不過，我懷疑，其中至少真有幾次是賽博人搞的鬼。一方面，太差的設備會讓遠端會議進行得很頭痛；但換個角度想，假使你真的不小心遇到上述中的某個討人厭的困境，拿「收訊不良」當作中斷討論的理由就再方便不過了。這招百試百靈。

詭異的是，在大多數的實例「中止討論」這句話常常代表「繼續用內容很長的電子郵件討論」。到頭來，我們還是無法偷閒。

瑞士有很多美好的地方。首先，國旗是個大加分‡。二〇一一年瑞士成立了一個政黨，制定政策禁止人民使用 PowerPoint 簡報軟體，這也許是對歐洲核子研究組織、聯合國，或是世界貿易組織會議數量氾濫成災的因應措施。此外瑞士還有一些應急計畫，像是把所有高能物理會議都驅逐到CERN園區中，位在法國境內那部分的普雷弗桑中心進行。以及他們嚴格執行、顯然廣受歡迎的「限用 LaTeX§」政策。這些計畫讓大家議論紛紛。

---

＊編注：Dunning-Kruger effect。達克效應指出，無知使人狂妄，能力差的人，因為不知天高地厚，往往會高估自己的能力。與此相反的是一個領域中的真正專家，常會誤以為自己的能力不如同儕、低估自己的能力，叫做「冒名頂替症候群」（impostor syndrome），正是所謂「學然後知不足」。

†編注：英國長壽科幻電視劇《超時空博士》（*Doctor Who*）中的種族，和2.3節提到的 Dalek 是本劇兩大經典反派。

‡編注：原文是個冷笑話。The flag is a big plus. 可以解作「國旗是一大優點」，但也能別解成「瑞士的國旗是個大大的加號」。

§原注：不不，意思不是限穿乳膠（latex）這種變態的著衣規定。LaTeX 是一種文件排版系統，多數科學家都用它編寫論文。我好希望自己能用這套系統來寫這本書，真的。

現在你知道我們物理學家開會時都在討論些什麼了。

## 7.3 波動：反物質與光譜學

《天使與魔鬼》（*Angels and Demons*）是丹・布朗（Dan Brown）著作的暢銷驚悚小說，曾改拍成同名電影，主角由湯姆漢克斯擔綱。歐洲核子研究組織在這個故事中的戲份很重。社會大眾在請教我有關的問題時，都希望能釐清一些真相。

「是啊，當然我們沒有什麼私人噴射機、也沒有降落傘訓練高塔之類的玩意兒。」我回答。

「我自己連一件白色的實驗衣都沒有。這就是本虛構的小說，好好享受！」我也會這麼說。

「您說什麼？反物質嗎？噢沒錯，真的有反物質，這是當然的。」

事實上，就算只是一般能量級的實驗設施，反電子（正子）、反質子，以及其他的反物質粒子，都是很尋常的產物。連醫院都有反物質——正子斷層造影（positron emission tomography，PET）；這種診斷技術的原理是注入某種原子的放射性同位素到人體內，該同位素會衰變放出正子。

元素的同位素也是一種原子，它的原子核的質子數量和原本的元素相同，中子的數量卻不一樣。原子核的放射性衰變率決定於核內質子和中子的組成。相反的，原子的化學性質只和它的電子數量有關，而電子數則是決定於核內的質子數；電子數要和質子數相同，電荷相互抵消，原子才會呈電中性。舉例來說，不穩定的碳－11同位素擁有六顆質子、但只有五顆中子，它的化學性質卻和穩定的碳－12一樣；碳－12的質子和中子一樣都是六顆。

因此像是糖、蛋白質之類的分子或化合物也可以用碳－11合成出來。這種糖和蛋白質的性質就和普通的版本沒什麼兩樣，但一段時間後碳－11的原子核就可能會衰變，放出正子。

這顆正子在人體內閒逛，不久便會遇到一顆電子，兩者相互湮滅放出兩顆光子。因為質能互換，每顆光子的能量都會很接近電子的質量乘上光速平方（愛因斯坦公式又出現了），如果是用粒子物理學的單位來表示，就大概是五十一萬電子伏特。我們只要觀察這些光子，就可以很精準地描繪出同位素在體內的位置（而且輻射劑量非常低）；如果你用心挑選同位素*和它嵌入的分子類型，便能得知人體這些部位的詳盡情形。

反質子就比較難製造了，這純粹是因為它的質量是電子的兩千倍，所以我們要花兩千倍的能量來造出反質子。但就算如此，粒子物理學實驗要製造這麼大的能量還是不難。不過有個問題是，反質子只能在物質對撞時生成，一般來說我們是用質子束去撞某個標靶，因此大多數的反質子在誕生後，都會以極高的速率移動。難處在於要如何捕捉這些反質子、降低它的速率、並儲存起來，接著再把反質子和反電子結合一起，造出反氫（antihydrogen）；也許這是你的目標。

在整個過程中，你都必須防止反質子和周遭的一般物質反應而湮滅。而如果你想要深入了解你得到的反質子，就得想辦法把它穩定儲存很長一段時間，才能好好研究其性質。

---

*編注：正子造影常使用的同位素有碳－11、氮－13、氧－15、氟－18等等。

這些全都是歐洲核子研究組織的阿法（ALPHA）實驗的研究工作。阿法實驗團隊在二〇一二年三月發表了這些成果。他們不但捕捉到反氫原子並儲存起來，還發射光子撞擊反氫（用的是微波）。這些光子讓反氫內的正子在能階之間移動；同時光子也會改變正子的自旋方向，使它和反質子的自旋同向或是反向。改變相對自旋方向會讓反原子的磁性質改變，使這些反氫不再被磁場困住，而逃離容器*、和外界的物質反應而湮滅。

團隊調控微波，找出能讓反氫逃脫容器的頻率，再以頻率值計算出反氫不同能階之間的距離。在實驗的誤差範圍內，反氫的能階差就和一般的氫原子沒有兩樣。

這是史上第一次有人量測到反原子內部的結構。而實驗「反氫和氫看來相同」的結果其實沒什麼好訝異的。要是結果不一樣，才會跌破大家的眼鏡。物質和反物質與光子的交互作用相同的這項事實，其實內蘊於我們理論的基本架構中。狄拉克方程式整合了量子理論及狹義相對論，而預測會有反物質存在；根據狄拉克的理論，電子的電荷和正子的電荷一定要**恰恰好**相反，而兩者的質量必須相同。就算初步的實驗沒有很精準，而且已經有理論告訴大家會有什麼結果了，阿法實驗仍是我們首次實際觀測到的結果。之後當然還會有更精準的實驗。就算是通過重重檢驗的理論，其預測和推論和實際的觀測結果帶給我們的知識還是不能相提並論。

反物質光譜學研究的領域自此展開。相對來說，一般物質的光譜研究已經有很長的歷史了，這是科學極其迷人的一道分支，有豐富的應用以及富有潛力的影響。科學家正是利用光譜學來認識恆星與星際的組成。而很久以前，科學家觀測到一些元素特有的發射譜線（emission line）和吸收譜線

（absorption line），卻無法理解其中的道理，這個謎團啟發了日後的物理學家發展出量子力學。

環繞原子核的電子都是費米子，因此沒辦法都待在同一個量子態上，換句話說就是電子不能全部擁有相同的能量（參見【科學解釋3】）。然而，比較基本的性質還是反映在電子位於「量子態」的這件事。意思是說，如果電子受到原子核束縛，它的能量就只能是某些特定的值。因此，如果你想要把電子從低能階移到高能階，就一定要給它不多不少、剛好的量才行。這些能量通常由光子傳遞給電子。固定能量的光子具有固定的波長，而如果波長剛好在可見光的頻段內，就會對應到特定的顏色。這就是光譜學的核心原理。

假設有一大堆溫度很高的原子，恆星內部的情況就是如此，這些原子會不斷相互碰撞、交換光子，因此原子中的電子會一直在不同的能階之間移動。現在想像某個原子的特定兩個能階，比如路燈的鈉原子。兩個能階的能量差是固定的，在這個例子對應到黃光的特有波長。如果你依照波長區分鈉燈放出的光（就像牛頓拿透鏡散射太陽光一樣），就會見到一條細細的光帶，這是電子從原子的較高能階掉到較低能階時放出的光子所構成的。

一八六八年的日蝕發生時，科學家用同樣的方法分析太陽光，找到了氦元素。當時法國天文學家讓森見到一條波長五百八十七．四九奈米的亮線，對應到的能量是二．一一電子伏特，恰好也是黃色

＊譯注：團隊使用「磁阱」（magnetic trap）做為容器。磁阱基本上是由電流方向相反的平行線圈組成，中心磁位能最低，被困住的粒子如果偏離中心，會因為本身的磁矩而受到反向磁力被推回原處。

光、就在鈉光的亮線旁邊。幾個月後洛克耶也見到了同一條亮線，認為發出這道光的元素並不是當時已知的任何地球元素、而屬於太陽，他的結論是正確的。後來大家把這個元素命名為氦，引用希臘字赫利奧斯（helios），代表太陽*。十四年後，義大利物理學家帕爾米耶里首次在地球上找到這個元素。

世界各地的實驗室利用光譜學分析技術尋找樣本中的元素和化合物的微小蹤跡。光譜中的線有些是上述的「發射譜線」，電子跳下能階時放出光子，增加對應波長的譜線亮度；有些則是「吸收譜線」，電子吸收特定波長的光子、躍遷到高能階，使對應的譜線亮度降低。除此之外，科學家甚至可以運用這項技術來獲得星際物質的組成資訊，我們可能永遠都沒辦法直接到這些地方做研究。還有更令人讚嘆的成果，科學家觀察到如果有星體遠離地球，它的譜線就會整體往低能量的方向移動（也就是比較長的波長，移向光譜的紅光端，這就是紅移），據此推論出宇宙正在膨脹。所有距離我們很遠的星系的特徵光譜都往長波長端移動，所以這些星系都在遠離地球。

光譜學研究帶領我們探索廣大的知識疆域，但也只應用到物理學波的概念的某一面向而已。波可以說是物理最引人入勝的一部分，它無所不在。最初正是因為電子擁有和波一樣的性質，它在原子內的能量才會以離散的能階形式呈現。波耳統整出的原子模型是史上第一個能解釋原子光譜譜線的理論，他假設電子被限制在某些軌道上繞行原子核，完全不能跑到這些軌道之外的區域。

如果你把電子想像成波，很容易就能理解為什麼有些軌道是可通行的。這些軌道的長度會剛好是電子波長的整數倍，所以電子波繞軌道一整圈後會和原本的波完美疊加，形成「駐波」。任何無法和自身完美重疊、讓波峰和波峰對齊的波，都會與自己相抵消，因此電子不可以擁有這些波長對應的能量。

雖然駐波聽起來非常冷門，但它其實無處不在。我們用薛丁格方程式解出的電子在原子內部的完整量子力學圖像，便和駐波模型非常接近；更有甚者，在大尺度的世界中，駐波也能解釋樂器的運作原理。豎琴的基音是由波長為弦長兩倍的弦震動產生的。實際上的過程如下：演奏者撥動弦的點傳遞出兩道反向的波，行進到弦的末端後反射回來，再彼此疊加（干涉）。就和波耳描述的電子一樣，如果兩道波的波峰恰好重疊，合體的波就不會消失；反之，兩道波就會互相抵消。豎琴的弦就是這樣子發出某個音符的。

有一回我在巴比肯藝術中心聆賞音樂會時，不知不覺便開始神遊物外，思考起了物理。我不是在暗指表演的內容有什麼不好，那場演奏宛如天籟，然而每當我在為了美好的事物而讚嘆時，靈魂常常不小心就會飄走了。我先是注意到倫敦交響樂團的標誌看起來真像一位手持指揮棒的指揮家；接著目光又移到了蘇珊娜的顴骨上，她是多麼的迷人呀！然後我開始好奇席曼諾夫斯基（Szymanowski）如何處理樂曲餘下的母音轉折、也想像著如果自己是巴爾托克（Bartók）會是什麼感覺；他在歐洲大難臨頭的時候，依然持續不輟創作動人的樂章。在樂團演奏巴爾托克第二號小提琴協奏曲的時候，我的心思轉移到物理和豎琴身上。

---

＊譯注：赫利奧斯是古希臘神話中的太陽神，在很多神話中他和阿波羅合為一體。

倫敦交響樂團的陣容中有兩把豎琴，外型十分美觀、琴聲更是餘音繞樑；這種樂器的外觀接近三角形，但是琴頭有個特別的弧度。為什麼這條邊要彎成這樣呢？我感到疑惑。也許只是因為很好看，但是彎曲的頸會左右弦的長度、弦的長度又決定了音樂家彈奏出來的音符為何，這麼設計可能不只是為了裝飾而已。

波的特性可以由四種參數決定：波速、頻率、波長、振幅。也許你還可以加上第五種參數，波的形狀，這會決定音色與波的其他細節特徵。史特拉第瓦里（Stradivari）就是靠這點打造樂器而致富的。但身為一位物理學家，我只想討論較單純的面向。

振幅是個有點無聊的參數。它只不過表示波峰的高度、以及波谷的深度罷了。就聲音的例子來說，振幅基本上就是聲波壓力最大的部分和平均氣壓的壓力差。這就是音量*。

波速、頻率、波長三個參數則彼此相關：波速等於波長乘以頻率。實際上，波速是傳遞波的介值的特性。舉例來說，空氣的音速（在室溫和一大氣壓下）固定為每小時一千兩百三十六公里。所以只要你固定了一道聲波的頻率，就能決定它的波長。

頻率就是我們平常聽到一個音符的音調。豎琴的弦被人撥動時，會以某個頻率振動，同時將波動傳遞給音箱；音箱振動時內部的空氣壓力上下起伏，形成相同頻率的聲波。如果把樂器交付給懂音樂的人，這些聲波就會交織出美妙的樂章。

弦振動的頻率決定於弦的長度、張力，以及組成弦的材料。如果你想要用同一種材料製作所有的弦（因此音色相同），而且張力也全都一樣（所以撥弦所需的力道也一樣），就要增加弦長才能彈出音調較低的樂音。不幸的是，每降低八度音弦長都要加倍，這代表弦長是以指數成長的。

如果豎琴是三角形，琴頸沒有特別的弧度，弦長就只能線性成長，而不是以指數成長。因此要是你想彈奏出夠廣的音域，就得打造出一把非常龐大的豎琴，這樣子是行不通的。就我的觀察，豎琴的琴頸之所以要有個弧度，應該是要讓弦長能在合理的範圍內以指數成長。現在最短的弦可以有一樣的張力、由相同的材料組成、等間距安裝在音板上。不過，假使你的琴頸固定為朝遠離演奏者的方向走的曲度，你就會發現在低八度的下個弦出現之前，豎琴便已經太大支了。這是為何真正琴頸的曲度必須改變，而且弦的種類也要不一樣；如此音調才會以指數下降，豎琴就能涵蓋很廣的音域。由此可知，琴頸優美的曲線除了美觀之外，也有重要的用途。

我時常拿豎琴、或是低音大提琴的弦做為例子，說明為什麼高能對撞實驗會是個饒富趣味的物理研究領域。當然還有其他說法，像是拿愛因斯坦公式 $E = mc^2$ 來解釋為什麼要有很多能量 $E$ 才可以造出質量為 $m$ 的粒子，還有個方法是說高能實驗是在觀測太初宇宙的物理世界，那是在大霹靂不久後（參見4.6節）。但我個人還是最喜歡討論波和解析度。

這條思路把我們帶到一個問題上：「光是波還是粒子？電子呢？膠子又是如何？」

對於波粒二相性問題我自己的答覆是：「兩種說法都不對。」我倒認為波和粒子的概念都一樣，

---

＊原注：我不太確定為什麼大家要用體積（volume）這個字來表示音量。但至少擴大機（amplifier）提升的是聲音的振幅（amplitude），這樣看來還可以。

只是事物量子狀態的日常類比而已，皆不完美。也就是說，「粒子」能描述光子、或電子行為的某些面向，「波」則解釋了其他方面的性質。這些物質追根究柢都是量子場中的激發（參見【科學解釋4】）。

毫無疑問的，量子也有能量、動量、波長、頻率，而且全都彼此相關。能量與頻率成正比，動量則和波長成反比*。所以高能量和高頻率等價，高動量則和短波長等價。而在大型強子對撞機這類的高能對撞機，動量也和能量互成正比。所以最重要的關係是：高能量等於高動量等於短波長。

這一點至關重要，因為波長決定了解析度，也就是你能見到的東西能有多小，如果你想這麼說的話。雷達的波長為數公尺，用來偵測船隻或是飛機很方便。但因為人體比雷達的波長還要小，要是人的雙眼只能接收雷達波，我們就無法見到彼此了。可見光的波長則是數百奈米，更加實用，可以讓我們見到微小的細節。當然，人類的運氣也很好，因為太陽光的強度高峰剛好落在可見光這個波長區段裡。科學家推測人類雙眼的演化方向讓我們能用亮度最大的波段感知世界，考量到這一點，假使太陽大部分的光都在紅外光區段，人類的眼睛就只會對紅外光很敏感，那麼所有毫米以下尺度的事物看起來都會模糊一片。這樣的話想穿針引線就很難了。

大型強子對撞機擁有實驗室史上能量最高的粒子束，等於有波長最短的量子（實際上大多是膠子），因此有辦法探索至今人類視野所及最小尺度的自然現象。我們不僅深入原子的核心，目光更直達質子內部、研究裡頭的夸克。如果夸克還有什麼內在結構，或許也有機會能被我們發現。這就是我選擇來理解「能量巔峰」的方式。這也是為什麼我們要用大型強子對撞機這樣巨大的儀器，來研究像膠子一樣微小的事物。除此之外，正因為就連在極小的尺度下，夸克和電子看起來仍不是由其他物質組成的，才會浮現質量從何而來的這個謎題。極小尺度的物理研究若不是會告訴我們夸克和電子其實不是基本粒子、而是由其他東西組成，就是能找到希格斯玻色子，來賦予這些基本粒子質量。

## 7.4 微中子矩陣

量子色動力學與弱核力理論有個更為奇特的性質，兩者都是「非阿貝爾理論」†（non-Abelian theories）。非阿貝爾的意思是強核力與弱核力理論核心（參見【科學解釋6】）的對稱群代數是不可交換的。簡單來說就是「A乘B」不等於「B乘A」。

一般人的常識會告訴你，如果隨便拿兩個數字A和B，用A乘B的結果永遠會和用B乘A一樣，你用計算機怎麼試答案都不變。一個袋子裝三塊錢、兩個袋子總共是六塊錢；一個袋子裝兩塊錢，三個袋子總共還是六塊錢。這件事對數字永遠都成立，是千真萬確的事實。然而，我們有個很好的方法能定義出一套數學架構，其中的AB不等於BA。實際上，數學家已經鑽研這個領域很多年了。

或許更驚人的是，物理學家竟然也在許多地方應用這套數學，因為某些和物理學相關的事物也是

*原注：用恰當的單位來表示的話，能量（$E$）等於普朗克常數（Planck's constant）乘上頻率（$n$）；動量（$p$）等於普朗克常數除以波長（$l$）。此外對質量為零的粒子，$E = pc$，$nl = c$。

†原注：為了紀念挪威數學家阿貝爾（Niels Henrik Abel）。

AB不等於BA。矩陣就是我們表示這些東西的一種方式。現在我在倫敦大學學院為新生上的數學方法課就有介紹矩陣力學。以前我的學校制定了一套「新數學」的課綱，所以我在年僅十五歲的時候就多少認識一點矩陣了。

數學的一個矩陣是一群按照行列排列整齊的數字。把兩個矩陣A和B相乘，會得到另一個矩陣C，方法是把對應的列和行上面的數字依序相乘。

這種矩陣聽起來可能不像某部電影裡面那掌控一切、創造虛擬實境的超級電腦一樣迷人，卻有用的多。這部電影的角色身穿黑色皮衣，還有出現著名的慢動作躲子彈鏡頭*。

我來舉個例子。你可以用一個矩陣來描述你移動某個物體的結果。相乘的順序（AB或BA）在這個例子有明顯的區別。物體先在原地轉九十度再向前直直走十公尺，和先走十公尺再轉九十度，兩種移動方式最後的終點顯然不會相同。假設矩陣B代表旋轉，矩陣A代表直行，那麼合在一起的「旋轉後直行」就是矩陣（C＝AB）；這和「直行後旋轉」的矩陣（D＝BA）必定不會相同。C不等於D，所以AB不等於BA。要是AB和BA永遠相同，我們就沒辦法用矩陣來描述這類的移動過程了。正是因為矩陣的乘法不可交換——非阿貝爾，這個工具才會如此有用†。

在狄拉克試圖要找出能描述高速電子的量子力學方程式時，矩陣被證實是他所需要的工具。實際上，電子有某項特性讓狄拉克不得不使用矩陣來表示它，這項特性與他描述電子自旋的語言同出一轍；所有原子的行為和元素周期表的規律，都與自旋有深刻的關聯。除此之外，這個性質也啟發狄拉克去預測有反物質的存在。

數學和真實世界之間似乎有緊密的關係，這讓我讚嘆不已。優秀的研究要能解決問題、也要能提出好的問題。而問題永遠比解答還要多，為了研究我們要付出許多的時間和金錢，因此大家得做出抉擇。數學是威力極大的工具，能幫助科學家檢查實驗數據、並從結果當中尋找最有趣的新實驗方向。就算有些方法和結論，好比矩陣及反物質，看起來可是相當古怪的。

秉持著這份精神，我要在繼續討論希格斯粒子搜索實驗之前，先繞個路來講微中子，最後這回要介紹的是一個很重要的真實結果。二〇一二年三月七日，中國的大亞灣核反應爐微中子實驗（Daya Bay Reactor Neutrino Experiment）發表了最新的研究成果‡。他們的實驗結果不但對標準模型影響重大，也會決定粒子物理學未來的研究走向。如果你只想要繼續讀希格斯粒子的故事，大可跳過這一段沒關係，下一節再見。但是微中子的粉絲可千萬別錯過精彩好戲了！

微中子會以某種形式彼此混和（參見5.5節），大略的意思就是在兩組標誌之間轉換，一組是風味標誌（電子、緲子、τ）、另一組則是質量標誌。我們可以用一個擁有三種角度參數的矩陣來描述轉換的過程。

有個至關重要、卻懸而未解的問題是，三種風味的微中子是否真的會以三種途徑互相混和，還是

＊譯注：駭客任務（*The Matrix*）和矩陣（matrix）的英文一樣。

†譯注：相反的，乘法可交換就是阿貝爾。

‡原注：參閱網址 arxiv.org/abs/1203.1669。

說我們見到的只有兩種成對的混和方式。我們已經量到了其中兩種可能的混和角度，卻還未測到第三種。不過米諾斯實驗、T2K長基線微中子實驗室、法國的秀茲二代反應爐實驗也都得到一些證據說$\theta_{13}$不是零。這個未知參數的代表符號是$\theta_{13}$（西塔〔theta〕一三）。

大亞灣核反應爐微中子實驗得到了史上第一個清楚的$\theta_{13}$量測值*，說明這個參數的確不為零——實際上這個值大約是九度。不久後韓國的微中子震盪反應爐實驗得到的類似結果†也支持這項結論。由於$\theta_{13}$是粒子物理學標準模型的一個基本參數，這無論如何都會是個很重要的測量結果，但是其背後還有更多的意義。

假使$\theta_{13}$是零，微中子就只會有兩種混和途徑。說明白一點，微中子的各個風味態只有「微中子一號和微中子二號混和」、以及「微中子二號和微中子三號混和」這兩種方式‡。反之要是$\theta_{13}$大於零，微中子一號也能和微中子三號混和。在這種情況下，而且**唯有**在這個情況下，矩陣才可以出現第四種參數（δ，迪奧塔〔delta〕），雖然我們還沒有量到這個參數，現在卻很篤定它會存在。這有深遠的影響，如果真的有δ，而且不為零的話，它就是讓物質與反物質不對稱的原因。

這點非常重要，因為科學家現在還是不明白為什麼這個宇宙的物質會比反物質還要多。另一方面，我們也不曉得為什麼微中子會有三種版本（實際上每一類的基本粒子都是如此——三種帶電輕子、三種電荷數為負三分之一的夸克、三種電荷數為三分之二的夸克）。但我們知道至少要有三種版本，物質和反物質受到弱核力的作用方式才會有所不同。這項線索吹響了物理學家腦中的汽笛喇叭：「**新的物理就藏在這裡面！**」大家心中有股強烈的直覺，認為這兩種尚未釐清的事實之所以會有關連，是因為背後有個比現在模型範圍更廣、更完善的理論。

我們已經觀測到夸克與反夸克之間的差異了；$\theta_{13}$不為零說明微中子和反微中子也有相異之處。這給了大家更多的線索。

之前大家見到了反物質光譜學研究領域的曙光，這方面的實驗將會幫助我們驗證物質和反物質在電磁力作用下是否真的對稱。現在，眾人在同一個星期見到的結果又說明了日本的T2K長基線微中子實驗室、和美國的主注入器離軸電子微中子實驗並沒有白費心血，這兩個團隊尋找物質與反物質在弱核力作用下的不對稱性，對象包括微中子。

中國和韓國的科學家長期合作大型的粒子物理學實驗計畫，不過這是他們至今利用國內建造的研究設施得到的兩項最重大的粒子物理實驗成果。以前要等上很長一段時間研究結果才會傳播到各個大陸，但現在已不是如此了。就和大多數的物理學家一樣，大亞灣核反應爐微中子實驗的團隊把他們的結果上傳到 arXiv（但令人掃興的，歐洲核子研究組織的阿法反氫實驗沒有上傳）。上傳論文已經是粒子物理學界和天文學界多年以來的標準程序了，甚至早於全球資訊網。我在做博士研究的時候全球資訊網還沒出現（快要了）。但當時已經有了網路，德賴納和我完成我人生第一篇學術論文後，他把

---

*原注：參閱網址 arxiv.org/abs/1203.1669。

†原注：參閱網址 arxiv.org/abs/1204.0626。

‡譯注：這裡的三種微中子分別就是前面提到的三種質量。真正的意思是微中子的三種質量本徵態。

文章送到「留言板」，這是由美國洛斯阿拉莫斯國家實驗室（Los Alamos National Laboratory）運作的網站。接著我的論文會透過電郵寄送給世界上所有訂閱「留言板」的粒子物理學家。

這一切對我而言都很新鮮。理論學家跑得比實驗學家快（一如往常）。不過實驗很快就會跟上腳步了。而在全球資訊網誕生之後，所有的文章全都移到那上頭了；現在讓大家讚嘆的是 arXiv，這個網站的內容由康乃爾大學（Cornell University）負責審核、資金則來自國際合作，不論上傳或是下載文章都免費。我人生的第一篇論文還在 arXiv 裡面。arXiv 儲存了論文的全篇文字內容與圖表*。基本上所有粒子物理、天文物理，還有天文學的論文都在這個網站上，不管這些文章有沒有在期刊發表過。除此之外，arXiv 也有凝態物理、核子物理、數學、生物學，以及其他很多領域的文章，但我不清楚這些領域有多少比例的出版物會上傳到這裡。

為什麼這件事很重要？你可以這麼想。我的第一篇論文也刊登在《核子物理 B》（*Nuclear Physics B*）這本期刊上。我最近有上去看過，你也可以去讀這篇文章，不過要花上三十一塊半的美金才能買到便宜的版本……我和德賴納卻一毛都拿不到。不幸的是，我們似乎一定要付錢給自然出版集團（Nature Publishing Group）三十二塊美金才能拿到阿法實驗的成果，就算你繳的稅可能已經貢獻給這項實驗了，也不能改變這個事實。如果一般人負擔不起發表或閱讀論文的費用，就會變成只有社會上流、資金充裕的機構或個人有辦法取得研究成果。高額費用變相剝奪科學家的機會、也等於奪取科學家的研究能力。開放性研究成果資源的需求現在愈來愈高了，大家已決定要讓希格斯粒子最終的任何研究成果都可以免費取得，雖然這麼做可能會使文章失去在幾本威望素著的期刊上發表的機會。

## 7.5 大自然，自然嗎？

平常我幾乎都在觀測大型強子對撞機的質子對撞實驗，是實際發生的事件。但我在二〇一二年對撞機的實驗開始時，參加了一場會議，主題是前所未有的事物，至今仍未出現過。這場在美國馬里蘭大學舉辦的會議是「超對稱、奇特現象、希格斯粒子現身的後續研究」（Supersymmetry, Exotics and Reaction to Confronting the Higgs），簡稱為「搜尋」（SEARCH）。

如同先前談過的（參見5.8節），在大型強子對撞機可及的高能量環境中，可能會出現一些奇特的物理現象。電弱對稱性破缺、W和Z玻色子在此能量級獲得質量；這也是為何大家能篤定說假使標準模型的希格斯粒子真的存在，就總有一天會在對撞機現身。

有些比較常見但根基不穩的論述源自「自然度」（naturalness）這個概念，常用於論證應該也會有其他的新物理在大型強子對撞機浮出檯面。這裡的自然度是項假設，宣稱一個理論的各個參數的大小都應該在同一個量級：打個比方，任兩個參數的比例一定要在〇．一和十之間。此外物理學家也不用為了讓理論成功，而去刻意微調參數間的比例。

然而在標準模型中，很不幸的，看來我們一定得用不太「合理」的方式來微調希格斯粒子的質

---

＊原注：不過你去查這篇論文（arxiv.org/abs/hep-ph/9211204）就會注意到我們並未上傳論文的圖表。這是因為我當時還在困擾著要如何用 LaTeX 插入補充說明。現在圖表都在上頭了。如果你再去查一下 INSPIRE-HEP 高能物理數位圖書館，就會發現日本高能加速器研究機構甚至把我們的圖表和文章一起掃描上傳了。我們當時把文章郵寄給他們。唉，往日時光！

量。這是超對稱理論有機會能解決的問題之一。假使真是如此，大家應該要找到超伴子存在的證據，至今卻仍一無所獲。實際上，大型強子對撞機的數據並沒有超對稱的跡象、也沒有任何能解決希格斯粒子質量問題的新物理徵兆，這讓許多物理學家困惑不已。現在就放棄自然度的假設雖然還言之過早，但是在「搜尋」會議的尾聲，目前的局勢已讓幾位著名的理論學家呼籲大家要投注心力來研究量子色動力學。一方面是因為這個理論非常有趣，但主要的原因是，如果我們能對強核力有更多認識，就能用更有效的方式來搜尋隱身於對撞機數據背後的新物理。

當然，許多物理學家一直都在為了這點努力。好比超環面儀器最近才發表了他們首次測量幾個新的噴流次結構變數的結果，對於尋找新的粒子很有幫助。這篇論文的結論指出，大家對強核力（還有自己的實驗）的現有知識確實已夠我們來運用這些變數了；其中有些想法甚至在緊湊緲子線圈先前的希格斯粒子搜尋實驗中便有所運用了。我對這些進展的感受很深，因為我自己曾經研究過這些題目（都是「推進」定期會議的主題）；不過，大家還得先完成很多類似的精密測量實驗與計算，才能理解大型強子對撞機提供的全部資訊。要是我們最後還是沒找到超對稱、或是其他相似理論的證據，自然度假設就會四面楚歌了。

我在華盛頓杜勒斯機場下了飛機，準備要參加一場物理會議，卻在入境的人龍中排了一世紀之久。入境關卡大概有三十個櫃台，卻只有一張有坐人，而且這位移民官花了一大堆時間在一個家庭身上。我猜這是因為這一家有位婦人頭戴面紗，她的丈夫又留了滿腮的鬍子，才會拖慢了通關的速度。後來其他的移民官覺得不好意思，便讓我們一些人到專門給美國公民通關的櫃台辦理手續。這是我對美國入境檢查處留下的第二差的印象。印象中最糟的那次是在一九九五年十二月，我第一次到美國，要去賓州大學的時候；整趟旅程完全是為了辦理我的簽證，還差點沒有過。

當時，我申請上賓州大學的一個職位。我其實不太清楚這間學校到底在哪裡，不過這一點無關緊要，畢竟這不但是所優秀的大學，還願意付薪水給我讓我住在漢堡、在宙斯團隊研究物理。這些對我來說都很理想。

要辦理我的簽證（J－1簽證，允許我在美國的機構工作及領薪資），我本人必須要去賓州大學一趟，但是旅程卻非常短。我應該要在博士論文口試的幾天之後便飛往美國。但我並不保證一切都會很順利，所以沒有預訂好機票，只準備好出國要用的東西。口試將在周四舉行，如果通過的話，我會在周末搭上飛機。

然而不幸的事情發生了。我的包包在口試的前一個周六被人偷了。裡面有幾件全新的內褲，是在馬莎百貨買的，還有一條我自己織的長圍巾，以及護照，上面還有J－1簽證。

內褲再買就行了，但圍巾卻不可能（我已經忘了怎麼編織）。簽證和護照也可以再辦，不過有點麻煩，時間也很趕。

口試當周的前三天我都在搭火車，先去曼徹斯特（找父母拿出生證明），再到利物浦（護照署）。最後我趕忙跑回牛津大學準備考試。往好處想，我根本就沒有時間緊張。我通過口試了，但今天有時想到自己當時講錯的地方，我還是會皺一下眉頭。口試後我的博士班同學蓋茲克開車載我去倫敦。在我有需要時，朋友有車能伸出援手，真的很幸福。蓋茲克現在是美國布朗大學的教授，主攻暗物質研究。我希望他現在有更高級的車。

我下了車衝向格羅夫納廣場的美國大使館，卻被拒之於門外，因為我身上帶了個旅行包。規定說不可以帶包包進去。怎麼辦呀？最後我想起自己是英國物理學會的會員，想說這群親切的朋友應該能幫我看一下旅行包。接著我再趕回廣場。簽證，辦好了。旅行社，找好了。機票，買好了。動作快動作快。

我搭上地鐵，瞄了一眼機票，竟然發現目的地是紐華克（Newark）！那在什麼鬼地方？我剛剛明明就跟他說我要去紐約（Newyork），櫃台人員一定是聽錯了！我對美國的認識不多，要是不湊巧紐華克遠在美國西岸怎麼辦！

終於，我的心不再怦怦亂跳了。我已經不記得自己是在地鐵上隨便問了位路人、還是在航廈的報到櫃台問空服員說，紐華克是不是在紐約附近；無論如何，我得到的答案讓我安心許多*。我對這段航行也幾乎完全沒有印象，只記得當我的新上司惠特摩到機場的入境大廳接我時，自己已經昏昏沉沉了。

接著惠特摩開車載我從紐華克到賓州大學，途中穿越了厚厚的積雪。賓州大學位在賓夕法尼亞州的地理正中心，也就是超級偏遠。旅途中我們的車子有幾次差點從路面彈飛（「早知道就開貨卡來了。」惠特摩淡淡地說），但我還是平安無事抵達一間旅館，只是整個人都茫茫然的。印象中我那時很訝異馬桶的口徑竟然這麼大，有點擔心自己會跌進去。當日傍晚我在床上醒過來的時候，完完全全不知道自己身在何處。

電影《十全十美》（*10*）有一幕是這樣的，摩爾醉醺醺地從加州一路尾隨德芮克，最後在墨西哥醒過來；窗外傳來西班牙吉他樂曲，他有些震驚、分不清東南西北，搖搖晃晃循著樂聲走到了陽台。我也做了一模一樣的事情。只不過迎接我的並不是一列如癡如狂彈奏吉他的人，而是覆蓋在白雪中的美國小鎮，宛如冬日仙境。

後來我步履蹣跚地走過了一條滿覆白雪的街道，就像《風雲人物》（*It's a Wonderful Life*）中的史都華一樣（美國真是太有電影感了）。最後我走到自己找到最近的一家店，就是一間酒吧。坐在吧檯、一邊啜飲著啤酒、一邊看著電視上的綜藝節目，我的平衡感慢慢回來了……直到偶爾跟我搭上兩三句話的酒保突然傾身靠近我問說：

「你不是同志，對吧？」

「呃。不是，怎麼會問這個？」

「大概在傍晚這個時間前後，這裡就是單身同志酒吧了。可能會讓你有點不自在。」

「噢這樣呀！謝謝你提醒我。」

「是這樣的，我待會就要下班了。你想不想和我一起到別的酒吧打撞球呢？」

他讓我又徹底迷糊了。但我還是跟他去了。結果這位酒保要不是異性戀、就是對我沒興趣。我們在另一家酒吧和一群學生較量美式撞球，結果我擊敗了他們所有人。大家都知道，粒子物理學與彈珠

＊編注：紐華克在新澤西州，距紐約曼哈頓不遠，只相隔一條河。

遊戲有許多相似之處，但比較少人曉得我們粒子物理學家其實也精通美式撞球和英式斯諾克。

隔天我在賓州大學的電梯裡遇到一位物理界的巨擘柯林斯（John C. Collins）。柯林斯是證明夸克和膠子真的存在的物理學家之一，他的推導蘊含深刻的意義。

質子由夸克和膠子組成。我們用電子撞擊質子，來研究這兩種粒子在質子內的分布情形——這就是我當時在漢堡的實驗室研究的主題。柯林斯（和兩位同事）證明這項資訊可以「被因式分解」。

夸克和膠子在質子內的分布極其難解，也許永遠都不可能會有人解出來。但是因式分解定理說，如果你在某一類對撞事件量到夸克和膠子的分布情形，就可以在其他種類的事件運用這項資訊。換句話說，你可以拿我們實驗的結果，去預測不同的質子實驗可能會有什麼數據。正因為大家心中都假設這件事成立，好比我們在預測大型強子對撞機的質子對撞結果時，就是這樣預設的，所以證明此事為真的確是項至關重要的成就。

至於柯林斯的撞球打得如何嘛……我現在還不知道。當時我有點害羞。我可能只跟他說了聲「你好。」或可能是「請問人資室在幾樓？」

我的神智還是太恍惚了，隔了一兩天之後才發現自己犯了錯。當時在辦簽證的時候，官員問我這三天旅程的目的，我回答：「商務」，但是他沒注意到，也沒有簽發J－1簽證給我，我要有這張簽證才可以在美國工作、這也是這趟旅行唯一的目的。官員在我嶄新的護照蓋上了B－1旅遊簽證。

所幸賓州大學的人資部門想辦法幫我找到了J－1簽證。至於大型強子對撞機會不會找到超對稱的證據，還要再看看情況。實際上，本文撰寫時我們也還沒有找到希格斯粒子。

## 7.6 如履薄冰的興奮時刻

大型強子對撞機運作得很順利，我們以相當理想的步調收集實驗數據；此刻人人都將重心擺在四輕子以及雙光子的質量分布圖上，希望能確認前一年得到的跡象是否為真正的線索，或者只是如晨霧般，被新的統計數據一照便煙消雲散。

五月份會有一場團隊工作會議，屆時我們將見到最新的雙光子質量分布圖，根據二〇一二年的實驗數據計算所得，僅供內部成員研討用。我自己並沒有親自參與這批結果的分析過程，新的圖表才剛出爐。這段時間團隊內已經有不少謠傳，但每天的傳言內容都不一樣，所以大家摸不著頭緒、不知道實際的進展為何。我還記得自己當時坐在觀眾席，等著見到這張關鍵的數據圖。基於某些原因，我事前並不知道簡報的內容。或許沒有人把簡報上傳到議程表的網頁上。

去年十二月的時候，我們團隊和緊湊緲子線圈各自的實驗結果讓我的想法有些轉變，我開始認為希格斯粒子真的存在的機率應該大於二分之一。對我這麼一位難以動搖的希格斯懷疑論者來說，這算是個不小的進步。而現在，當我見到二〇一二年結果的首張質量分布圖時，更是打從心底認定我們真的找到希格斯粒子了。這些數據還需要進一步檢驗，統計上仍不夠顯著，但在數據圖中的確也有一個小小的峰值，位置就和十二月結果的峰值一樣。這份感覺很真實。我沒辦法十分篤定、從科學的角度說這個結果千真萬確。但此時此刻我是如此的興奮，心中沒有絲毫顧慮。

對一位科學家來說，這個階段稱得上是如履薄冰。

希格斯粒子搜尋實驗的下一批結果預計在七月四日出爐。這段期間大家還是不斷收集數據，並交叉比對結果。我們團隊陷入了很詭異的狀態，盼望著找到解答，卻又不希望鋒頭被其他團隊搶走，不想聽到任何來自緊湊緲子線圈的可信傳言。顯然相關的謠言已經流傳一段時間了。推特上有一小段時間甚至還吹起了「#希格斯粒子的八卦」（#higgsrumors）（美式拼法！）的風潮。對於中立的旁觀者來說這一切真的很有趣，我自己也很開心，看來物理學家不是唯一一群對我們實驗感興趣、也為結果興奮不已的人。

不過……講到緊湊緲子線圈，我是真的不想要知道他們的實驗結果。之所以要有兩組獨立的實驗團隊，部分是為了讓團隊之間交叉比對彼此的結果——各自獨立進行。而我們在開始比對的那一刻之前，必須要完全不知道另一個團隊的數據，才能將交叉比對的效用發揮到最大。實際上，我們在某種程度甚至試圖把自己的思緒鎖定在團隊的數據上，對外界充耳不聞。大家要盡可能在見到關鍵的數據之前，改善、並決定分析方法。如此才能避免我們潛意識中的偏誤影響分析的過程。要是你已經有偏見了，就算最後還是有機會得到正確的結果，你對可信水準與顯著性的估計卻都有可能因此有誤。在你內心的直覺告訴你答案時，你須要更加謹慎。直覺有機會是錯的。

如果緊湊緲子線圈的謠言傳入我們耳中，但內容錯誤，就只會是擾亂心神的雜音而已，這樣算輕微的影響；反之要是內容正確，便有可能左右我們的分析結果，問題可就嚴重了。同樣的，如果我們把超環面儀器的結果洩漏給緊湊緲子線圈團隊，不但會違反機密原則、動搖團隊成員之間的信任基礎，也會害緊湊緲子線圈有所成見。

當年有段時間我們在宙斯實驗的結果中，見到了幾個超額事件，正好在儀器的實驗能量上限現身。這是個陌生的地帶，在我們之前從未有人做過同樣能量級的實驗。可見這項結果有機會是令人振奮的全新發現。但就在我們持續研究，還沒發表結果之前，有謠傳說強子電子環狀加速器的另一個團隊，H1，也在高能實驗見到了一些異常現象。他們也聽到了關於我們結果的傳言。於是，雙方的謠言互相加乘，許多人因此抱持過高的期望。可惜最後證實這只是個假訊號，真讓人難過。全部的數據都出爐後，大家才明白雖然兩邊的結果都有一些特別的徵兆，卻都稱不上顯著；更糟的是，雙方的徵兆還不一樣。最後兩個結果不但無法彼此支持，反而還互相抵消了。

好在這次的事情沒有造成很大的傷害。當時有很多人寫了文章來猜測這些徵兆背後的成因，但最後的結局就是如此。我第一次（也是很長一段時間中唯一的一次）上BBC第四電台，是在「綜觀世界」（*The World at One*）節目上接受主持人克拉克的訪問，這真是一場可圈可點的訪談。克拉克是一位出色的主持人。不過在這次的實驗中，大家浪費了不少時間；假使我們沒有繼續收集更多數據，發現其實沒有什麼奇特的徵兆的話，今天很多人還是會被蒙在鼓裡。大型強子對撞機的成員可不希望歷史在希格斯粒子實驗上重演。我們要真實的數據，盡可能不受任何偏誤干擾、而且愈快愈好。我個人完全支持科學的數據應該要公開透明化。最終這確實是不可或缺的一件事。但我說的是**最終**，而不是在實驗進行的時候。我們在這種時候，完全不會想要先知道外界的消息。

歐洲核子研究組織的研討會將在國際高能物理大會的首日登場。每兩年我們都會召開一次大會。二〇〇八年的大會是在美國費城，當時大型強子對撞機正準備要展開首次的實驗，兆電子伏特加速器則第一次成功排除希格斯粒子的某個質量。兩年後，在二〇一〇年的巴黎大會上，大型強子對撞機的首批結果公開發表，掀起了搜尋希格斯粒子的熱潮。這回的大會則是在澳洲墨爾本舉行，不會是最後一場國際高能物理大會，但人人都知道不論最後的結果為何，這都會是物理界下一個重大的進展。

大家在知道這次的進展之後，應該都會目瞪口呆。

# 第八章 大發現

二〇一二年七月

## 8.1 揭曉

那是在二〇一二年七月三日，我在居禮會議室內，這是歐洲核子研究組織第四十號大樓的其中一間會議室。會議室總共有四間——安德森、波耳、居禮、狄拉克，標準模型小組每周固定的會議通常都在居禮會議室舉行。不過今天早晨講台上站的是超環面儀器的發言人兼團隊召集人吉亞諾蒂，她要在這裡排練隔日上午的演說內容。這場演說命名為「超環面儀器的標準模型希格斯粒子搜尋實驗之進展」，名稱刻意設計得很客觀中立。這場演講將於隔天早上登場，在世界各地網路直播，尤其會在墨爾本剛開幕的國際高能物理大會上同步播映。

一開始只有團隊成員漸漸明白這次的成果會是個重大發現，不久後各地媒體也慢慢察覺到這將是個大新聞。已經有人在鎮上見到了希格斯本人（他和愛丁堡大學參與相關研究的同事共進午餐），此外恩格勒也會出席周三的演講。吉亞諾蒂準備演說的時候，眾人緊張的情緒節節高升。超環面儀器團隊只有很少數幾個人見過我們整理完的所有結果。部分的數據剛在幾個小時前出爐。大家都知道這回的成果有很特別的地方，但是和之前的成果相整合又會如何？吉亞諾蒂會不會又堅持要用Comic Sans字體呢？

答案馬上就水落石出了。超環面儀器和歐洲核子研究組織的默契並沒有很好，更沒有人能指導吉亞諾蒂怎麼做簡報。沒錯，又是Comic Sans了。簡報的內容當然比較重要，但是報告的方法卻有影響，就如《衛報》的金斯利寫的：

> 也許大家真的濫用了 Comic Sans 字體，這種字形看起來可能有點蠢，像是在倉促之下設計出來的。但是 Comic Sans 的確十分易讀，研究更指出它能讓讀者更容易理解複雜的資訊。讀寫障礙職能治療師會使用這個字體做為教材是有原因的：它讓閱讀成為可能。

從這個觀點看來，如果是想用平易近人的方式來介紹艱澀難懂的新結果，吉亞諾蒂的選擇也許還不錯。

一個小時之後，我們也知道數據整合的結果了。截至兩個星期前，二〇一二年大型強子對撞機的總數據量是六．六飛邦反比。把紀錄的所有數據全都灌進光碟片的話，大概可以疊五公里這麼高；我們已經分析完其中九成以上的數據了，會在這次會議上和前一年的結果一起報告。大家已經精準量測標準模型幾個重要的物理現象，這表示我們不但能妥善發揮偵測器的能力、也很了解粒子對撞的物理。

關鍵在於雙光子與四輕子質量分布圖的峰值。吉亞諾蒂在發表雙光子的結果之前，先花了一段時間解釋我們辨識光子的詳細方法。單看二〇一一年的數據，峰值的顯著程度為三・五個標準差，而新的數據則是三・四個標準差；兩者合併之後的結果則有四・五個標準差。這的確是十分顯著的成果，可惜只有這些還不足以達到五個標準差的門檻，我們還不行說這是個真正的發現。

然而吉亞諾蒂還有更多證據。她簡短介紹了一下電子與緲子的事件重建流程，並秀出四輕子的質量分布圖。上頭也有一個峰值。二〇一一年的峰值可信度為二・三個標準差。新數據的峰值則是二・七個標準差。兩者合併後是三・四個標準差。比較顯著一些，但是仍沒達到五個標準差。不過，如果把輕子的結果、光子的結果、以及二〇一一年含有雙W玻色子的衰變通道與其他衰變通道的實驗結果，全都整合在一起的話（二〇一二年這些衰變通道的結果還沒準備好），神奇的數字出現了。五個標準差。

五個標準差並不是什麼特別的數字，只是個慣例而已。不過這是大家在事前自己訂下的門檻——就算想要更謹慎一些，也不可以亂移動這道球門。我們不用再拐彎抹角了。這是個新的發現。

這一幕深深烙印在我的腦海中。吉亞諾蒂秀出我們團隊的數據、還有結論的時候，我有如被重擊了一下。之前我已經見過了幾張簡報、以及這些結果背後的論述與分析報告。這些全都是幾百位團隊成員共同努力的結晶，其中好幾位同事比我更投入這項成果的分析工作。在這項大發現背後的，是大家年復一年付出的血汗。就算我已經預期會見到什麼樣的成果了，親眼見到吉亞諾蒂向所有人宣告這項團隊的大發現，仍在我心底掀起超乎想像的巨大波瀾。

在演說的尾聲，大家決定不再稱呼這個峰值為「超額事件」，而是叫它新的玻色子。

接下來一整天我都在梅蘭市的土耳其烤肉與撞球餐廳，和第四新聞台的記者一起度過；就是我在本書前言提到的那段故事。之後我到機場登上了晚間八點零五分飛往倫敦城市機場的班機，這算是我定期往返的旅程。明天官方發表成果的時候，我不會在日內瓦或是墨爾本，而是在西敏市；我應該會和許多位英國粒子物理學家、記者、還有科學大臣威立茲，以及其他英國科研機構的成員，一同用網路直播來觀看發表大會。

我們很早就抵達了會場。緊湊緲子線圈的費德和我準備要在ＢＢＣ第四電台的「今日」節目上受訪，之後英坎德拉（緊湊緲子線圈的發言人）與吉亞諾蒂的演講就會登場。我還是不清楚緊湊緲子線圈最後的成果。歐洲核子研究組織的主席霍耶爾已經見過兩個團隊的結果了。他看起來如何呢？是興奮期待？鬆了一口氣？緊張焦慮？還是擔憂懼怕？實際上霍耶爾還是一如往常，看起來高深莫測。費德和我既興奮又緊張地向彼此展示兩個團隊各自的實驗結果，這樣我們就能預期待會兒會聽到什麼了。緊湊緲子線圈先秀出了他們的成果（十二月那次是由我們先），如果把光子和輕子兩種衰變通道的結果整合在一起，峰值的可信度為五個標準差。我很高興能有時間先和費德交流意見，因為英坎德拉在演說的時候，大家其實沒有空去仔細聽他在講什麼，有很多人想找物理學家談話。我由衷開心這幾場研討會是專門為物理學家舉辦的，而不是媒體或是社會大眾；不過這表示之後還需要有人另外翻譯。

在吉亞諾蒂展示超環面儀器五標準差的成果的那一刻，全場觀眾熱烈鼓掌，在訪談節目上的我也轉身鼓掌，現在所有人都知道我們的新發現了。接下來登場的是希格斯和恩格勒兩位前輩，這是兩人首次會面，真是動人的一幕。霍耶爾在觀眾面前提了一個很有名的問題：「身為一位門外漢，我現在要說——我覺得大家找到這個粒子了。你同意嗎？」

我們全都同意。

歷經了這許多謠言與線索，以及反覆推敲解釋，探索真正的原因，我們終於得到了解答。這是個對物理基本架構有重大影響的新發現，沒有任何合理的疑點。

原則上來說，任何新的現象都有可能在大型強子對撞機中出現，畢竟之前沒有人進行過這麼高能量級的物理實驗。但是，假如我們沒有找到希格斯粒子，大家在標準模型的架構下對基礎物理的認知就不會完備。嗯，不如說明白點，標準模型就會是錯的。

這件事的來龍去脈真讓人嘆為觀止。大家知道質量起源於大型強子對撞機的極高能量環境。這是因為有兩種基本作用力，電磁力和弱核力，在此能量門檻之上統一。正是因為傳遞弱核力的W和Z玻色子擁有質量，但光子卻沒有，這兩種力在日常生活的低能量環境中才會看起來非常不同。物理學家在標準模型的架構下，推論說如果這兩種玻色子有質量，就必須要有某種充斥著全宇宙的量子場，以特性的形式和粒子耦合、賦予這些粒子質量。這確實是觀念上很大的革新，理論奠基於相當深奧的數學推導。唯一能證明我們想法對錯、看看這個量子場是真是假的方式，就是在量子場中製造出一道波、一個量子激發。這道波就是（或者可能是）希格斯玻色子。我們必須在大型強子對撞機的實驗中見到它，否則這個量子場要不是不存在，就是和我們想像中的樣貌差別極大。沒有任何地方可以讓它躲藏。

為了讓你的數學推導正確而創造出一個遍布宇宙的場，真的是相當極端的做法。但是現在看起來這個方法的確成功了。二〇一二年七月四日，我們見證了物理基本理論的重大新發現。這項成果與理論描述的粒子吻合；大家結合了對過去實驗結果的數學詮釋、一些美學上的偏好、對稱性、還有我們期待宇宙應當要怎樣才會合乎邏輯，預測出會有這種粒子存在。我不知道你會怎麼想，但直到今天這個發現還是讓我讚嘆不已。

西敏市的這一天以美好的一筆收尾。科學博物館的波伊爾找了沃默斯利（英國科學技術基礎設施委員會的執行長，負責資助英國本地的粒子物理學研究）、費德（緊湊緲子線圈的前任發言人），還有我三人在新聞稿〈為了我們的後代〉（for posterity）的影本上簽名。要是伯明罕大學的查爾頓可以代表超環面儀器簽名就更好了，他是吉亞諾蒂的代理人（後來接任超環面儀器的召集人），可惜當時他還在墨爾本忙碌著。無論如何，這都是整個團隊的功勞……。

## 8.2 在洋蔥之外：大型強子對撞機計算網格

我之前提過，大家要分析大量的數據才能得到這些結論。這些數據是由環繞粒子束對撞點的層層高科技儀器收集而來的（軌跡偵測器、量能器、緲子系統），原始的數據還要預先用「觸發」系統篩選過；「觸發」是高速網路電子運算系統，能確保我們記錄到的數據有包含最為有趣的事件。接著大家再從處理過的數據重建事件，過程在5.1節介紹過，這是找出粒子產物的第一步，繼續分析下去就會得到吉亞諾蒂可以展示的成果。

負責運算的系統並不是全都在歐洲核子研究組織，現在還是如此。我們有個遍布全球的計算網格，共有超過一百四十座計算中心分布在大約三十五個國家*，彼此透過高速網路聯繫，提供大型強子對撞機所有的實驗學家，以及世界上一些其他的研究計畫所需。數據傳遞的速率高達每秒十吉位元組（gigabyte）（兩張DVD光碟的容量）。在沒有大型強子對撞機的數據要處理時，計算網格會跑模擬程式；模擬數據對於理解真實數據也至關重要。

用線上監控系統觀看數據流，並利用網格分析實驗結果，大型強子對撞機計畫的全球規模給了我一股強烈又有點特異的感覺：大量的數據從日內瓦流動到北美洲、台灣†、斯堪地納維亞、印度，還有其他國家，最後進到某位物理學家的筆電，轉變為物理宇宙基本運行道理的全新資訊。

## 8.3 請不要鑽牛角尖

七月四日當天，西敏市的每位物理學家都接受很多名記者採訪。大家提的問題中漸漸浮現出兩個

---

*原注：英國的計算中心在牛津郡哈威爾園區的拉塞福－阿普頓實驗室，我們依照計算能力多寡，稱這座中心為「層級1（Tier 1）」網格。

†編注：台灣部分的世界LHC網格計畫（WLCG）由中研院林誠謙副研究員主持，也屬於層級1網格。

主題，我今天想到還會微微一笑；在今日報導歐洲核子研究組織與大型強子對撞機的新聞上，這兩大主題仍會不時出現。

過去幾年我們一直都很謹慎，總是兜圈子回答外界的問題、也只談論著徵兆和機率而已；但現在，大家已經準備好向大眾宣告我們真的有新發現了。這是個重大的突破——對物理學家而言。就如我談過的，就連在吉亞諾蒂的演講排練會場，我們仍是用保守的詞句，像是「超額事件」，來討論結果；直到當天大家才下定決心說出「新的玻色子」這個字。感覺真棒。可是對某些媒體來說，這樣還不夠。我們準備好要說這項結果似乎是理論中的希格斯玻色子、或至少也會是某一類的希格斯粒子，但我們可不會這麼說：「找到標準模型的希格斯粒子了！」到下一節你就會知道還需要什麼結果，大家才能有自信這樣宣稱。但我在與記者交談的過程中，逐漸相信大型強子對撞機的物理學家與報導新聞的記者之間，仍有一道小小的溝通斷層。我覺得可以說：「我們確實找到了新的玻色子。」已經是至今最扣人心弦的經驗了（至少就專業方面來說是如此）。要是這個玻色子真的是標準模型的希格斯玻色子，確實是妙不可言。不過，假使最後大家發現這是別的東西，某種程度上會比前者更讓人振奮不已。至於大家當時到底知不知道結果是什麼，其實不是討論的重點。真正重要的是，這個結果並不是個在統計數據中短暫出現的現象、或是在分析過程中人造的藝術品。這是真正存在的事物，也是個全新的發現。但如果你要和某個只想聽到「耶！我們找到了上帝粒子（God particle）！」的人分享這一切，卻會有些棘手。特別是當你興奮過了頭、已經疲憊不堪的時候。

現在我提到了「上帝粒子」，雖然外加了引號，我們就順勢來談一再出現的第二個主題。

當天與我交流的最後一個傳媒是BBC國際廣播電台的節目「請你一起談世界」（*World Have Your Say*）。我將在這場直播節目上介紹這次發現背後的意義，感覺會很愉快。電台的工作人員事前的確有提醒過我會有部分內容和「宗教意義」有關，但因為這次的成果說實在並沒有什麼宗教意義，我天真地以為這只會占一小段而已，想說在這一小時的節目中，大家應該會花大多的時間來討論實際的結果才對。

節目的開場還算得體，我們先是用了十五分鐘左右說明這次的新發現，也介紹了歐洲核子研究組織、與實驗所用的各項科技。一切都很美好。和我一起在錄音室內的是威廉森，他是一位既聰明又有魅力的作曲家；顯然威廉森已經受訪一整天了，但他並不是位物理學家、只是整個實驗計畫的圈外粉絲，曾在放假時參觀過歐洲核子研究組織。此外還有一位威爾斯印度教的信徒。在電話線上的則是英國物理學會的華生，以及科普作家強恩。一切都沒問題。

強恩離開節目之後，我開始有點擔心了。現在還有四十分鐘的時間，換成一位毫無戒備之心的宇宙學家傑夫上陣，這時主持人說我們要進到宗教意義的段落了。

威廉森說這次的發現沒有任何宗教意義。華生的回答也是一樣。傑夫和我則說除非你信仰的宗教希望你無視證據，不然就不會有什麼宗教意義；如果真是如此，那你就會遇到很多比希格斯粒子還要嚴重的問題。地球的年齡就是一例。但一般而言，我們的新發現並沒有特別的宗教意義。

這樣還不夠。主持人又撥電話給了一位基督教牧師，他說這沒有什麼宗教上的意義。不過威爾斯印度教的信徒倒是宣稱自己信仰的宗教已經以某種形式預測出希格斯粒子了，這讓在場的科學家輕輕地嘖了一聲。主持人又找了一位猶太拉比，她的回答也和牧師一樣。此外還有一通電話打給某個地方的伊斯蘭伊瑪目，他的答案還是不變。節目的最後是一段平淡無奇的公眾討論時間，探討科學與宗教各說各話的現況。主持人後來終於感到有點厭倦，這幾位科學家實在是「太委婉」了，具體來說就是我們都不像道金斯（Richard Dawkins）*。不過，在場的宗教代表在節目上也和我們一樣講道理（可能要排除量子印度教的那位男士）。世界上的確有不少很詭異的信仰體系，但我至今仍未見過哪個宗教的教義，是要信徒不去相信這世上有個真空期望值不為零的純量場；印度教信徒、伊瑪目、拉比、牧師四位宗教代表應該也贊同我的說法。

就這樣，在我的專業領域有數十年來最重大發現的這一天，我浪費了整個晚上試圖不要和一群理性的宗教代表展開科學與宗教的戰爭，而且他們幾位也不想要挑起爭端。這其實沒有這麼糟，但也算是無聊透頂了。我們原本可以在這一晚討論很多更有趣的事情的，而不是花時間辯論世界上本就互不一致的各個宗教神話，是否會和自然科學牴觸。

這整件事讓我想起以前上第四新聞台的一次經驗，當時霍金和曼羅迪諾剛合作出了一本書†，宣稱我們不再需要上帝。正如我提過的，這完全只是華而不實的說法罷了，不過我認為他們背後的動機就和萊德曼（Leon Lederman）創造出「上帝粒子」的理由如出一轍，應該是為了提升書籍銷售量。萊德曼後來有點後悔自己想出這個名字‡。

我的想法是，如果你的心中能容納演化論、天文物理學，以及其他科學觀點，又不與自身的宗教世界觀互相衝突，那麼宇宙論應該也不會困擾你才對。相反的，要是你把這些學問全都排除在外，你的信仰便已經讓你完全獨立於現實的世界之外了，所以不管霍金說什麼都不會對你有影響。至少在第四新聞台的節目那天，沒有什麼大事情發生。當時只是有人出了本新書，而沒有什麼重大的科學突破，所以我們其實沒有浪費太多寶貴的時間。

最後提一些我對科學與宗教之間關係的見解。我在一段時間之後（二〇一三年五月）到布隆伯利大劇院出席費曼的紀念典禮，因斯籌辦了這場活動。費曼是科學界、尤其是物理學界的一位家喻戶曉的偶像級人物。一九六五年他和朝永振一郎、施溫格三人共同榮獲諾貝爾物理學獎，他們的貢獻是發現及建立量子電動力學的架構，這是史上第一個量子場論、而且內蘊結構一致。量子電動力學能精確描述電磁作用力，精確程度令人激賞。費曼用費曼圖來表示這個理論，費曼圖廣為粒子物理學家所用，也出現在本書中。除此之外，費曼也永保一顆好奇的赤子之心，他在演講或是教書時，從不會有高人一等的姿態或是優越感。費曼也會演奏邦哥鼓。

輪到懷尼提和邦森（分別是粒子物理學家和天文物理學家）上台時，他們和我一樣，手上也拿了幾本《費曼物理學講義》。在我還是大學生的時候，這是一套不可或缺的參考書籍，這套講義對現在

---

*譯注：道金斯是英國演化生物學家、動物行為學家，同時也是位科普作者。他是一位著名的無神論者，常常砲火四射。

†編注：指《大設計》。

‡原注：沒錯，我的確知道萊德曼說他原本是想取「天殺的粒子」（*The Goddamn Particle*），這要怪出版商，他們把名字改了。不過我的出版商原本也想替這本書取個很蠢的書名，還好我想辦法阻止了他們。

的物理學學子應該還是很重要。然而，《費曼物理學講義》是在六〇年代初期寫就的（實際上希格斯也是在那幾年間完成他著名的論文），因此就算這套書有很多禁得起時間考驗的優美物理直覺，卻不太可能講到物理學所有領域的知識。在這套講義出書之後，物理學界出現了不可勝數的新知識，發現希格斯玻色子只是其中一個例子。

雖然費曼為世人帶來重要的啟發，他從來都不是一位聖人、也沒有透過天啟之類的儀式把所有的物理學知識轉譯給全人類，讓我們得以研讀與理解物理現象。物理學因為新的實驗又進步了一些，超越了費曼眼界所及的範圍。我們站在很多位巨人的肩上，而費曼就名列其中。如同我在本書開頭引用格拉克曼（Max Gluckman）的話：「所謂科學就是一種專業，使這一代的庸才也能以上一代天才的成就為基礎，探索得更遠。」現代的物理學家已經超越了費曼，這件事應該一點都不會讓他沮喪才對。費曼比絕大多數的人還清楚科學界並沒有聖經，科學永遠是未完的故事，是發掘新事物的喜樂。

## 8.4 標準模型的希格斯玻色子？

在七月的成果發表大會之後，我參加的第一場會議是另一場年度的「推進」系列會議，這回的地點是在西班牙的瓦倫西亞，由沃斯籌辦。要是所有的會議都有提供長時間的西班牙午餐該有多好，什錦飯和紅酒真是討論物理時最棒的佐料了；不知為何，這次我比平常更容易專注於午後的演講內容，這讓我有點訝異。

因為大家找到了新的玻色子，這場會議的氣氛比前一年的還要熱絡不少。七月四日許多媒體想釐清一個問題，這也是我們正在關注的事情。人人都很確定我們發現了某個新的粒子，卻仍堅持要稱它為「像希格斯粒子」的玻色子。究竟還要做什麼才能移掉這個「像」字呢？為什麼大家不要直接出面說我們找到了「標準模型的希格斯玻色子」？

新的玻色子確實有幾項性質和標準模型的希格斯玻色子相同，比方說，它也很快就會衰變了。一般來說，壽命很短的粒子通常會有幾種不同的衰變模式，而且粒子會隨機「選擇」要以哪種模式衰變。拿標準模型的希格斯玻色子來說，我們可以用模型準確算出每個選項對應的費曼圖，再以計算結果預測各個模式被挑選到的機率比重。

這在量子物理是很常見的事情：我們可以預測所有事件的機率，卻無法預言單一事件是否會出現。放射性原子核的衰變現象也是如此：科學家可以測量的是原子核的「半衰期」（half-life）。我來舉碳－11這個不穩定的同位素來當例子。碳－11的半衰期是二十分鐘。意思就是，如果在某個時間點，我的手上有一些碳－11，那麼在二十分鐘後平均會有一半的原子核衰變掉。如果原本的數量很少，碳－11衰變掉一半所需的時間便會有顯著的統計誤差，但是半衰期還是最為可靠的估計值。反之，假使碳－11原本的數量很多，半衰期的預測值就會非常準確。然而，任何物理理論都無法告訴你單一個碳－11原子核什麼時候會衰變。它可能下一秒就衰變了，也可能保持原樣好幾年。你能知道的只有：這顆原子核在半衰期的兩倍時間後才衰變的機率是 $\frac{1}{2}\times\frac{1}{2}=\frac{1}{4}$，三倍半衰期後衰變的機率則是 $\frac{1}{2}\times\frac{1}{2}\times\frac{1}{2}=\frac{1}{8}$……如此這般。但這只是在討論機率而已，而不是在預測確切的衰變時間。

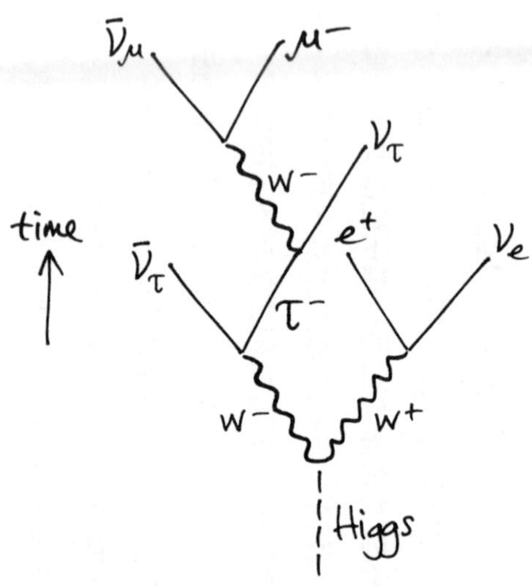


希格斯粒子衰變的範例。

就這樣，隨著我們製造愈來愈多的希格斯玻色子並觀察其衰變過程，大家比以往更有能力測量出每個衰變模式的機率。這就是「分支比」（branching ratios）。現在想想看某個希格斯玻色子衰變過程的費曼圖。這會讓你想起一棵大樹，希格斯粒子是樹幹，向上延伸出代表不同衰變產物的分支。

分支比提供大量的粒子衰變訊息給我們。就像我說的，大家可以精確計算出標準模型希格斯粒子的分支比，至少在我們確認新玻色子的質量後，就一定辦得到。大家已經知道這個玻色子的質量了，從雙光子和四輕子質量分布圖的峰值就可以看出來，大約是125 GeV。因此測量分支比是個不錯的方式，能幫助我們找到證據來判斷大家在研究的新玻色子是否為標準模型的希格斯粒子。分支比的測量值是否和預測值吻合呢？

其實分支比量測實驗擁有更深遠的意義。尤

其是希格斯粒子衰變成玻色子和衰變成費米子各自的分支比，更是至關重要的資訊。不論是玻色子還是費米子，標準模型的希格斯粒子都會賦予它質量，但是兩種機制卻天差地遠。費米子的質量來自於一個新的純量場——布饒特－恩格勒－希格斯場，遍布宇宙每一個角落。費米子和這個量子場耦合，得到了能量，而這份能量在費米子的運動方程中扮演質量的角色。

相較之下，規範玻色子和希格斯粒子的關係更為緊密許多。在希格斯場賦予W和Z玻色子質量並留下無質量的光子，而破壞了弱核力與電磁力之間的對稱性的時候，有一件很微妙的事情剛好和粒子自旋有關。

W玻色子、Z玻色子，和光子的角動量都是一個單位，意思就是這三種粒子的自旋都為一。而如果沒有希格斯粒子，大家的質量都會是零。

一個質量為零、自旋為一的粒子擁有兩個獨立的自旋態：自旋方向可以和粒子的運動方向相同、或是相反。根據量子力學，就只有這兩種可能。一個玻色子的態可以是這兩種自旋態的混成，不過一旦你觀測這顆粒子，就只會見到其中一種自旋態而已，任何時候都是如此。

零質量的玻色子擁有這個性質並沒有什麼問題，這是因為它沒有質量、會一直以光速行進。光速是所有質量大於零的物體無法企及的速率上限，好比你自己就是個有質量的物體，便永遠沒辦法跑得比一顆零質量的玻色子還要快；實際上，連你想和它並駕齊驅都不行。假使你的速率真的和這顆玻色子一樣，那麼它的「運動方向」就無法定義了，畢竟相對於你這顆粒子其實沒有**在**運動。好在這件事並不會發生，所以不是個問題。零質量粒子的速率是光速，對任何觀測者都是如此，因此我們永遠可以明確定義粒子的運動方向。

然而，假使有個玻色子的質量原本是零，後來卻得到了質量，就會出現麻煩。現在這顆粒子有可能會靜止、定在某處、紋絲不動。那麼它的自旋將指向哪裡？如果要完整描述角動量為一的靜止粒子所有可能的態，還需要第三個選項。首先我們選定一個方向，稱它為「上方」，這樣粒子的自旋就可以指向上方、下方，或是與兩者垂直的方向。好比自旋等於一的原子便是如此。我們會測量這三種可能的自旋態。對於某個正在運動、質量大於零的粒子來說，這種定義就等同於說自旋可以指向前方、後方，或是與運動軌跡垂直的方向。

這些事聽起來彷彿離我們的現實生活很遙遠，但自旋一的零質量光子只有兩個自旋態的這件事，其實反映在光線的可觀測性質上——光有兩種（只有兩種）偏振方向。寶麗萊（Polaroid）出品的太陽眼鏡就是利用這個原理來減少眩光的。物體表面反射光的強弱，受偏振方向、波長*，以及入射角三項因素決定。在入射角和波長的幾種組合下，入射光電場平行物體表面的偏振分量的反射率會比另一個偏振分量的反射率還要大†。偏振材料能選擇其中一種偏振方向，把入射光的橫向偏振分量擋在外頭，只讓同向的光通過。因此，偏振鏡片只會讓一半的直射光通過、更能擋下幾乎全部的反射光，比如從潮濕路面反射的光；反射光正是眩光的來源。除此之外，假使你把兩片偏振材料重疊，並轉向讓兩者的偏振方向垂直，就不會有任何光可以通過了。這是因為光子並沒有第三種偏振方向。

但如果這是個自旋一的帶質量粒子，就會有三種偏振方向。這就是物理學家所謂的另一個「自由度」（degree of freedom）。我們需要額外的自由度，才能完整描述一個物理系統——這裡的系統是個玻色子。在基礎物理中，自由度並不應該像這樣突然冒出來。看起來這是標準模型一個嚴重的問題。W和Z玻色子想得到質量的話，就得想辦法獲取這額外的自由度，這要去哪裡找來呢？

整個布饒特－恩格勒－希格斯機制最讓人激賞的一點在於，它不但能巧妙地處理自由度問題，同時又避開了戈德斯通定理的瑕疵、除去定理預測的零質量純量玻色子（參見4.7節）。布饒特－恩格勒－希格斯機制引進了一個新的量子場（布饒特－恩格勒－希格斯場），這個場處處不為零。而這一類的量子場會有四種可行的激發途徑‡，你喜歡的話，也可以說是四種粒子，或是量子場可以傳遞的四種波——也就是四個自由度。這是這項機制的一個問題，因為其中有三種粒子的質量為零，但我們從未在自然界中見過它們。

驚人的事情出現了。如果把這兩種麻煩——額外的零質量純量戈德斯通玻色子，和原本質量必須為零、有兩個自由度的規範玻色子放在一起，這些粒子就會相互抵消。過程如下：

一、一開始有四個零質量玻色子——其中三個是從標準模型的SU(2)對稱群來的，一個則是來自U(1)對稱群。

---

*譯注：不同波長的光的折射率不一樣，而折射率決定反射率，也就是有多少比例的入射光會被反射。

†原注：費曼在《費曼物理學講義》中，用優雅的語言描述了這現象背後的量子力學，這本書的目標讀者群是一般大眾。雖然內容有難度，但是如果你想多了解一點量子物理，就值得試試。

‡原注：你一定要知道的話，這個場屬於複純量二重態（complex scalar doublet），但是你不用管這些。

二、三個 SU(2) 玻色子有一個帶正電、一個帶負電、一個呈電中性。U(1) 玻色子也是電中性。

三、其中三個玻色子（帶電的兩個 SU(2) 玻色子，分別為$W^+$和$W^-$，以及兩個電中性玻色子混成的Z玻色子），會吸收，或是說「吃掉」三個零質量純量玻色子，利用這些純量粒子來補足缺少的偏振自由度，而得以擁有質量。（參見【科學解釋6】）

四、光子不屑吃這些粒子，所以質量仍是零。

五、布饒特－恩格勒－希格斯場的四個純量玻色子最後還剩下一個。這顆粒子擁有質量。在七月四日我們找到這個粒子之前，它仍是眾人的困擾。

這就是為什麼我們會知道希格斯粒子和W、Z玻色子的質量應該相差不遠。因此，我們有把握能在大型強子對撞機找到它的蹤跡，假使這種粒子真的存在。某方面來說，就是這種粒子、或者說是量子場，和W、Z玻色子緊密耦合在一起。

以上就是規範玻色子與希格斯粒子之間的緊密關聯。相反的，費米子和希格斯粒子的關係就沒有這麼親了。希格斯粒子扮演的角色僅僅是讓費米子有質量而已。沒有什麼可靠的預測能說這些費米子的質量有多大，而且希格斯粒子賦予費米子質量、和賦予W、Z玻色子質量的兩種機制，有本質上的差異。

我們觀測新玻色子衰變為雙光子和雙Z玻色子的過程，以及一些暗示它也會衰變成雙W玻色子的結果，來尋找這個玻色子。大家發現這些衰變過程的出現頻率和預期值相去不遠，而篤定說不論這個發現是什麼，都會和電弱對稱破缺有關。有鑑於此，我認為稱呼它為希格斯玻色子已沒有什麼不妥了。然而，我們還沒見到這顆玻色子衰變成費米子的證據。

如果標準模型希格斯粒子的質量是 125 GeV，它就最有可能衰變成費米子，底夸克反底夸克對。可惜的是，大型強子對撞機還有各式各樣的事件會生成底夸克對，我們的實驗目前還是沒辦法從背景雜訊中分離出和希格斯粒子相關的事件。兆電子伏特加速器遇到了同樣的問題，這個衰變通道是最能幫助他們尋找希格斯粒子的工具。我和戴維森、魯賓、薩拉姆針對「高速的希格斯粒子」這個主題寫就的論文，便是想要解決這個問題；這也是大家最初「推進」會議的目的之一。我們在這篇論文大膽宣稱這項新技術（參見1.7節）將會如何為大型強子對撞機希格斯粒子實驗帶來顯著的影響。大家在瓦倫西亞幾天的長時間午餐中，就有討論到我們宣稱的事情是否屬實。

這篇論文提出了幾項方案，能協助大家在背景數據中辨識出希格斯粒子衰變成底夸克的事件。我們的靈感來自一件事：大型強子對撞機的希格斯粒子生成後，有相當的比例會以高速行進——它被加速了。對撞機的運作能量愈高，愈接近設計目標的十四兆電子伏特，我們的方法就會愈有效；二〇一二年的運作能量只有八兆電子伏特。此外，對撞光度提升也會有所助益。無論如何，這篇論文已經在八兆電子伏特的實驗中嶄露頭角，有效幫助大家尋找希格斯粒子——可見高速的希格斯粒子的確很重要。此外，緊湊緲子線圈和超環面儀器在發表希格斯粒子底夸克道的搜尋結果時，也都有引用到我們的論文。這項技術也啟發很多人發表相關論文，有些文章和希格斯粒子有關，有些則是在討論強核力、甚至在探索超越標準模型的新物理。這些議題同樣也在「推進」會議上被人提出來熱烈討論。我相信大家當初的大膽宣言已經有部分證實為真了，但是噴流次結構在希格斯粒子實驗中究竟扮演什麼角色，仍是個懸而未決的課題。

除了底夸克之外，我們唯一有機會在這些數據中找到的費米子衰變通道是希格斯粒子的雙濤子道。這方面的實驗目前還在進行。

新的玻色子到底該怎麼稱呼，就要看我們如何判定與抉擇了。但是如果我們真的在未來某一天觀察到希格斯玻色子的兩個衰變通道——濤子和底夸克，而且出現頻率也和預期的差不多，我應該就會叫這個粒子為標準模型的**那個**希格斯粒子，而不只是**某個**希格斯粒子了。當然，就算如此還不足以證明新的玻色子百分之百就是標準模型的希格斯粒子，尋找兩者間的細微差異會是個有趣的研究方向。不過，只要大家找到了這些證據，就幾乎能斷定這個玻色子就是我們模型中的希格斯粒子。

## 8.5 名字大有玄機

令人訝異的是，就在我們找到希格斯玻色子後沒多久，有些掌握媒體管道的人就開始不安分、想要為這個粒子取新的名字了。他們認為用個人的姓名來稱呼這個新粒子很不公平。我很討厭這種事情，真煩人。

沒有錯，解釋基本粒子質量起源的理論確實是很多人共同努力的結晶。另外，我們也的確不該用

「希格斯機制」來稱呼賦予粒子質量的對稱破缺機制，我自己應該有刻意避免在本書用到這個字。當年有幾個人分別獨立提出了這個對稱破缺機制，其中兩位（布饒特和恩格勒）的時間比希格斯稍微早一些，此外還有哈根、古拉尼、吉伯三人，他們提出的理論版本在某些方面更為完備，也更接近現代的標準模型，不過時間上晚了一點（只有一點點）。大概就是這麼回事。

但就算如此，希格斯發表了他對這個玻色子本身的見解，沒有任何人提過類似的理論。另外兩篇論文都沒有明指這個粒子存在，但希格斯在他的文章中，具體說明如果大自然確實展現出對稱破缺機制，大家就應該能找到一個新的、帶有質量的純量玻色子。他是第一位這麼說的物理學家。

此外還有一些理由，能說明為何還在此時掀起粒子名稱之爭是個讓人汗顏的插曲，大家也嗅到了一點理論學家的自負。別忘了，這篇眾人熱議的論文可是在一九六四年就發表了。當時標準模型還有很多部分沒有拼湊起來。後來許多知識片段漸漸補足——電弱作用力和強核力的相關領域逐步完善、大家也找到了W、Z玻色子和膠子、與夸克與輕子的完整家族；與此同時，基本粒子的質量起源慢慢成為核心問題，眾人愈來愈熱中於搜索這個消失的粒子。物理學家開始認真計算希格斯粒子可能會以什麼樣貌出現在偵測器中，早期有一篇影響深遠的重要論文堪稱典範，由艾利斯、蓋拉德、納諾普勒斯三人提出，文章的題目意味深長：〈希格斯粒子的現象學概述〉。注意一下他們是怎麼稱呼這個玻色子的。這篇論文在一九七五年發表——歐洲核子研究組織的加爾加梅勒氣泡室才在兩年前得到Z玻色子存在的第一個證據而已，大家此時還沒見到真正的W玻色子和Z玻色子，十年之後，也是歐洲核子研究組織完成了這項任務。

這項重大科學進展的背後有數千名物理學家的貢獻。發現W玻色子和Z玻色子的UA1、UA2兩個實驗團隊，在發表希格斯粒子搜尋實驗的幾篇論文時，也是用同樣的名字來稱呼它。這兩個團隊有很多名成員後來加入超環面儀器、緊湊緲子線圈、兆電子伏特加速器、大型電子正子對撞機等團隊，他們在八〇年代到九〇年代間也都是在「希格斯小組」工作。此外，許多理論學家費盡苦心計算出希格斯粒子在偵測器中可能的樣貌，他們在推導結果時也是叫這個粒子為希格斯玻色子。七月四日在我們發表成果的時候，柯特娜和葛羅斯召集了超環面儀器的希格斯小組成員。照理來說，這群物理學家與其他人早就有權利能幫這個粒子取名才是，但他們都還是叫它希格斯粒子。如果有人因為大家可能真的找到了這個粒子，而想要在最後一刻建議說要幫它改名，可以說是冒犯了整個物理學界。

從另一方面來看，諾貝爾獎就要揭曉了，可想而知這些行為有可能是地位之爭的冰山一角——大概是因為有個武斷的規定說，最多只有三個人（而不是三個團隊）能獲頒諾貝爾物理獎。無論如何這還是很荒謬的一步棋，現在所有講道理的物理學家都一心想慶祝大家掌握到重要的新知識，而且在我們的印象中，這是社會大眾最關心物理學研究成果的時刻，人人都把這個結果視為希格斯玻色子（前提是我們很幸運，沒有人叫它上帝粒子）。當年夏天，伯納李受邀至倫敦出席奧運開幕典禮（他在歐洲核子研究組織發明了全球資訊網）。更有甚者，在殘障奧運的開幕典禮上，有人表演了希格斯玻色子的詮釋舞蹈。大家都稱呼這個粒子為希格斯玻色子。事情就是如此。

# 第九章 放眼未來

二〇一二年八月之後

## 9.1 我想要希格斯粒子星際引擎

人生，總是一直向前。

在宣告成果的十天後，我出席「緯度音樂節」，在一場活動中和考克斯討論這次的發現，主持人是因斯。稍早我才錄了一集「無限猴籠」（*The Infinite Monkey Cage*），這是他們兩人為BBC電台錄製的科學談話節目。可想而知的，我之所以會在活動時提到我們的成果，主要是想要賣弄一下。也許考克斯早就習慣和一群身為搖滾歌手的科學家相處，但我並不習慣，至少當時還沒。不過坦白說，我不只是為了自己想賣弄而開口談這項發現：為實驗奮鬥的數千名同事、各國政府，以及資助研究的廣大納稅人，大家全都有為了新發現驕傲的權利。其實就連周六午後，聚在音樂節巨大的「文學」帳篷內的數千名觀眾（真的有這麼多），人人都有權炫耀。我認為所有人都應該為這一切而自豪，不論是科學的成就本身、還是背後群眾的支持。

這件事在某方面證明我們的新發現已經帶來了一些影響。然而，研究人員卻認為「影響」本身其實是個有爭議的課題，特別是在現在這個時候，有幾項原因。過去的「科學很重要」遊行讓大家清楚知道，科學研究能為經濟和社會帶來很大的改變，實際上還是必不可少的。這是功利主義的見解，以「最多數人之最大幸福」為準則來判定大家是否該做某件事；這裡說的不只是判定某件行為有沒有價值、而是它是否正確。這是哲學家邊沁提出的論點，他在倫敦大學學院的創辦時期是極富影響力的人物之一（邊沁的骨架在盛裝打扮後，展示於學校迴廊的玻璃櫃中）。因為我是倫敦大學學院的職員，你也許會想說我多少會贊同邊沁的觀點。我的確很支持。

然而，科學社群乃至其他的學術界時常會出現不同的聲音，反對以邊沁的功利主義做為評斷研究好壞的方式。在英國，學術界會為了「英國高等教育研究卓越架構（ＲＥＦ）」做準備，這是個勞師動眾的評鑑制度，要收集並審核英國所有大學的研究成果資料。評鑑長官會檢閱學術論文與其他的「成果」，而在評鑑過程中，他們也會考量研究工作對學術象牙塔外的世界的「影響」。先別提整個評鑑制度的鉅額花費所引起的顧慮了，光是要評估研究對外界有什麼影響的這個想法，本身就帶有許多爭議。

這項爭議值得我們花點時間來剖析一番。大家尋找希格斯粒子並不是因為這個粒子有很多用途、或是它能幫我們賺錢；我們的理由是這件事很有趣，而且大家都是好奇*的人。那麼我們到底在不在乎範圍更廣的影響呢？魚與熊掌是否可以兼得？研究的成敗又是否該用它對外界的影響來評斷？這些影響實際上又是什麼？在緯度音樂節的活動上，有些人的確會問這樣的問題：「既然大家已經確定希格斯玻色子存在了，我們可以用它來做什麼呢？」

有個比較合理的回應：滿足人類求知欲的這個目的本身便值得我們投身研究。對周遭的事物感到好奇是人類與生俱來的能力之一，我們希望能了解萬物行為背後的道理；你可以把這想成是上帝賦予人類的天性，或是自然演化而來的優勢；也可能兩者皆是。

此外我們也可以說，就算只是為了好奇而研究，也必然會有一些附屬利益，像是科學技術和教育資源，這些回饋會比大家付出的還要多。英國物理學會是最常強調這一點的英國機構。二〇一二年十月，物理學會登上西敏宮的國會殿堂發表新的報告，主題是〈物理學對英國經濟的重要影響〉，國會議員夏爾馬主持開幕儀式。在開幕儀式幾位有所成就的出席者之中，至少有兩位是我以前的學生。雖然我為此感到欣慰，卻也覺得自己在這個場合中顯得有點年長，好在還有角落那幾位可能是貴族的長者，看來我還沒有那麼老。

西敏宮的會議室並不是個很理想的演講場地：物理學會的會長當選人桑德絲才剛上台演說，議會的表決鐘就響了起來，震耳欲聾，幾分鐘後才停下來。等桑德絲好不容易準備好要重新開口時，坐在角落的幾位長者卻又弄出了一些聲響，他們找到了免費提供的紅酒，講話的聲音真是擾亂人心。有人跟我說這幾位長者是貴族，這種說法要是屬實也太老掉牙了。「權力走廊」真是無奇不有，我這麼想。

物理學會的報告內容幾乎都在談物理對英國經濟的重要性。這篇報告定義了何謂經濟體中的「物

---

＊原注：好吧！我承認，你要說好奇（curious）或是古怪（curious）都行。

理應用產業部門」——在技術與專業方面應用物理學知識而誕生的產業，換句話說，如果沒有物理，這些產業就不會存在。從這點明白可見這篇報告其實不是物理學家寫的，想當然物理學家應該會說物理對任何事物都是不可或缺的：沒有物理，地球就不會繞著太陽轉、你體內的原子也無法聚在一塊……還有可想而知的，萬物就不會有質量了。無論如何，報告的附錄列出了近一百種工業和產業部門，從「原油抽取」到「通訊設備維修」，假使英國政府終止物理研究與教育，這部分的產業經濟應該很快就會瓦解，這麼說其實不無道理。

我也見到了幾個令人印象深刻的數字。物理應用產業對英國總體經濟產值的直接貢獻為七百七十億英鎊，也就是八．五個百分比；如果納入間接效益就會超過兩千兩百億英鎊。在英國的整個經濟體中，物理應用產業提供了三百九十萬個工作機會，而且平均而言，這些產業每位工作者貢獻的「價值毛額」更是所有工作者平均毛額的兩倍以上*。這當然不是我投身物理的主要動機，卻是為什麼這個國家應該要支持物理研究的原因之一。我也很高興有人寫下了這些數字，因為假使沒有人知道這部分的資訊，英國的物理研究有可能會逐漸式微。

但原本的問題還是沒有解決：確定這個玻色子存在究竟會有什麼具體影響？這是個很好的問題。科學家的研究動機包羅萬象，但顯然有個根本的原因是研究會讓大家感受到知識的進步：在我們探索的事物中，有些非常重要，目前仍屬未知，一旦被人發掘，就會納入全人類的知識庫，最終為世人帶來福祉。理論學家狄拉克研究的是很基礎的理論——相對論性量子力學，他完全不是為了尋找什麼實際的應用。然而在法米羅介紹狄拉克的精彩傳記中，我們從字裡行間看出其實狄拉克也在乎他的研究會有什麼影響。他說道：

> 我自己的信念是，人類這個種族將延綿千千萬萬世，持續發展、進步，永無止境。為了我心中的平和，我必須這樣假設。如果一個人可以為這個沒有終點的進步過程貢獻一點心力，哪怕再少都好，那麼他的一生便值得了。

考量這一點，狄拉克方程式預測會有反物質存在，他本人的確有所貢獻。

不過，若是從藝術和人性的觀點來看，狄拉克的進步假設似乎就有點太天真了；很明顯他的想法在這兩個地方不一定適用。人類的思想是否真的有進步是個難以定論的課題，但顯然我們有時確實是在倒退，這有點可悲。當然你也可以討論什麼情況會被視為進步或退步，很多人的確在探討這類的議題。就算如此在歷史紀錄上，人類對這個宇宙（包含我們自身）的認識飛快成長，也擁有愈來愈強大的能力可以用任何方式改變這個世界；這些進展有如一支飛箭穿越了整個時間軸。認知與能力的進步、還有進步帶給每個人的感受，大大影響了我們的生活。人類的社會奠基於過去進步的結晶、我們也須要繼續勇往直前，才能迎接新的挑戰。

就和許多國家一樣，英國的機構在決定贊助對象的時候，已經把這些研究項目的「影響」評估列

---

＊原注：參閱網址 www.iop.org/publications/iop/2012/page_58712.html。

為必要項目。不只有英國高等教育研究卓越架構會這麼做，研究委員會也是一樣；委員會在斟酌新計畫的資金額度時，會要求計畫成員提供一份「影響評估報告」，這份報告要預測計畫成果未來會為外界帶來怎樣的影響。也許你會想用計畫相關的專利、創造的工作機會、或是研究成果傳授給人民的技能，來做為評估的標準；但就像我提過的，這些全部都有爭議。要是每位科學家都持有和狄拉克相同的崇高理念，又有什麼好爭的呢？

爭議的原因之一是，有許多開創性的研究應用其實是出乎意料的收穫。這些突破是科學家在預期之外的道路上得到的，大家在研究初期沒有料到，通常也和計畫的初衷無關。這是千真萬確的事情，雖然結果有好有壞就是了。人類在宇宙知識方面的創見有時也是無心插柳的成果，原本的研究可能是為了實質上的應用。舉例來說，天文學很多有開天闢地的研究，起初是想要改善航海技術來擴展貿易、或是展現帝國的力量。我們據此可以批評說，估計研究未來的影響很有可能會漏掉最重要的利益，這正是因為這些利益通常是前所未見、出乎眾人意料之外、而且完全無法預測的。

第二個理由是，有些學者認為知識的取得在道德和智性上的意義，勝過於知識的應用與推廣。這是個比較站不住腳的論述，我自己便沒有很贊同。就算對個人利得表現出超然態度確實有較高的道德地位，我還是真心不解為什麼努力研究生命的起源（或是質量起源）的人，會比花費心思找出癌症療法的人還要高貴，這只是一例。總而言之，事實上這兩種研究是可以互通有無的。

還有一個理由。「影響」的評估結果是用來決定研究走向的參考，那麼誰最有資格負責這項任務呢？其實這沒有什麼明確的標準。實際上，學術界有很多研究者非常討厭讓研究委員會或是大學來擔任這份要職。但是不論你怎麼想，我認為總要有人出來做才行。沒有任何研究者有能力獨自比較所有科學領域的傑出研究成果，比方說有機化學、粒子物理學、藥理學、行星科學……等學門。因此，就算在這些領域中，同儕認可是優秀科研成果唯一的判定準則，還是要有人去決定每個學門能分配多少資源。除非你想把這項工作完全託付給政治人物和政府官員，不然至少都必須有一些研究者參與其中，出席評鑑委員會，保障結果公正。而在評估的過程中，不同學門的傑出成果相對的價值，也就是影響，必然會是考量的因素，這也是正確的參考方向。

我們需要一個研究文化圈，由圈內的特定人士來應用、推廣研究成果，而不是由每一位科學家自己出馬。資助機構應該要認可那些為了確保自己的研究有影響力，而暫時不繼續追尋新知的同事。身為物理系的系主任，我覺得自己應該要清楚同事為了實質應用所付出的心血，這是個很有助益的工作，也能讓這些同事的貢獻受人表揚。追求新知與實質應用，兩件事我們都需要。我的女兒五歲的時候在學校做過一個科學實驗，她透過一些材料去看燭光，研究哪一種最適合做窗簾。結果是厚紙板勝出。很優秀的研究，但我擔心這沒有什麼具體的效益。我不覺得紙板做成的窗簾能拯救英國的經濟。

然而，我不太相信寫下研究資金未來效益的評估報告會是個明智的做法。某些研究的方針很明確是想解決問題以求實質的應用，這種情況寫評估報告也許可行。但可想而知的是，不管怎樣你都一定得往這個特定的應用方向設想要如何運用資金。有些計畫則不一樣，運氣好的話，寫報告只會浪費你一點時間；但要是運氣很背，有些大家沒預料到的重大突破便可能被這份報告扼殺，也會在短期內局限研究內容與資金決策的方向。除非是為了抵消商業營利研究一定會帶有的偏見，以人民稅金資助的研究計畫並不應該有成見。

可惜我們很難找到有說服力的證據來支持這項觀點。我想最理想的方法應該是比較兩大類相反的典型經濟體，其中一方的經濟體會為了優秀研究的整體效益而贊助計畫，另一方的經濟體資助的研究計畫則一定要有人背書、且有具體可期的回饋。我真心不想要待在後者。

先談到這裡，我們回來講一開始的問題：希格斯粒子的應用是什麼？假使這種粒子永遠都沒有任何可用之處，我應該會挺掃興的；我認為未來某一天大家將有機會找到它的用途，就算現在我沒有什麼可信的推測。如果到我終老都沒有人找到希格斯粒子的應用，我也不會很意外。然而，要是我們的後代在將來研發出希格斯粒子星際引擎、或是更不可思議的技術，我希望他們會感謝今天的這群前輩，因為我們整理出了基礎知識的全貌，他們才得以發展出這驚人的科技。

而現在，大家還是先退而求其次，享受研究的附屬效益，還有滿足自己的好奇心就好了！

## 9.2 希格斯玻色子的未來

我們可以預期接下來會有一連串嚴謹的測試等著這個新發現的粒子。世界各地的粒子物理學家會盡己所能精確量測粒子的各項性質，以期揭開它的神祕面紗，看有沒有任何線索能幫助大家解決物理界未解的難題。

至今我們已經解決了一些問題。由於大家觀測到新粒子衰變成雙Z玻色子、或是雙光子的事件，我們立刻就明白這個粒子本身一定也是個玻色子；換句話說，它的角動量必為整數：〇、一、二……等等。這是角動量守恆定律的結果*。

實際上，因為光子沒有質量，我們知道新的玻色子的自旋不能是一。這是朗道－楊定理（Landau-Yang theorem）的結論；這項定理發表於一九四八年，當時量子電動力學還是一門非常年輕的學問，眾多物理學家費盡心思想了解介子的本質。你大可跳過這一段沒關係，這部分的內容很艱深，大致的概念如下：

首先，零質量的光子只能有兩個自旋方向，對應到光的兩個可能偏振方向（參見8.4節）。如果你隨便指定某個方向，光子的自旋要不是與此同向、就是反向。如果我們順著衰變產物的其中一顆光子運動的方向延伸出基準線，另一顆光子就會沿這條線反向離去（至少在新玻色子的靜止座標中看來是如此）。定下基準線後，明顯可見光子對有兩種不同的自旋組合。

在第一個選項，兩個光子的自旋都同向，因此兩者可以相加，得出光子沿著這條基準線上的總自旋，其值為二。假設新的玻色子的自旋為一，它的產物的自旋不管怎樣都不可能是二。所以我們排除掉這個選項。

另一個選項是兩個光子的自旋反向、互相抵消，因此光子對的總自旋為零。這件事本身沒什麼問

---

*原注：我們不可能結合自旋為整數的兩個粒子（不論是兩個自旋為一的Z玻色子、還是兩個自旋為一的光子）來得到自旋為半整數的粒子（也就是費米子）。

題。因為新的玻色子有質量，它的自旋方向可以和基準線垂直，所以自旋仍然可以是一。在這種情況下，新玻色子可以衰變成沿著基準線總自旋為零的光子對。然而，朗道和楊振寧（各別獨立研究）都發現了另一件事情。兩個光子是全同粒子。唯一能區別兩者的是光子自旋指向和運動方向的相對關係，但是在這個選項中，兩顆光子的自旋與運動的關係都相同——兩者的自旋要不是都和其運動方向相同，就是都相反。假設現在有個量子系統，如果你互換其中兩個全同玻色子的位置，系統還是會和原先一模一樣，正負號並不會改變（參見【科學解釋3】），但這件事沒有像聽起來那樣簡單）。有個方法是以通過基準線原點的垂直線為軸、將整個系統旋轉一百八十度。問題來了，像新的玻色子這樣的球系統的角動量為一，用同樣的方式水平旋轉後，系統會多一個負號*。

終於要來揭曉答案了。系統的初態（新的玻色子）會多一個負號，但是系統的終態在全同光子對調後，卻不用乘上負一；因此初態和終態互相牴觸。由此可知，自旋為一的玻色子也無法衰變成第二種自旋組合的光子對。結論就是，如果我們見到雙光子道（的確見到了），新的玻色子的自旋就不可能是一。

我說過這件事不好懂了。不過，這算是大家在物理演講上很常提及、卻不會進一步解釋的概念，所以我自己也要先完全理解箇中玄機後，才有辦法說明它的道理。假使你剛剛跳過了這一段，歡迎回來。

我們可以從觀測到的新玻色子結果中獲得更多的資訊。雙Z玻色子和雙光子在生成時各自的夾角蘊含了新玻色子的角動量資訊，在大發現數個月後，我們終於得到夠精確的量測值，結果顯示新玻色子的自旋為零。然而，這並不表示新玻色子的自旋就完全不可能是其他的值，也許會是二也不一定。無論如何，主要的結果說明這顆玻色子必然是個純量玻色子。

標準模型的希格斯粒子還有另一項性質，它必須是「CP偶性」的。CP這個字結合了兩種對稱性。系統的「電荷（charge，C）」對稱性取決於當你把所有「相加量子數」對調時，系統會不會改變。簡單來說就是把物質和反物質對調，所以正電荷會變成負電荷。假使系統沒變，我們就稱這個系統在C對稱變換下是偶性的。「P」則是「宇稱」（parity）。宇稱比較好懂，意思就是左右對換，或是水平對映整個系統。宇稱變換的結果之一是粒子的自旋方向會改變†。標準模型幾乎完全是CP對稱的，這是說明為什麼物理並不是很在乎這個宇宙是由物質、還是由反物質組成的理由之一。然而我們觀測到的宇宙卻很關心這件事——物質的數量遠遠超過反物質。要從標準模型這樣的對稱理論導出不對稱的宇宙，是個很大的挑戰，需要有東西來破壞CP對稱；很多近代的理論（像是超對稱）都提出了一些可能的原因。這一切都指向一件重要的事：我們應該要測量新玻色子在CP對稱轉換下的性質，因為任何和標準模型不合的結果都可能有辦法解釋為何我們是由物質組成、卻不是反物質。

---

＊原注：所有的奇數球諧函數（spherical harmonics）都是如此，球諧函數是描述球面波的函數。想像一下一顆球的表面上有道波在震盪，以北半球為上、南半球為下。如果你把整顆球上下顛倒，波的相位就會和原本差一百八十度，等同於波的振幅前面多了個負號。

†原注：回到球諧函數上，所有角動量數為偶數（〇、二、四、……）的函數的宇稱是一；角動量數為奇數（一、三、五……）的宇稱則是負一，換句話說，系統倒轉後會多一個負號。

整理一下，CP對稱性決定於系統在同時鏡像反射與電荷互換後，和原本樣貌的差別。由於新的玻色子的自旋為零、又不帶電荷，你或許會覺得它在CP對稱變換後一定不會改變，因此是CP偶性。然而，自然界有些電荷為零的純量玻色子卻是CP奇性。電中性π介子，$\pi_0$，便是個例子。$\pi_0$由上夸克和反底夸克、以及反上夸克和底夸克兩種態混合而成，因為這樣的組合型態，如果你互換物質和反物質（C對稱），它不會改變*；但是鏡像反射後，$\pi_0$的波函數就會多一個負號。所以它是C偶性、P奇性，因此是CP奇性†。

標準模型的希格斯玻色子是CP偶性。新玻色子各種衰變產物的角度分布情形也和它的CP對稱性息息相關，而實驗結果也強烈暗示新玻色子是CP偶性，和希格斯粒子預期的性質一樣。之後大家完成更多的量測實驗後，便能更進一步確定新粒子的CP對稱性，以及它的自旋。

我在前一章提過希格斯粒子有很多種衰變通道，而分支比，也就是各個衰變通道相對出現頻率的實驗值，能提供我們一些新資訊。含有雙W玻色子和含有雙Z玻色子的衰變通道非常重要，因為希格斯粒子是電弱對稱破缺的關鍵角色，而且正是布饒特－恩格勒－希格斯機制的純量場提供W和Z玻色子額外的縱向偏振態，才讓這兩種粒子可以擁有質量；此外，這個純量場也是質量的給予者，希格斯玻色子同樣由此而生。以更精準的方法精準觀測這兩種衰變通道必然是今日與未來的熱門題目，因為這是標準模型非常重要且根本的一部分，而目前這個理論還有很多可以微調的方向。

雙光子道是個很怪異的衰變模式：光子沒有質量，因此不會和希格斯玻色子直接耦合，而是透過量子環圈生成的（參見6.4節）。所有質量和電荷不為零的粒子基本上都可以出現在這個環圈上——質量讓它得以和希格斯粒子耦合、電荷則是讓它和光子耦合。在標準模型中，環圈上最主要的粒子是W玻色子以及頂夸克。但誰能確定呢？或許有些大家從未見過的粒子也有貢獻。相信雙光子道的精密測量會一直給我們有趣的新知。

此外還有費米子：夸克和輕子。我之前解釋過，要從背景數據中找出希格斯粒子衰變成費米子的事件非常艱難，但我們還是得繼續嘗試，因為費米子和W、Z玻色子與希格斯粒子的耦合形式差別極大，費米子是由完全不同的途徑獲得質量的。因此我們無法用玻色子道的實驗去推測費米子道會有什麼結果，反之亦然。

我們有辦法推導出希格斯粒子和頂夸克的耦合情形，因為根據標準模型，許多大家見到的希格斯玻色子是由額外的量子環圈生成。現在換成質子的膠子參與反應，膠子同樣沒有質量、和夸克耦合（通常是頂夸克，因為它的質量非常大），夸克再與希格斯玻色子耦合，如下頁圖。

由此可知，如果我們發現希格斯玻色子的數量和預期的差不多，就能間接推論說它有和頂夸克耦合，因此布饒特－恩格勒－希格斯機制能賦予頂夸克質量。不過，頂夸克有點離群索居，它在標準模型是質量最大的基本粒子，所以不難想像希格斯粒子應該也會和比較「普通」的夸克互動。量測希格

---

*譯注：作者的意思是$\pi_0$有兩種可能的組成態——「上夸克＋反上夸克」，或「底夸克＋反底夸克」兩種。因此C變換後就是「反上夸克＋上夸克」，或「反底夸克＋底夸克」，不論是哪種態都不會改變。

†譯注：一乘負一等於負一。

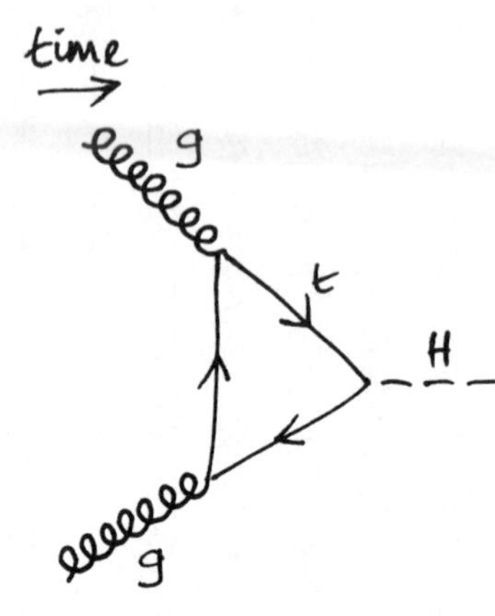


斯粒子衰變成底夸克反底夸克對的實驗也非常重要；在高能量的實驗，高速希格斯粒子事件的噴流次結構應該會是觀測這些衰變通道的關鍵工具。

輕子又是另一回事了。最好研究的輕子是濤子，因為它在這個家族中質量最大、所以最容易生成。二〇一三年十二月，在千辛萬苦分析完前兩年的實驗數據後，超環面儀器和緊湊緲子線圈發表了十分可信的證據（還沒到五個標準差，但大於三個標準差），說我們見到了希格斯粒子衰變成濤子反濤子對的事件。這是史上第一個布饒特－恩格勒－希格斯機制賦予輕子質量的直接證據。可想而知現在大家的首要目標就是提升這項結果的顯著性，並讓實驗更精準。

以上所提的費米子——濤子、底夸克、頂夸克，都屬於「第三代」粒子（還有濤子微中子），裡頭的成員都是最重的粒子*。如果能觀測到希格斯粒子和其他兩代粒子的耦合現象就更好了，我們才能篤定說沒有什麼意料之外之處。第一代粒子（上夸克、下夸克、電子、電子微中子）在近期應該是無法達成的目標，因為質量太小，希格斯粒子很少會衰變成這些粒子。不過在第二代粒子（魅夸克、奇夸克、緲子、緲子微中子）中，我們有機會能見到緲子與魅夸克和希格斯粒子的反應過程。

每次觀測新的衰變事件，你都該問問自己這是否確實和其他衰變事件源於同一種粒子。因此，我們一定要反覆量測每個事件的粒子自旋及宇稱。質量同樣很重要。目前含有雙Z玻色子的衰變通道以及雙光子道分別測量出來的兩個質量值，在十億電子伏特左右的實驗誤差範圍內相符，但是氣氛有點「僵」，粒子物理學家在擔心結果時常會這樣講。超環面儀器量到的兩種質量大約相差兩個標準差。未來我們得到更多數據、測量更多樣的目標後，實驗的不確定性會愈來愈小；大家要非常謹慎地觀察結果，看看我們最後會不會找到兩種質量不同的玻色子，一個衰變成雙光子、另一個衰變成雙Z玻色子。然而我們卻很難從含有雙W玻色子和含有濤子反濤子對的衰變通道重建精準的粒子質量，這甚至根本不可能辦到，因為濤子衰變的時候會放出踏雪無痕的微中子，W玻色子對衰變成輕子時也一樣。而假使大家之後真的找到了底夸克衰變通道，也許會有辦法測量初始粒子的質量，不過這應該不會和雙Z玻色子或是雙光子的實驗一樣精準。如果實驗結果出現雙緲子道，也會是個非常理想的質量測量對象，因為超環面儀器與緊湊緲子線圈都可以很精準地量測緲子。

如果希格斯粒子的質量和現在所知的上下相差幾十億電子伏特，我們就會少掉一些能觀測的衰變

---

*譯注：夸克分為上下兩型（電荷分別是三分之二和負三分之一）、輕子分為帶電和中性兩種，各自有三個代。作者說的「最重」意指三代當中最重的粒子。

通道。質量高一些，大家就幾乎不可能見到夸克道和輕子道，因為只要希格斯粒子的質量夠大，便能衰變成真正的雙Z玻色子以及雙W玻色子*，而由這兩種管道主宰。質量低一些，含有雙W玻色子或是雙Z玻色子對的衰變通道就會變得很罕見，難以觀測，不然至少實驗的難度也會大幅提升。就像吉亞諾蒂在七月四日說的：「如果大家找到的真的是標準模型希格斯粒子，那我們真該感謝它選了這個質量。」

關於這個玻色子，最後我還想到了兩個自己想要知道的事情。

我們應該沒有辦法直接觀測到新玻色子衰變成第一代粒子（上夸克、下夸克、電子）、所有微中子，還有奇夸克的過程。然而只要有合適的儀器，我們就可能有辦法測量質量分布曲線的總寬度，也就是分布曲線峰值的真實寬度。質量、或是能量分布圖的峰值寬度能告訴我們粒子的壽命有多長，因為峰值寬度和粒子壽命互成反比。你可以把這件事想成海森堡的測不準原理（uncertainty principle）中，能量不準量和時間不準量的乘積會大於等於普朗克常數除以四倍圓周率。不幸的是，我們目前測量到的質量分布圖的峰值寬度，主要取決於偵測器的實驗解析能力。想要確實測到真實的峰值寬度，大家可能需要一座輕子對撞機，這會是很久之後的事了。

最後，如果想讓標準模型這個理論完整一致，布饒特－恩格勒－希格斯場除了要能給其他粒子質量，也一定要有辦法賦予希格斯玻色子質量。這個過程牽涉到「自耦合」——對應的費曼圖中有三個、或四個希格斯玻色子交於同一點。實際上，只要我們能確定希格斯粒子的自耦合值，就能明確得知布饒特－恩格勒－希格斯機制那破壞對稱的純量場的全部性質了。相應的類比就是紅酒瓶底部形狀的量測結果，或是你要說墨西哥帽也行。這就是整個宇宙的背景量子場的形態。的確是大家該知道的事。

整體來說，希格斯玻色子未來將有很多事情要忙。

## 9.3 希格斯先生的下一步

七月四日大發現宣布日當天，希格斯先生是歐洲核子研究組織發表大會上的觀眾。有人問他是如何慶祝的，希格斯說他從日內瓦返家時，在班機上喝了一杯英式經典麥芽啤酒。

還有很多值得希格斯慶祝的事。二〇一三年十月八日，人在馬拉喀什的一大群超環面儀器團隊成員全聚在電視螢幕前，滿心期待諾貝爾物理學獎得主揭曉。

諾貝爾當年聲明自己的遺產將用於年度獎項的獎金：

> 獻給前一年對全人類有珍貴貢獻者。本人指定的利息將均分為五份，茲分配如下：一份贈與在物理領域有重大發現或傑出發明的個人。……

＊原注：兩個W玻色子的質量是160 GeV，兩個Z玻色子的質量是182 GeV。

（接著就是其他四個比較不有趣*的領域。）

基於某些理由，諾貝爾物理學獎的委員會看來並不是很在意「前一年」這項條件——物理學獎通常都是在成果出爐很多年之後才頒發的。此外，委員會也把「個人」增為「最多三人」。但他們並不會把獎項頒給超過三名得主，也不會像和平獎的委員會一樣，把組織或合作機構視為「很多名個人」。還有，物理學獎也不會頒給已不在人世的人。

這樣看來，不是每一位在新玻色子實驗中有實質貢獻的人都有機會得獎。想要公平挑選出寥寥幾位得主是不太可能的，就算（和一些著名獎項的做法一樣）只選實驗團隊的發言人和粒子加速器的主席為代表，也行不通。除此之外，委員會也陷入了兩難——哈根、古拉尼、吉伯是第三個獨立發表對稱破缺機制的團隊，卻沒辦法全都塞進考慮名單。

還有另一個應該會讓委員會很為難的問題。你要如何確定實驗數據的峰值，也就是新的玻色子，真的和電弱對稱破缺與質量起源有任何關連呢？換句話說，這個玻色子是否真的能證明布饒特、恩格勒、希格斯、哈根、古拉尼、吉伯當年提出的機制，確實是自然運行的法則？我沒有參與獎項的決議過程，但就我個人看來，實驗數據說新玻色子很可能是個CP偶性的純量玻色子，而且它會和Z、W玻色子耦合†，就已經是很充分的證據了。甚至幾乎是不容置疑的。不過這仍不表示大家可以百分之百確信這就是「標準模型的希格斯玻色子」。某方面來說我們永遠都無法確定這件事，未來我們用更精密的實驗量測這個粒子的性質後，總是有可能發現與模型預期不符的結果。何況「六人幫」並沒有寫下「標準模型的希格斯玻色子」這個詞。當年標準模型根本還不存在，這項成就是日後許多理論學家以及實驗證據的共同結晶。六人幫在六〇年代的重大突破是他們提出了一個新的機制，讓源自規範對稱性的作用力、與質量不為零的基本粒子可以和平共存。後來這項機制在標準模型的全貌終於浮出檯面，大家才發現它和電弱對稱破缺有深刻的關聯，因此希格斯粒子衰變為W、Z玻色子的過程變得格外重要。

物理學獎最後頒給了恩格勒和希格斯，這在大家的意料之中；但第三個名額空了下來，很多人認為這是為了向不幸逝世的布饒特致敬，是個很得體的做法。獲獎人出爐後，馬拉喀什的物理學家爆出了一陣歡呼，這意味著超環面儀器、緊湊緲子線圈，以及大型強子對撞機等機構會在物理學獎的引文中被提及，一起獲得表揚。

獎項，嗯？我猜測所有的獎項都有設立的宗旨，而這份諾貝爾物理學獎確實是恩格勒和希格斯應得的。但是（永遠都有個「但是」）社會大眾卻會因為獎項而對科學成就的來由有偏見；獎項讓世人以為科學研究的進展通常都是由一位天才獨自完成的。然而真實的情況是，歷史上偶爾會出現孤獨的天才、以及重大的突破，但是點點滴滴的成果累積與協力合作對人類自然知識寶庫的貢獻卻更大。就

＊原注：開玩笑的啦！請務必相信我！其他四個分別是化學獎、生理學或醫學獎、文學獎、和平獎。諾貝爾經濟學獎則是由其他單位贊助頒發的。

†原注：將超環面儀器和緊湊緲子線圈目前的結果整合後，含有雙W玻色子和含有雙Z玻色子的衰變通道都有出現非常顯著的訊號。

算是這次的獲獎理論背後思想上的躍進，也奠基於片段知識經年累月匯聚而成的海洋，裡面有無數聰明才子的智慧結晶。因為數千人的心血，大家才能找到現實世界中的希格斯玻色子，見證我們的理論想法確實存在於大自然中。超環面儀器團隊有大概三千名成員、緊湊緲子線圈的規模也差不多，在大型強子對撞機工作的則有幾百名成員。這次物理學獎的引文提到這些實驗團隊功不可沒，但我仍多少希望實驗也能獲得獎項肯定。沒關係，這也許要等幾年之後了。對恩格勒和希格斯、粒子物理學，甚至是整個物理界，現在都是個值得大大慶祝的時刻。

希格斯的成就卓越非凡，他絕對不是一位想出鋒頭的人，但任何人（包括很多實驗團隊的人）想合照他都來者不拒，很樂意與大家合影留念、握手；頒獎典禮的幾個星期後，希格斯出席倫敦科學博物館的大型強子對撞機展覽開幕典禮，他顯得格外耀眼奪目。希格斯有一項任務是要負責一段時間很長的公眾問答時間，對象是學生，此外他也與財政大臣奧斯本同台演講。奧斯本很強調基礎研究的重要性，他長年支持我們的研究，讓我們得以在歐洲核子研究組織擁有一席之地，稱得上是英國政府在這方面努力的代表人物。

釀產英式經典啤酒的富樂公司有個很棒的巧思，出了一款標誌「傑出的希格斯教授」的特別款英式經典啤酒。我的辦公室就有擺一瓶（酒已經喝光了），我很以此為榮。

在出席各地活動數周，包括一趟到斯德哥爾摩領獎的旅行之後，希格斯說他很期待回歸退休生活了。

## 9.4 大型強子對撞機的未來

七月四日發表新玻色子的結果後沒多久，大型強子對撞機便重啟了高能量的質子對撞實驗，這次一直持續運作到二〇一二年十二月十七日。這段時間得到的新數據不但提升了新玻色子的可信度，也讓我們得到粒子細部性質的測量結果，就是我在前面有提過的其中幾個實驗。

新的一年，對撞機在完成幾次重離子實驗以及技術檢測實驗後，便中止運作，進到「長期關機」的階段。大型強子對撞機網站的狀態頁顯示：「**結束第一階段運作。暫時不會注入粒子束。停機時間估計為兩年。**」

在這兩年間，我們要完成一個大型的工作計畫。大家會把加速器中的溫度回復常溫，原本的運行溫度大概是凱氏一．九度（攝氏負兩百七十一度），這樣工作人員才能親自檢查一些連接器，就是在二〇〇八年嚴重損毀的那一型連接器；我們會測試所有同型的連接器，更換有瑕疵者、並妥善防護，好讓磁鐵流通的電流大小能提升至設計目標。如此射柱偏轉磁鐵才能產生最大的磁力，讓單道質子束的能量得以達到七兆電子伏特，也就是整體實驗的質心系統對撞能量符合原先期望的十四兆電子伏特。

同樣的，大家開始全面維護對撞機的幾座偵測器；像我們就把超環面儀器的像素軌跡偵測器整座移了出來，重新檢修後再安裝回去。未來等偵測的能力提升，還有更重要的，實驗的能量更高之後，我們將能更進一步深入探索電弱對稱破缺尺度以上的物理現象，也許會有很多的驚喜。稍後我會多談一點。在我寫這一段內容的時候，大家預計要在二〇一五年初重啟高能粒子束來進行實驗——實際的日期是四月一日。

放眼大型強子對撞機的未來，如果我們想要再提升粒子對撞的能量，就必須全面重建射柱偏轉磁鐵。然而，只要我們讓加速器的粒子對撞頻率增加，偵測器便能測得更多的事件，這等同於提升對撞能量、也可以讓結果更為精準。這是因為真正有影響的其實是夸克以及膠子的對撞事件。從這個觀點看來，大型強子對撞機其實是座夸克與膠子的對撞機。夸克和膠子能達到的能量上限決定於質子的能量乘上夸克或膠子分配到的比例。舉例來說，如果在十四兆電子伏特的某個質子對撞實驗中，雙方的每個夸克都分配到三分之一的質子能量，夸克的對撞能量就會是十四兆電子伏特乘上三分之一，大約等於四．七兆電子伏特。不幸的是，想在質子內部找到擁有三分之一質子能量的夸克其實很難；夸克的能量比例愈高、出現的機會就愈低。然而，只要質子的對撞頻率增加，你還是能得到更多的高能夸克對撞事件，因此量測實驗可及的有效能量也會愈高。

這就是團隊想提升大型強子對撞機實驗光度的主要動機，計畫分為兩個階段進行。第一階段預計在兩年期的高能實驗之後啟動，所以對撞機大概會在二〇一七到二〇一八年間再度關機。至於第二階段的時程與規模，現在還在討論中。除了要改良對撞機，我們也要同步大幅升級偵測器，才能處理更龐大的數據量。完成這些更新工作後，大型強子對撞機就能繼續協助物理學家探索振奮人心的新物理，相關的實驗將持續到二〇三〇年，甚至是更久以後。

## 9.5 標準模型的未來

毫無疑問的，大家期待能用升級後的大型強子對撞機來深入檢驗標準模型，看看模型在高於電弱對稱破缺尺度的能量下表現如何；如果之後有其他儀器也能辦到這件事，當然會更棒。這部分的領域超出了9.2節希格斯玻色子性質的研究範圍。要記住，這個能量級的物理現象會和大家過去觀測的一切事物有本質上的差異。在此能量級之上，電磁力與弱核力某方面可說是互相統一了。的確，兩種作用力現在的強度相當。假使我們沒有找到希格斯玻色子，這個領域就會是標準模型的危險地帶。沒有希格斯粒子，標準模型就沒辦法預測這個能量尺度之上的物理現象，而被貶為低能量級的「有效理論」：在 200 GeV 以下的能量描述現象的精確度固然驚人，但電弱對稱破缺尺度之上的世界就完全超出模型的能力範圍了。

好在大家找到了希格斯粒子，標準模型的生命得以延續。標準模型現在有能力預測極高能量下的物理現象——甚至涵蓋了升級版對撞機可探索的全部領域。這麼說有些大膽，驗證理論將是個引人入勝的挑戰。大家發現了新的玻色子、又知道它明確的質量，這在理論學界掀起了一股研究熱潮，這是我覺得很有意思的一個領域。其中許多篇都是只有內行人才會懂的文章，但有個較常見的主題是重新檢驗標準模型已知的對稱性與量子修正項，尋找可能藏身其中、大家原本沒料想到的新物理。各式各樣的線索隨處可見（但很可能會誤導我們），也有許多值得探討的題目。就拿數值上的巧合來當個例子。所有費米子的質量平方和與所有玻色子的質量平方和十分接近，差距大約在百分之一以內*；由於頂夸克和希格斯粒子的質量都有一定的誤差範圍，兩個質量平方和有機會恰恰相等。換言之，假如你發現某種對稱性，而導出費米子與玻色子的質量平方和必須相等的這項條件，就能據此預測希格斯粒子的質量大約是 123 GeV。這和我們測到的值相去不遠！

可惜大家目前還不知道有任何蘊含這項條件的對稱性，所以現在這純屬好奇罷了。還有幾個數值遊戲可以讓我們思考，至少都和上面的例子一樣有可能是項新發現。舉例來說，夸克有三種顏色，那麼夸克的質量平方和項難道不該乘上三嗎？W玻色子有兩種（正電和負電），它對應的項為什麼不乘以二？如果你這樣修改算式，希格斯粒子的質量就會是 262 GeV。這種結果是拿不到獎的。還有其他方法可以「預測」、或尋找巧合，而如果有愈多種方式能尋找某種巧合，這個巧合就愈沒有意義。搜尋一百萬個不同的地方，就有機會找到機率為百萬分之一的巧合現象。同樣的，就算數字學（numerology†）能給一些線索，也只有和真正動力學理論有關的線索有用處。要是線索無法給我們任何指引，就毫無價值了。說到底，最好的方法還是測量真實的現象、計算出結果，不要再玩什麼數字遊戲了。

不過有件很有意思的事，實際上在大家找到希格斯玻色子之前，有人已經算出粒子質量的關係式了，是用真正的標準模型推導來，和前面提到的式子類似。這和希格斯粒子質量的量子修正項有關，原先人家希望超對稱理論能在這方面幫上忙（參見4.7節）。韋爾特曼只考量當時已知的粒子——沒有用到超對稱，便算出這些量子修正項應該為何‡；後來他和胡夫特兩人因為「闡明電弱物理的量子結構」，共同榮獲一九九九年的諾貝爾物理學獎。實際上，當年是一九八一年，頂夸克和希格斯玻色子都仍未現身，可見韋爾特曼的成就大幅超前他所屬的世代；雖然他假設這兩種粒子都存在，卻無從得知粒子的質量。就算如此，韋爾特曼還是辦到了，他的結果指出，如果粒子的質量之間有個特別的關係[§]，那麼所有第一階的修正項（只有一個量子環圈的項）就會全部互相抵消掉。韋爾特曼評估各種可能後，推測說假使希格斯玻色子的質量很小，頂夸克的質量就會是 69 GeV 左右，這在當時是有可能的。更符合實際情況的假設是，如果希格斯粒子的質量和W玻色子相同，頂夸克的質量就大概是 78 GeV。

不幸的是，一九九五年兆電子伏特加速器終於找到了頂夸克，卻發現它的質量大了許多，而目前我們頂夸克的質量為 173 GeV；這樣以「韋爾特曼關係式」算出的希格斯粒子質量就是 314 GeV……實在太高了。不過這些粒子的質量都有包含一些量子修正項，所以會隨著能量改變。此外，現在也有些人發表論文，提議說韋爾特曼關係式、或是其他相近的式子也許會影響標準模型在高能量環境下某方面的表現，如此一來便不用去「微調」希格斯粒子的質量，這種做法毫無美感可言；但要是沒有這些關係式，「微調」就應該是必要的手段了。也有些文章宣稱標準模型有其他的近似對稱性，好比手

---

＊原注：$M_{頂夸克}^2 + M_{底夸克}^2 = M_{W玻色子}^2 + M_{Z玻色子}^2 + M_{希格斯粒子}^2$（其他粒子的質量都太小了，影響不大）。代入目前所知的數值：$173^2 + 5^2 \approx 80.4^2 + 91.2^2 + 125^2$，也就是 29954≈30406。

†譯注：數字學是一種研究數字背後意義的學問，有很多種流派，最早的起源有一說是來自古希臘的畢達哥拉斯學派，也有人說是起源自希伯來人的卡巴拉（口頭傳述），代代相傳而來的。

‡原注：參閱 MJG Veltman, The infrared-ultraviolet connection, Acta Phys.Polon. B12 (1981) 437。

§原注：$4M_{頂夸克}^2 \approx 2M_{W玻色子}^2 + M_{Z玻色子}^2 + M_{希格斯粒子}^2$。

徵對稱——又稱「左－右」對稱性，能決定並保護希格斯粒子的質量值。宛如一場眾人關注的運動賽事，我們實驗學家深受這些假說吸引，因此有了更多動機想設計精益求精的量測實驗，仔細研究標準模型關鍵的物理過程。

有一類的物理反應是很重要的例子，與向量玻色子對的生成有關——尤其雙W玻色子、一個W玻色子和一個Z玻色子，以及雙Z玻色子。其中最有趣的是向量玻色子散射現象。我在1.2節有介紹過向量玻色子散射，因為要是沒有希格斯粒子，我們就無法用標準模型來預測這種散射現象。當時我有點悲觀，想說要是大家真的找不到希格斯玻色子，向量玻色子散射也許就是唯一能提供電弱對稱破缺機制線索的現象了。

現在我們有了希格斯粒子，便能預測向量玻色子的散射過程；觀測散射過程這件事變得非常重要，我們可以藉此檢驗布饒特－恩格勒－希格斯機制是否有如預期般運作。

還有很多大家可以計算的反應過程，有些十分罕見、有些則比較平常，未來我們就會有能力量測這些現象。現在，大家才剛踏上超越電弱對稱破缺尺度的物理研究旅程。

## 9.6 超對稱與超越標準模型的未來

假使你是容易被標題影響的人，超對稱是個非常特別的理論，有如打死不退的殭屍一般：大型強子對撞機每一到兩個月就有結果能「殺掉」超對稱理論、不然至少也會讓這個假說「重殘」或是「送進加護病房」，可是這個理論始終沒有要打退堂鼓的跡象。

以下是實情。大型強子對撞機的數據——包括LHCb實驗、超環面儀器、緊湊緲子線圈（以及歐洲核子研究組織之前的實驗、強子電子環狀加速器、和兆電子伏特加速器），這些結果已經否證掉一大堆原先有希望、種類繁多的超對稱理論了。但就算如此，超對稱性的概念本身應該永遠都不會被我們揚棄。超對稱性的數學架構是如此的美麗、優雅，而且弦論、M理論、尤其是其他試圖統一重力與量子場論的理論，都可能需要超對稱性；有鑑於此，我認為超對稱應該永遠都會是理論物理、宇宙論，以及數學不可或缺的一項工具。

超對稱理論成敗的關鍵在於它是否和電弱對稱破缺、或是暗物質，有任何關聯；更具體一點，超對稱是否和粒子物理實驗在任何時刻可能觀測到的現象有關。這個概念能不能幫我們從「自然度」的困境中脫身呢？（參見7.5節）

這個問題和前一節剛提到的環圈修正項以及質量關係式切身相關。超伴子也會出現在這些量子環圈中，能確保所有的修正項會相互抵消，單只是標準模型應該辦不到這件事。如此一來，超伴子讓大家免於微調希格斯粒子質量的必要。但是參數微調這個點子有點狡猾。根據大型強子對撞機與其他對撞機的實驗，中子及電子的「電偶極矩」的精密量測結果已經限制了超對稱性可能的參數值；電偶極矩基本上表示電子或中子的電荷分布呈現球對稱的程度。為了躲開這些實驗結果加上的條件，參數或多或少一定已經微調過了。更重要的是，假使超對稱真的能馴服希格斯粒子質量的修正項，就至少會有一些超伴子的質量會落在電弱對稱破缺的能量門檻附近。因此，要是大型強子對撞機的下一輪實驗仍然沒有找到什麼新的事物，超對稱理論就會再也站不住腳了，許多理論學家也會開始放棄這個想法，至少不會再把它當作參數微調問題的解答。無論結果為何，我都不太相信「超對稱就近在眼前」會成為未來打造其他大型實驗的正當理由。

說到底，超對稱只是（現今）最受眾人喜愛的標準模型延伸理論。標準模型最近成功預測一個純量基本粒子存在，應用範圍因此跨過了電弱對稱破缺的門檻，大家為此而歡欣鼓舞；不過，標準模型顯然仍不是最完整的理論。還有一些超越標準模型範疇的物理，可能是超對稱、也可能不是。

標準模型最顯眼的缺漏之處就是重力。感謝愛因斯坦的貢獻，大家現在有個極佳的重力理論，但它並不是個量子理論。時空本身是量子場論的背景舞台，然而在極高的能量下，古典時空觀會與量子場論抵觸，而我們目前還不清楚這種時候會發生什麼事。

標準模型還有一些問題與缺漏，像是無法解釋宇宙中大約百分之八十五的物質組成——包括暗物質，大家只能透過暗物質對星系及其他天體的重力效應來觀察它。暗物質是否為一種新的基本粒子？看起來它確實不能用標準模型中的任何粒子來解釋。這還算個小問題，更麻煩的是暗能量。暗能量占據了百分之六十八的宇宙組成（物質加上能量）。從某方面看來，「暗能量」只是個用來說明宇宙的膨脹速率在不斷增加的標示，宇宙加速膨脹的原因仍不明朗。思考到這裡，又會想問為什麼我們是由物質組成、卻不是反物質？基本粒子又為什麼有三個世代、也就是三種版本？還有，為什麼弱核力只會關注左旋粒子，卻不理睬右旋粒子？此外，微中子在上述的問題中又扮演什麼角色？為什麼微中子的質量會這麼小，頂夸克卻重了許多？大自然有很多乍看之下無跡可尋的特性，某些人（像是我自己）盼望會有人提出比「就是這樣」還要更優雅的解答。

## 9.7 歐洲核子研究組織的未來

直至今日，還是有新的成員國加入歐洲核子研究組織。二〇一二年賽普勒斯成為非正式的會員，烏克蘭也在二〇一三年以同樣的身分加入；隔年以色列成為一九九九年以來，第一個新加入歐洲核子研究組織的正式會員國。還有幾個國家處在不同的協商階段，有的準備加入、有的則是要強化與組織的合作關係。現在歐洲各國政府與人民深信，在歐陸中央能有一座世界首屈一指的粒子物理實驗機構是件值得驕傲的事，大家的信念絲毫沒有動搖的跡象。

當前歐洲核子研究組織正為了全面升級對撞機、並準備未來幾年的實驗而忙得不可開交，這是當然的。不過這個組織的計畫卻十分多樣，有人在研究新型加速器與新的技術、有人在研究反物質、也有人在研究核子物理；所有的研究都在同一個機構中進行。

其中有項研究計畫是要設計一座直線對撞機，可望超越大型電子正子二代對撞機的電子正子對撞能量紀錄。直線對撞機有個優勢，它的粒子束不用行經彎道，因此不會因為同步輻射而損失能量（參見1.1節）。不過它也有項缺點，基於同一個原因，我們無法儲存粒子束——粒子束發射完就會消失，每次實驗都要從頭開始。因此整個加速過程必須在極短的時間內完成，對撞機也要有很長的隧道。能量上限受兩項因素決定：儀器能達到的最大加速梯度、以及加速隧道的長度。至今大家建造的唯一一座高能直線對撞機位在美國加州的史丹佛線性加速器中心。這座中心曾與大型電子正子對撞機合作，獲得Z玻色子的精密量測結果。後來史丹佛線性加速器中心與日本的高能加速器研究機構研究出新一代的直線對撞機，對撞能量更勝以往。不過目前大家比較偏好的是漢堡的德國電子加速器帶頭研發的設計，他們使用超導加速空腔這項技術。歐洲核子研究組織除了參與世界各國的研究行列、一同打造這座儀器之外，也致力於開發自己的對撞機——緊湊直線對撞機（Compact Linear Collider，CLIC）。應用超導科技的對撞機必須要有幾十公里長，視能量需求而定。為了縮減長度，緊湊直線對撞機使用低能量的高強度粒子束來加速低強度的粒子束、提升其能量。

另一個努力的方向是打造出規模更大的環狀對撞機。目前大家完成初步的評估，認為我們應該有能力幫更大的環狀對撞機建造隧道。物理學家也許會用新的對撞機進行質子實驗，和大型強子對撞機一樣，但這次的隧道會長達八十公里到一百公里，相較之下，大型強子對撞機只有二十七公里長。新型隧道將會延伸至萊芒湖（Lake Geneva）地底，環繞兩座山脈，大型強子對撞機的能量和它相比不過是小巫見大巫；和現在的對撞機一樣，新環狀對撞機實際的能量也是決定於射柱偏轉磁鐵的最大磁力。

最後要提到物理學家當前的另一項研究計畫，這是個十分前衛的加速技術——人稱「電漿尾流場加速法」（plasma wakefield acceleration）。電漿是物質在極高溫度下的一種相；這讓人想起太初宇宙的環境，大霹靂三十萬年後宇宙的溫度非常高，高能粒子頻繁對撞、原子核的電場吸引力並不足以束縛電子，原子因而游離。電漿態的電子及原子核無拘無束地橫衝直撞，持續不斷撞擊彼此。假設現在有一道高強度的能量脈衝——通常是雷射束，射入了一團電漿，電漿的帶電粒子會隨著能量束的尾流（wake）震盪，所有的正電荷聚在一側、負電荷聚在另一側，形成極大的電位差。只要巧妙調控時間，大家就能用這個尾流場（wakefield）來加速第二道粒子束，所需的時間比現今任何技術都要短上許多。已經有人證實電漿尾流場加速法能以較合理的成本製造能量相對較低的粒子束，是比較實際的做法。歐洲核子研究組織的「先進尾流場計畫」（Advanced Wakefield，AWAKE）現在正在嘗試以質子束代替雷射。電腦模擬的結果顯示，如果你能把大型強子對撞機的粒子束射入一團合適的電漿，就只需要幾百公尺的空間便能製造出幾千億電子伏特的電子束；相較之下，超導直線對撞機卻要三十五公里左右的隧道才能辦到這件事。然而這個技術還是有不少困難要解決，像是我們得到的粒子束強度還是太低了，沒有什麼用途。電漿尾流場加速法現在還在想像階段而已，是個長程計畫，想當然歐洲核子研究組織會在這方面投注一些心力。

以上就是歐洲核子研究組織有參與的幾項計畫。然而在日內瓦的實驗室之外的世界，我們的委員會還有另一項責任：「組織並贊助國際合作」。協約所指的合作內容是核子物理研究（和一九五三年一樣），但是在協約的其他地方卻也解釋為：「研究高能粒子相關的科學理論與基本性質」（也包括宇宙射線）。為了完成使命，也為了歐洲核子研究組織的未來，大家在二〇一二年到二〇一三年間實行了一項策略性計畫，與美國類似的計畫相呼應，也深受日本的提案影響。我們大致上得到的結論是，粒子物理學與歐洲核子研究組織的未來緊密相連，大家須要以全球的視野來討論粒子物理研究的展望，眼光不能只局限在歐洲。那麼，大夥兒就上工吧！

## 9.8 粒子物理學的未來

這是個颳著風雨的漆黑夜晚。而且還很冷。

冰雹偶爾會撞上我房間的老舊石框窗，反彈的力道相當猛烈，這間房不小，卻沒什麼擺設。牆壁是石頭建的，地板也是，上頭還沒有鋪地毯。房內有台品質不良、仍堅守崗位的暖爐，持續不懈地溫暖著半徑三十公分左右的範圍，精神可嘉。我蜷縮在黃銅做的大床上，努力想要找到無線網路的訊號。冰雹融成了冰水，流進了窗框內。

這是二〇一三年一月，我身在義大利埃里切市的科學中心；這座中心的基礎是一座隱世村落的建築物群，位在西西里島西南端的一座山上。我和歐洲核子研究組織其他成員國的代表，以及幾個大型實驗團隊、美國和日本等世界各國合作夥伴與組織的代表，一起被關在山頂上一整個星期。在解脫之前，我們的任務是要在新的歐洲粒子物理研究策略上達成共識。有很多的地方須要更新。比方說微中子的$\theta_{13}$角度測量結果，這對未來相關領域的研究有深遠的意義，是和前一年夏天的希格斯粒子大發現截然不同的成就（總覺得夏天離我好久遠）。

想要打造一個大型粒子物理研究計畫，並從中獲取科學知識，須要花費許多的時間和金錢。今天年紀太小，還不能上學的孩子，總有一天會涉足實驗數據的分析；也有很多人現在做了決定，卻無法在有限的人生中見到成果。由此可知，根據策略做出正確的抉擇、並堅持遵守計畫，是很重要的事，否則人家成不了什麼事。這次的決策有許多的規範與限制，由許多見多識廣的自利團體討論後下定論；每個團體都想得到對自己最有利的結果、也希望最終的決定能幫到他們重視的研究領域。有幾場討論是在少數幾間小小的餐廳舉行，會議召集人說服餐廳老闆特別在淡季為我們開門，大家聚在熊熊燃燒的火爐旁，一面吃著義大利麵、喝著紅酒，一面談話。我覺得這是個不錯的討論方式。外頭的風雨呼嘯不斷，我們聚在火爐邊愉悅地享用美酒佳餚，士氣確實會大大提升。在沒有冰雹和濃霧的日子裡，埃里切市其實很美；除了有令人歎為觀止的夕陽佳景，從懸崖眺望的景色也帶給大家靈感、幫助我們想出了一些願景。至於馬薩拉廳內的吉他演奏……我難以定論是好是壞，不過馬薩拉葡萄酒確實能幫助大家思考。

大型強子對撞機有一些長程的升級規畫，目前仍未獲准執行，有的甚至才設計到一半而已。日本的團隊提出了一個大家該認真看待的案子，他們想要打造一座超導直線對撞機，滿心期待著歐洲研究團隊的回應——我們是否想要在這方面下工夫？大家願意出錢出力建造嗎？還有微中子，大家需要新型的「長基線」微中子實驗設施來深入研究微中子震盪現象。目前物理學家已知的 $\theta_{13}$ 值相當大，我們有不小的機會能在風味震盪現象中，觀測到物質與反物質彼此不對稱的徵兆；如此一來，大家也許就有辦法解釋為何宇宙萬物沒有在大霹靂後沒多久就全部互相湮滅了。除此之外，微中子還有其他值得探討的題目——舉例來說，這種粒子是不是自己的反粒子呢？

話題回到能量更高的實驗上，有些人提出對撞緲子的構想。緲子可說是大質量版本的電子，除了享有和電子一樣的優勢，它比較不會因為同步輻射而損失能量（損失量為電子的十六億分之一倍，因為緲子是電子的兩百倍重）。然而緲子有個缺點，它通常會在二．二毫秒內就衰變了。好在只要你能在夠短的時間內大幅提升緲子的速率，相對論的時間膨脹效應便可以為你爭取一些時間：粒子在高速移動時，時間流逝較慢，因此能撐比較久才衰變。可惜這件事並不容易達成。緲子在衰變時會放出微中子，是個很棒的副產品，代表我們能用高強度的緲子束來製造高強度的微中子束，幾乎不用花上什麼成本，自然而然就能得到。

最後，大家決定了四個要優先執行的大型計畫。會議最後兩天我待在冰窖般的會議室內，瑟縮在「英國」的三角形名牌後，和其他成員針對文件中的一字一句細細討論，這是一篇文長三頁的傑作*。為了紀念這項成果、也為了對我的同事表示尊敬，我在本書不會只是冒昧地略述這四項計畫的大意，一定要一字不差節錄出來：

(c)發現希格斯玻色子的成果開展出大規模的研究計畫。我們一方面將致力於量測這個粒子的各項性質，力求準確，以進一步檢驗標準模型的效度；另一方面，這也是探索尖端能量物理現象的開始。在計畫付諸實行的過程中，大型強子對撞機的地位不容取代。**歐洲學界應先將大型強子對撞機所有的潛力開發出來，我們首要任務包括升級偵測器、與提升對撞機的光度，以期在二〇三〇年之前得到原先設計的十倍數據量。未來，這項升級計畫也能提供大家更多機會研究振奮人心的領域——風味物理、以及夸克膠子電漿。**

(d)如果想要保有在粒子物理研究的前沿地位，歐洲學界須要在下一次研擬新策略之前，準備好提出大型強子對撞機下一代的加速器計畫；此項計畫需有野心與抱負，與建地點在歐洲核子研究組織。屆時大型強子對撞機將可提供十四兆電子伏特的實驗結果。**在全球的研究**

**浪潮中，歐洲核子研究組織理當扛下加速器計畫的研發責任，尤其是當代能量最高的質子對撞設備、以及電子正子儀器。為了設計新的實驗，我們必須要有堅實的加速器研發計畫，其中包含強力磁鐵與高加速梯度裝置等設備的建置，我們要與世界各地的國家機構、實驗室，以及大學院校共同合作。**

(e)目前有個很可靠的電子正子對撞機設計方案，能與大型強子對撞機互通有無。這座對撞機將能以前所未有的精準度量測希格斯粒子、與其他粒子的性質，而且實驗能量未來還有提升的空間。國際直線對撞機（International Linear Collider，ILC）的技術設計報告已完成，歐洲學界也參與其中、貢獻良多。日本粒子物理學界倡議在他們國內興建國際直線對撞機，對此我們由衷表示歡迎，歐洲學界也十分樂意加入本計畫的行列。**歐洲學界很期待日本方面之後的提案，雙方會再進一步研討未來的合作形式。**

(f)微中子震盪現象的相關研究在短期內有顯著的進展，歐洲學界在這個領域有重要的貢獻；由此可見，長基線微中子實驗計畫在探索微中子的CP對稱破缺（CP violation）與質量級列（mass hierarchy）等問題確實有具體的科學效益。**有鑑於此，歐洲核子研究組織理當發**

＊原注：你可以在這篇報告（cds.cern.ch/record/1551933）的最後四頁讀到文件的完整內容。二〇一三年五月這份報告在布魯塞爾正式批准通過。計畫通過是個美妙的成果，不過我對這件事的記憶卻有點模糊了，或許是因為當時我在和代表同仁返回飯店的路途上，停下來喝了「一兩杯」比利時啤酒。

**展微中子研究計畫，為歐洲開拓康莊大道，協助我們學界日後在微中子長基線實驗領域獲得一席之地。目前歐洲學界應該思考要如何參與美國及日本頂尖的長基線微中子實驗計畫，成為重要的合作夥伴。**

現在你明白我在說什麼了。除了這四大計畫之外，報告中還有大概十二個段落在探討規模較小的研究、組織相關議題，或是惡名昭彰的「後續影響預估」。顯然，未來粒子物理學界還有不可勝數的任務要完成。

## 9.9 科學的未來

大家發現希格斯粒子之後，英國媒體界只出現了一點點的負面批評，這有點出人意料之外。我原本預期到會有一些人反彈，說些這樣的話：「把錢花在這些沒人看得懂的東西上真是浪費。」所幸至少在英國，絕大部分的民眾都很讚賞我們實驗重大的成就，大家一起享受新發現的興奮之情。這不只是曇花一現的新聞而已。社會上有許多人始終都和我們這群物理學家站在一起，大家一起興建對撞機、熬過首次技術性失誤、也經歷了過程中的謠言與徵兆，最後再一起迎接二〇一二年七月振奮人心的成果發表會、共享諾貝爾物理學獎的榮耀。至於有一位諾貝爾獎得主是英國公民、在蘇格蘭生活與工作的泰恩賽德人（Geordie）——謙宏大量的希格斯先生的這件事，猶如錦上添花。在一切的成就背後，每位英國人每年不過花了兩英鎊而已。用比較政治的觀點來看的話，基礎科學研究的經濟價值似乎也有顯著增長。當然，魔鬼永遠藏在細節裡，至少各黨派有很多政客目前對研究支出抱持正面的態度，我希望、也深信大型強子對撞機的崇高地位對此有所幫助。無論如何，大家應該要持續不斷地增進、並審視研究的經濟效益。

但也確實有出現一些很有意思的批評，說物理常常與實驗脫勾、實驗又總是太過於理論導向；這些人也嘲諷萬有理論只是供養一個世代理論學家的痴心夢想，這些理論學家預測的事情從來都無法用數據實證。這些說法其實不是新鮮事了，就連在理論物理界也有出現過。加拿大安大略省圓周理論物理研究所的斯莫林和哥倫比亞大學數學系的沃伊特，都在二〇〇六年出書，用同一個論點批評弦論；在大家發現希格斯粒子不久後，巴戈特（Jim Baggott）也出了一本《告別真實》（*Farewell to Reality*），他在書中也闡述了類似的觀點。

有個比較合理的論點，理論粒子物理可能真的太專注於單一方向——這裡說的就是弦論與它的延伸理論。過去也發生過同樣的事情。正如《衛報》桑普爾在他的書《偉大的物理史》中說明的，當年布饒特、恩格勒、希格斯與其他幾位前輩在形塑他們的新觀念時，散射矩陣理論的研究熱潮席捲了整個物理界，量子場論被認為是過時的題目、有如一灘死水。布饒特等人的研究一開始在主流外，但實驗數據讓風向逐漸改變，他們的理論最後反倒成了主流。永遠都該有人在創新，但大家可不能一股腦兒全往同個方向擠去——除非實驗數據告訴他們該這麼做。就我看來（只是個人的偏好），我比較喜歡致力於解釋真正觀察到的結果，目前有許多仍待說明的現象；相反的，我比較不偏好追尋萬有理論的道路。我也不會拒後者於門外，只不過和臆測多重宇宙的現象比起來，我比較想要花費心思去解開這個宇宙的奧妙。

想說明理論學家為什麼有時會異想天開、大家又為何需要他們天馬行空的能力，大型強子對撞機也是個很棒的例子。物理學家早在將近五十年前就預測希格斯粒子可能存在了，我們也花了超過十年的光陰打造大型強子對撞機；如果你把建造之前的研發準備過程都考慮進去的話，就大概是二十年之久。這的確是一段漫長的等待。因此，如果有人在這些年間去做別的事，用數學推導來臆測可能的現象，不但沒有什麼傷害，甚至還會有重大的貢獻。

在希格斯粒子大發現的背後談論這些事的確有點不合宜。很多年前，理論學家便預測出希格斯玻色子；今天，大家用實驗數據證實這種粒子真的存在，從根本上改變了粒子物理學；而未來，大型強子對撞機的實驗還會繼續帶來重大的進展。要構想新的實驗計畫，我們除了要有理論上的洞見，也需要先進的技術知識、以及政治協商的能力。日後的研究絕不會與現實脫勾，為了面對未來儀器在政治與技術方面的挑戰，大家必須時時關注真實世界，而實驗數據也讓我們對這個宇宙有更多的了解。

## 9.10 我的下一步

這兩年來，我每個星期往返通勤於倫敦和日內瓦，可以說是只靠腎上腺素和飛機餐生存；我一邊在歐洲核子研究組織主持實驗小組、一邊在倫敦大學學院教書。倫敦是我的家。我決定接下來要返回家鄉擔任家庭中的要角。這是我下一步要扮演的管理者角色。

因此，我同意接任倫敦大學學院物理暨天文學系的主任。到目前為止這個職位教了我很多事情，同時（牴觸現在多數學術界盛行的專業化潮流）我也須要擴展自己的物理知識庫，才能多少理解凝態物理、天文物理，以及原子物理等領域的系上同事在研究的題目。

不變的是，我自己的研究主題仍是大型強子對撞機。在我寫稿的時候，我的博士生伊內斯即將分析完一批希格斯衰變成底夸克的觀測數據，這是超環面儀器在二〇一二年收集的結果；此外我們也在擬定幾個計畫，要為二〇一五年對撞機重新開機與日後的升級做好準備。屆時我會再回來的。

與此同時，我也覺得把這段精彩輝煌的物理史整理為一本書，會是件很有意義的事。希望你喜歡。

# 致謝

我要向幾位人士致上感謝之意。

首先要感謝我的家人，每一位都是。謝謝你們忍受我時不時的缺席（心思放空或是本人缺席都是）。在我工作時，你們總是為我加油打氣；在我低潮時，你們也不斷鼓勵我。

接著要感謝世界各地許多優秀的朋友及同事，有些人對這些成就的貢獻更勝於我：其中幾位有出現在書中，其他的人則族繁不及備載。在此我向應該被提及但我沒有寫到的同事致歉，也向被我提到但可能不想為人所知的朋友致上同等的歉意。

感謝倫敦大學學院和歐洲核子研究組織，讓我有機會參與研究、與撰寫本書。

感謝 Wordpress 網站、推特、尤其是《衛報》，謝謝你們給我寫作的平台與讀者。

我也欠了我的讀者群很大的人情。感謝在網路上與我相遇的每個人，不論你是鼓勵我、挑戰我、教導我、或是在逗我笑；特別是在機場候機室等待的無聊時光。謝謝你們所有人。

感謝黛安出版社和本書的出版人，尤其要謝謝西蒙（其實他沒有提出什麼很爛的書名草案）。

最後，我要感謝每一位繳納稅金、維持社會運作的國民，謝謝你們資助我們這群物理學家去探索知識的疆界。這本書給我的感覺頗為奇特，因為通常我的著作的共同作者都不會少於數百人。我是唯一要為本書負責任的人，不過大型強子對撞機的故事卻有數十億名共同作者。

在此我要向一些人致謝：馬修・溫、彼得・詹尼、亞伯・狄勒克、布萊恩・韋伯、尼可斯・康士坦提尼狄斯、哈爾比・德賴納，還有其他人，謝謝你們協助我找到初版內容中的錯誤。新版內容若仍有任何錯誤，都是我個人的疏失。

# 中英對照表

## 書與節目



## 人名

### 四畫



### 五畫



### 六畫

**七畫**



**八畫**



**九畫**

## 科學術語

**七畫**

**八畫**



**九畫**



**十畫**

## 十一畫

十二畫

## 十三畫



## 十四畫



## 十五畫

### 十六畫



### 十七畫以上



## 地名

### 四至九畫

## 十畫以上

## 儀器與機構名



### 三至八畫

**九至十畫**

## 十一至十二畫



## 十三畫以上

## 其他